Die Idee der Wissenschaft

Josef Honerkamp hat mehr als 30 Jahre als Professor für Theoretische Physik gelehrt, zunächst an der Universität Bonn, dann viele Jahr an der Universität Freiburg. Er ist Autor mehrerer Lehrbücher und der Sachbücher: *Die Entdeckung des Unvorstellbaren*, *Was können wir wissen?* und *Wissenschaft und Weltbilder*.

Im Rahmen seiner Forschungstätigkeit hat er auf folgenden Gebieten gearbeitet: Quantenfeldtheorie, Statistische Mechanik, Nichtlineare Systeme und Stochastische Dynamische Systeme. Er ist Mitglied der Heidelberger Akademie der Wissenschaften.

Josef Honerkamp

Die Idee der Wissenschaft

Ihr Schicksal in Physik, Rechtswissenschaft
und Theologie

Prof. em. Dr. Josef Honerkamp
Fakultät für Mathematik und Physik,
Albert-Ludwigs-Universität Freiburg
Freiburg, Deutschland

ISBN 978-3-662-50513-7   ISBN 978-3-662-50514-4 (eBook)
DOI 10.1007/978-3-662-50514-4

Die Deutsche Nationalbibliothek verzeichnet diese Publikation in der Deutschen Nationalbibliografie; detaillierte bibliografische Daten sind im Internet über http://dnb.d-nb.de abrufbar.

Planung: Dr. Lisa Edelhäuser
Einbandentwurf: deblik Berlin

Gedruckt auf säurefreiem und chlorfrei gebleichtem Papier.

Springer ist Teil von Springer Nature
Die eingetragene Gesellschaft ist Springer-Verlag GmbH Berlin Heidelberg

Vorwort

In den Sachbüchern, die bisher von mir erschienen sind, habe ich stets die Themen Physik und Wissenschaft umkreist. Mein Anliegen war zunächst, physikalischen Laien die Erkenntnisse der Physik näherzubringen. Aber bald merkte ich, dass eine andere Aufgabe noch wichtiger ist, nämlich zu erklären, worin die wissenschaftliche Methode besteht und was aus der Eigenart dieser Methode für die Einschätzung der Erkenntnisse einer Wissenschaft folgt. Es ging in den Büchern also immer um Physik und Wissenschaftstheorie, und da man letztere nicht losgelöst von einer geschichtlichen Entwicklung betreiben kann, ging es schließlich auch um die Entstehung und Geschichte der modernen Physik. Die Titel der Bücher – *Die Entdeckung des Unvorstellbaren*, *Was können wir wissen* und *Wissenschaft und Weltbilder* – spiegeln dieses Anliegen gut wider.

Es bleibt nicht aus, dass man sich mit der Zeit neugierig fragt, wie es denn bei anderen Wissenschaften aussieht, welche Gemeinsamkeiten, welche Unterschiede es gibt und wann man vielleicht nicht mehr von Wissenschaft reden kann. Dabei drängt sich natürlich gleich auch die Frage auf, ob es denn einen halbwegs klaren Begriff von Wissenschaft gibt. Man kann ja schwerlich die Physik oder eine andere spezielle Wissenschaft zum Maßstab nehmen.

Zu meinem Erstaunen ließ sich die Frage nach einem verbindlichen Kriterium für das, was man Wissenschaft nennen will, leicht beantworten, wenn man sich ein wenig in der Geistesgeschichte Europas umschaut. Es war die Idee, die schon Aristoteles formulierte, Euklid realisierte, die bei der Gründung der ersten Universitäten Pate stand und dort Philosophen, Juristen und Theologen als Ideal vor Augen stand: Wissenschaft als hypothetisch-deduktives System.

Da man als Physiker mit dieser Idee intellektuell sozialisiert worden ist, habe ich es mit diesem Buch gewagt, über das Gebiet der Physik hinauszugehen und mich mit der Wissenschaftstheorie anderer Fächer zu beschäftigen. Das sieht zunächst danach aus, dass man sich damit nur übernehmen kann. Man weiß ja aus Erfahrung, dass man ein Gebiet nur wirklich gut beherrscht, wenn man sich seit der Jugend damit intensiv beschäftigt hat, gewissermaßen dort hineingewachsen ist. Aber hier es ging ja darum, die Methode eines fremden Faches daraufhin abzuklopfen, wie weit die Idee des Aristoteles verfolgt bzw. realisiert worden ist und wie sie vielleicht noch weiter umgesetzt werden kann. Natürlich musste ich mich dabei in viele fremde Werke einlesen und viele neue Begriffe und Argumente kennen lernen. Ob mir das einigermaßen gut gelungen ist, mag der Leser beurteilen.

Viele Freunde und Kollegen haben mir bei der Arbeit an dem Buch Anregungen gegeben, sei es in Gesprächen oder durch Kritik an meinem Manuskript. Dafür danke ich vor allem Hans-Christian Öttinger, Heinz-Dieter Ebbinghaus, Edgar Morscher, Andreas Voßkuhle, Rainer Wahl, Michael Pawlik, Albert Schröder, Hans-Ulrich Pfeiffer, Ernst Weißer, Dietmar Bader und ganz besonders Hartmann Römer.

Selbstverständlich sind alle Ungereimtheiten und Unzulänglichkeiten mir zuzurechnen, und natürlich blieben wir in manchen Dingen unterschiedlicher Meinung.

Die Betreuung des Buchprojekts beim Springer-Verlag war wieder höchst professionell, ich danke insbesondere Frau Lisa Edelhäuser für das Interesse an diesem Thema.

Dieses Buch ist wiederum einem meiner Enkelkinder gewidmet. Ich wünsche mir, dass Thalia, meine vierte Enkelin, dieses Buch später auch mit Interesse lesen wird. Das Zeug dazu, denke ich, wird sie haben.

Emmendingen, im März 2016

Inhaltsverzeichnis

1 Die Idee der Wissenschaft 1

  1.1 Axiomatisch-deduktive Systeme,
       Begründungsnetze 2

  1.2 Euklids Geometrie als erste Realisierung
       der Idee einer Wissenschaft 8

  1.3 Mathesis universalis als Idee in der Geschichte
       der Philosophie 15

2 Die Elemente von Begründungsnetzen 21

  2.1 Begriffe 21

  2.2 Aussagen 32

  2.3 Prämissen und ihre Genese 34

  2.4 Begründungen 43

3 Physikalische Theorien als Begründungsnetze 75

  3.1 Ein Überblick über physikalische Theorien 75

  3.2 Begriffe 90

  3.3 Aussagen 98

  3.4 Prämissen und ihre Genese 102

  3.5 Über die Art der Schlussfolgerungen in der Physik 106

  3.6 Schicksale physikalischer Theorien 110

  3.7 Thomas Kuhns Interpretation des Wandels
       physikalischer Theorien 134

3.8 Geschichte physikalischer Theorien
und der kritische Rationalismus 140

4 Begründungsnetze in der Rechtswissenschaft 143

4.1 Versuche einer Axiomatisierung
in der Jurisprudenz 148
4.2 Der Gegenstand einer Jurisprudenz 161
4.3 Begriffe 165
4.4 Normen 188
4.5 Begründungsformen 207
4.6 Ist die Jurisprudenz eine Wissenschaft? 236

5 Christliche Theologie als Begründungsnetz 241

5.1 Versuche einer Axiomatisierung 242
5.2 Gegenstand der christlichen Theologie 252
5.3 Prämissen der christlichen Theologie 257
5.4 Begriffe 265
5.5 Glaubenssätze – das Problem der Wahrheit 271
5.6 Begründungsformen 276
5.7 Sinnstiftung als Wissenschaft –
Glaubenswissenschaft? 285
5.8 Ist die christliche Theologie eine Wissenschaft? . 291

6 Epilog 295

Literatur 301

Sachverzeichnis 313

1

Die Idee der Wissenschaft

Alle schätzen die Wissenschaft. Der Staat fördert wissenschaftliche Organisationen und Universitäten, Politik und Industrie legen sich wissenschaftliche Beiräte zu. Die Ausbildung an wissenschaftlichen Hochschulen verspricht bessere Chancen auf dem Arbeitsmarkt, und engagierte junge Menschen träumen von einer Karriere in der Wissenschaft.

Alle Gebiete, in denen Wissen irgendeiner Art gewonnen, gepflegt und tradiert wird, wollen heute auch als Wissenschaft bezeichnet werden. So wurde aus jeder Kunde eine Wissenschaft – aus der Volkskunde die Ethnologie, aus der Pflanzenkunde die Botanik und aus der Materialkunde die Materialwissenschaft. Es gibt mittlerweile die Theaterwissenschaft, die Pflegewissenschaft und die Therapiewissenschaft. Die meisten kennen nicht einmal mehr den Begriff „Kunde" als „von etwas Kunde haben", nur noch eine Kundin oder einen Kunden als einen Käufer einer Ware oder einer Dienstleistung.

Was ist eigentlich eine Wissenschaft? Wie alt ist die Idee einer solchen, und woher kommt diese? Welche Geschichte hat sie? Da heute, und eigentlich auch schon seit dem 19. Jahrhundert, so viel von einem wissenschaftlichen Zeitalter geredet wird, könnten manche meinen, der Begriff der

© Springer-Verlag Berlin Heidelberg 2017
J. Honerkamp, *Die Idee der Wissenschaft*, DOI 10.1007/978-3-662-50514-4_1

Wissenschaft wäre eine Errungenschaft der Neuzeit. Aber das ist keineswegs der Fall.

1.1 Axiomatisch-deduktive Systeme, Begründungsnetze

In diesem Buch soll der Idee der Wissenschaft nachgegangen werden. Natürlich kann man darüber streiten, was genau man Wissenschaft nennen will. In der Zuerkennung eines Etiketts sind wir letztlich frei, und schließlich haben auch Begriffe ihre Geschichte wie Wörter der Sprache. Aber es gibt eine klar umschriebene Idee, die schon früh in der kulturellen Entwicklung der Menschheit geäußert wurde. Diese ist so wirkmächtig in der gesamten Geschichte der menschlichen Kultur gewesen und hat so viele Denker angezogen, dass sie nicht fahrlässig oder aus politischen Gründen verwässert werden sollte.

Aristoteles steht für den Anfang dieser Idee, Albert Einstein für die bisher höchste Form ihrer Verwirklichung. In der Zeit zwischen dem Leben und Wirken dieser Denker gab es vielfältige Realisierungen dieser Idee, aber noch mehr Absichtserklärungen und Versuche in dieser Hinsicht. In der Geistesgeschichte der westlichen Welt war diese Idee durchgängig lebendig, und sie war wohl die Idee, die am stärksten unsere Geistesgeschichte beeinflusst und letztlich zu unserer modernen Welt geführt hat.

Aristoteles schreibt in seinem Werk *Analytica posteriora* (Aristoteles, o.J.): „Ich behaupte dagegen, dass jede Wissenschaft zwar auf Beweisen beruhen muss, aber dass das Wissen der unvermittelten Grundsätze nicht beweisbar ist. Sie

sind dem Weisen evident." Aristoteles spricht also von „unvermittelten Grundsätzen" und von „Beweisen". Die unvermittelten Grundsätze stellen den Ausgangspunkt einer
Wissenschaft dar, sie können evident erscheinen oder durch
Induktion, d. h. durch Übergang vom Einzelnen auf Allgemeines, gewonnen werden. Aus ihnen werden die Eigenschaften der einzelnen Gegenstände der Wissenschaft bewiesen, entweder strikt oder weniger strikt.

Wissenschaft ist also ein hierarchisches System von Aussagen. Diese Idee ist später in verschiedensten Bildern verdeutlicht worden. Immanuel Kant (1924, S. 557) spricht
von einer Architektur: „Die menschliche Vernunft ist ihrer
Natur nach architektonisch und betrachtet alle Erkenntnisse als gehörig zu einem möglichen System." Der französische
Mathematiker und Physiker Henri Poincaré (1904, S. 143)
präzisiert dieses Bild, und mit Blick auf die empirischen
Wissenschaften sagt er: „Man stellt die Wissenschaft aus
Tatsachen her, wie man ein Haus aus Steinen baut; aber eine Anhäufung von Tatsachen ist so wenig eine Wissenschaft
wie ein Steinhaufen ein Haus ist."

Man kann viele Bilder für die Organisation eines Wissensgebiets bemühen. Heutzutage ist der Begriff des Netzwerks modern, vermutlich hat das Internet dazu beige-
tragen. Man redet vom Netzwerk seiner Freunde oder
Kollegen; es gibt soziale Netzwerke, Beschaffungsnetzwer-
ke, internationale, virtuelle oder neuronale Netzwerke. Die
Knoten in einem solchen Netzwerk können für alles stehen,
für Menschen, technische Geräte wie Computer, für Fabri-
ken oder Neuronen. Sie können dünn oder dicht gesät und
mehr oder weniger stark vernetzt sein (Abb. 1.1).

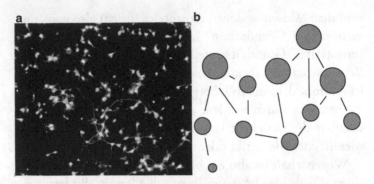

Abb. 1.1 Verschiedene Netzwerke. (a © Manuel Schottdorf, MPI for Dynamics and Self-Organization, http://www.ds.mpg.de/2793902/news_publication_9757638?c=26489)

Auch unsere Wissensgebiete können als ein Netz angesehen werden. Die Knoten stellen dann die Aussagen dar, die Verknüpfungen die Beziehung, in der die Aussagen zueinander stehen. Innerhalb eines Wissensgebiets wird es viele Verknüpfungen geben, zwischen zwei Wissensgebieten erheblich weniger: Zwischen Aussagen über Thomas von Aquin und denen der speziellen Relativitätstheorie wird es wohl kaum eine Verknüpfung geben, zwischen Aussagen der Physik über die Zeit und Augustinus wohl auch nur eine, wenn man den Begriff der Verknüpfung sehr weit fasst.

Das Bild eines Netzwerks hat Vorteile. Es trifft auf jegliche Organisation einer Menge von Aussagen zu, denn irgendwelche Verknüpfungen gibt es immer, und die Größe der Netze kann höchst unterschiedlich sein. Diese Bild trifft also auch auf Regelwerke zu, auf Harmonielehren in der Musik oder Katechismen in christlichen Religionen.

Abb. 1.2 Skizze der Struktur eines axiomatisch-deduktiven Systems

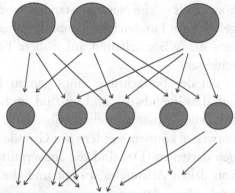

Es lässt sich in dem Bild eines Netzwerks auch die Art der Verknüpfung darstellen. In diesem Buch soll nur von solchen Netzwerken die Rede sein, in denen die Verknüpfung eine Begründung darstellen soll. „Aus dieser Aussage folgt jene" wird nun durch einen Pfeil dargestellt (Abb. 1.2).

Wir geben also für jede dieser Aussagen eine Begründung an. Wir denken da zuerst an eine logische Begründung, an die strengste Form. Aber es werden auch oft andere Begründungen gegeben: Berufung auf Autoritäten, Hinweise auf Analogien oder teleologische Gründe.

Mathematische und physikalische Theorien sind als solche Begründungsnetze zu verstehen, aber auch in anderen Naturwissenschaften findet man sie, ebenso in Geisteswissenschaften wie der Philosophie, und sogar in esoterischen Gebieten, die sich einen wissenschaftlichen Anstrich geben wollen, z. B. in der Astrologie oder Homöopathie.

Auch historische Rekonstruktionen in den Naturwissenschaften wie die Kosmologie oder die Evolutionstheorien können als solche Netze verstanden werden. Hier wird ausgehend von Funden bzw. Beobachtungen mithilfe des Wissens der Wissenschaften auf frühere Ereignisse zurückgeschlossen.

Bei der Betrachtung eines ganzen Netzes fällt weiter auf, dass irgendwo – und im Bild am besten in der obersten Zeile – Aussagen stehen müssen, die keine Begründung vorweisen können, sondern nur Gründe für folgende Aussagen darstellen. Das sind die „unvermittelten Grundsätze", von denen Aristoteles spricht und die „nicht beweisbar" sind. Diese Aussagen müssen dann die Rolle von Prämissen (Grundannahmen) übernehmen, die nicht weiter begründet werden, von denen aber ein „Fluss" von Begründungen ausgeht. Wir wollen dann von einem aristotelischen Begründungsnetz sprechen. Im Idealfall ist dieses ein axiomatisch-deduktives System, in dem die Prämissen, die „unvermittelten Grundsätze", als ein Satz von Axiomen bezeichnet werden können und die Begründungen Deduktion sind, d. h. logisch strenge Ableitungen.

Die Architektur eines Begründungsnetzes bzw. eines axiomatisch-deduktiven Systems leuchtet heute fast jedem ein. Aber in welcher Form sind solche Netze in unseren akademischen Disziplinen verwirklicht? Wie groß sind sie dort jeweils, welche Teile des Wissensgebiets umfassen sie? Wie sehen die Beziehungen zwischen den Aussagen aus? Von welcher Art sind Prämissen, und wie werden sie gewonnen?

Eine besonders wichtige Frage: Was macht ein solches Netz bzw. eine solche Konstruktion menschlichen Geistes zu einer Wissenschaft? Aristoteles und Kant haben von einem System von Grundsätzen und Begründungen in Form von „Beweisen" gesprochen. Das ist sicher eine notwendige Bedingung. Man sollte doch verlangen können, dass eine Wissenschaft ihre Aussagen begründen will und dass sie dabei einen infiniten Regress durch bewusst formulierte Annahmen vermeiden kann. Aber ist diese Bedingung auch hinreichend? Ist mit dem aristotelischen Begriff von Wissenschaft schon vollständig beschrieben, was wir heute unter Wissenschaft verstehen wollen? Was hat man noch von der Art der Begründungen zu fordern, was von der „Qualität" der Aussagen, um den Begriff der Wissenschaft der Entwicklung unseres Wissens anzupassen?

Das sind interessante Fragen an das Selbstverständnis eines jeden Faches, nur leider werden diese von den Forschern im Trubel der Detailfragen und in der Konkurrenz um neue Einsichten selten gestellt. In vielen der heutigen akademischen Disziplinen haben solche Fragen nicht einmal eine Tradition. Wissenschaftstheorie ist eine relativ junge Disziplin.

In diesem Buch versuche ich, einige Anworten auf solche Fragen für drei grundverschiedene Gebiete zu geben: Physik, Jurisprudenz und Theologie. In allen drei Gebieten gibt es eine lange Tradition, sich mit solchen Fragen auseinanderzusetzen. Ich will dort die vier Elemente eines Begründungsnetzes studieren, und zwar die Bildung der Begriffe, der Charakter der Aussagen, die Genese der Prämisssen und die Art der Begründungen.

Mit Physik und Theologie werden Gebiete behandelt, die, wie sich zeigen wird, im Spektrum der akademischen Disziplinen hinsichtlich der Wissenschaftlichkeit als Extreme angesehen werden können, während die Jurisprudenz für die Mitte in diesem Spektrum repräsentativ sein mag. Durch den Vergleich so unterschiedlicher Fachgebiete

können verschiedenste Facetten einer Disziplin herausgearbeitet, aber auch Maßstäbe gefunden werden. Ich werde
im Folgenden den Begriff „Begründungsnetz" synonym für
ein axiomatisch aufgebautes System nach aristotelischer Art
benutzen. Nach einer Analyse der vier Elemente werde ich
fragen, ob deren „Qualität" es berechtigt erscheinen lässt,
das Wissensgebiet als Wissenschaft zu bezeichnen.

Zunächst wird aber die Idee der Wissenschaft in der
Geschichte nach Aristoteles weiterverfolgt, bevor in Kap. 2
allgemeine Aspekte der vier Elemente diskutiert und in
Kap. 3, 4 und 5 die Organisation und Art des Wissens in
Physik, Jurisprudenz und Theologie besprochen werden.

1.2 Euklids Geometrie als erste Realisierung der Idee einer Wissenschaft

Eine erste konkrete Verwirklichung eines axiomatisch-deduktiven Systems ist uns aus dem 3. Jahrhundert v. Chr.
von dem griechischen Mathematiker Euklid überliefert. In
seinem Werk *Die Elemente* fasste er das damalige Wissen
über geometrische Figuren zusammen, indem er zeigte, dass
ihre Eigenschaften alle aus einem Satz von Postulaten ableitbar sind. Diesen stellte er noch eine Liste von Definitionen
voran, in der Begriffe wie „Punkt", „Linie", „Gerade" oder
„Ebene" eingeführt wurden, damit man wisse, um was es
in den Postulaten gehen solle, und er erwähnte auch noch
einige logische Sätze, z. B. „Wenn Gleichem Gleiches hinzugefügt wird, sind die Ganzen gleich". Aber diese unter-

streichen eigentlich nur, dass es bei den Schlussfolgerungen nach logischen Regeln zugehen soll.

In den Prämissen wird also ein vorgegebener Erkenntnisbestand formuliert. Dieser bezieht sich natürlich immer auf einen bestimmten Kontext, der zunächst beschrieben werden muss. Im Zentrum stehen dann die Postulate, und die sind bei Euklid anschaulich sofort einsichtig und naheliegend. Sie heißen z. B. „Durch zwei beliebige Punkte lässt sich eine Linie ziehen" oder „Alle rechten Winkel sind einander gleich". Alle damals bekannten Eigenschaften der geometrischen Objekte werden dann nur mithilfe dieser Postulate auf der Basis der Definitionen und logischen Sätze hergeleitet. Unter diesen Eigenschaften sind solche, die heute jeder aus der Schule kennt, wie der Satz des Pythagoras oder der Satz von Thales, aber auch etwas weiter gehende Einsichten wie ein Verfahren, ein regelmäßiges Fünfeck nur mit Zirkel und Lineal zu konstruieren oder die Aussage, dass Basis und Diagonale eines Quadrats inkommensurabel sind, d. h., dass es keine Strecke gibt, als dessen Vielfaches beide Größen dargestellt werden können.

Überarbeitungen und Bedeutung

Über 2000 Jahre waren *Die Elemente* von Euklid allen Gelehrten ein Vorbild für eine Wissenschaft. Natürlich konnte diese Vorlage auf die Dauer nicht allen modernen Ansprüchen an eine axiomatische Theorie genügen. Ende des 19. Jahrhunderts haben Mathematiker wie David Hilbert und Bertrand Russel die Geometrie Euklids in eine noch strengere und systematischere Formulierung überführt. In den Definitionen wird nur noch von verschiedenen

Systemen von Dingen gesprochen, die in bestimmten Beziehungen zueinander stehen können (Wikipedia 2014a). Die „Dinge" können dabei nicht nur Punkte, Gerade oder Ebenen sein, sondern alles Mögliche, wenn es nur diese Beziehungen zwischen ihnen gibt. Hier haben wir es also mit einer klassischen impliziten Definition zu tun. Die logischen Sätze, die Euklid noch glaubte extra erwähnen zu müssen, erübrigen sich, wenn man grundsätzlich die Logik zur Grundlage allen Schließens macht.

Im Hilberts Axiomensystem zeigte sich noch deutlicher, dass ein Begründungsnetzwerk eine logische Struktur hat, unabhängig von der Bedeutung der Dinge, die in den Definitionen eigentlich nur über ihre Beziehungen eingeführt werden. Jede Aussage in dem Netzwerk muss grundsätzlich allein aus den Postulaten folgen. Die Anschauung kann zwar eine Hilfe sein, darf aber nie als zusätzliches Beweismittel dienen. Damit hat sich schon früh in der Geschichte der Menschheit ein Weg gezeigt, auf dem man sicheres Wissen erlangen kann. Aber hier zeigt sich auch gleich der „Pferdefuß": Dieses Wissen ist nur ein sicheres auf der Basis der Postulate und der Logik.

Dass wir die logischen Regeln als „wahrheitsbewahrend" ansehen können, wollen wir nicht hinterfragen. Zöge man diese in Zweifel, könnte man alles Denken und Argumentieren lassen. Von den Postulaten, die den Ausgangspunkt des gesamten Begründungsnetzwerks darstellen, hängt es offensichtlich davon ab, welches Wissen mit dem Begründungsnetz geschaffen wird. Die Diskussion darüber, welche solcher Postulate bisher in bestimmten Wissensgebieten formuliert worden sind und auf welche Art dies geschehen ist oder noch geschieht, ist deshalb eines der wichtigen Themen in diesem Buch.

Überlieferung und Geschichte der Rezeption

Wir wissen nicht, wann die Menschen angefangen haben, über so etwas wie einen strengen Beweis einer Aussage auf der Basis einiger Annahmen nachzudenken. Manche vermuten, dass es zu Zeiten Pythagoras (um 550 v. Chr.) war, manche nennen Pythagoras selbst, andere denken dabei eher an Thales von Milet (um 600 v. Chr.). Offensichtlich aber gab es im antiken Griechenland, insbesondere in der Region um Alexandria, unter Gelehrten eine Tradition, über geometrische Probleme nachzudenken, und zwar nicht aus praktischen Gründen wie in Ägypten, sondern allein aus philosophischem Antrieb. Welche Rolle Euklid bei der Entwicklung dieses Denkens innehatte, kann man heute nicht sagen (vgl. aber Russo 2005, S. 56 ff.). Tatsache ist, dass er das Wissen der damaligen Zeit über die Geometrie zusammengefasst hat. Es soll aber schon 100 Jahre zuvor ein mathematisches Lehrbuch von Hippokrates von Chios gegeben haben; dieses ist aber verschollen. Auch kennen wir heute noch andere Werke bedeutender Mathematiker der hellenistischen Zeit, z. B. einige von Apollonius von Perga (Russo 2005). Aber kein Werk hat solch einen Einfluss auf die Nachwelt gehabt wie das von Euklid.

Die Geschichte der Rezeption der *Elemente* Euklids ist verwickelt. In der griechischen Antike gehörte es zu den wichtigsten Werken, danach ging es diesem wie vielen anderen antiken Werken: In der Spätantike wie im frühen Mittelalter war es in Europa kaum bekannt; zur Zeit Karls des

Großen gab es nur einen kleinen Auszug, der von Boethius (ca. 480–525 n. Chr.) stammte. Das antike Erbe wurde zu dieser Zeit im arabischen Raum gepflegt und kam erst Anfang des 12. Jahrhunderts über das maurische Spanien nach Europa. So lag dann bald eine Übersetzung des gesamten Werks aus dem Arabischen ins Lateinische vor. Anderseits erhielt man nach der Eroberung Konstantinopels im Jahre 1453 durch die Osmanen einen direkten Zugriff auf die antiken Quellen. Im byzantinischen Reich war das literarische antike Erbe besser bewahrt worden als im Westen. Intellektuelle, die nach Westeuropa flohen, brachten viele antike Schriftstücke in Kopien mit.

Im 16. Jahrhundert gehörten dann die *Elemente* zum Kanon der Werke, die in jeder Bibliothek eines Gelehrten zu finden waren. Bis ins 18. Jahrhundert hinein war es neben der Bibel das meist gelesene Werk.

Für Galileo Galilei war die Geometrie Euklids eine Quelle, die sein Lebenswerk entscheidend prägte. Wir werden darauf noch zurückkommen. Aber auch Philosophen wurden durch das Werk Euklids mehr oder weniger bewusst inspiriert. Um nur einige zu nennen: Meister Eckhart (etwa 1260–1328) konzipierte sein *Opus tripartitum* nach dem Muster der Euklid'schen Geometrie, sein erstes Axiom lautete: „Das Sein ist Gott." Der niederländische Philosoph Baruch Spinoza (1632–1677) versuchte eine rein rationale Begründung der Ethik und seiner gesamten Weltsicht nach Art der Geometrie (*more geometrico*) zu entwickeln. Bertrand Russel (1872–1970) studierte mit elf Jahren unter Anleitung seines älteren Bruders die Geometrie und bekannte in seiner Biografie: „Dies war eines der aufregendsten Ereignisse in meinem Leben, so strahlend schön und aufregend wie die erste Liebe. Ich hatte nicht erwartet, dass es so etwas Köstliches in der Welt geben könnte" (Russel 1967, S. 36). Albert Einstein (1879–1955) erinnert sich: „Im Alter von 12 Jahren erlebte ich ein zweites Wunder [...]: an einem Büchlein über Euklidische Geometrie der Ebene [...]. Da waren Aussagen wie z. B. das Sichschneiden der drei Höhen eines Dreiecks in einem Punkt, die – obwohl an sich keineswegs evident – doch mit solcher Sicherheit bewiesen werden konnte, dass Zweifel ausgeschlossen zu sein schienen. Diese Klarheit und Sicherheit machte einen unbeschreiblichen Eindruck auf mich" (Fölsing 1993).

Isaac Newton hat in seinen jungen Jahren zwar nicht so sehr die Geometrie Euklids studiert, dafür aber umso intensiver die von Descartes entwickelte analytische Geometrie (Westfall 1996). In dieser werden den Punkten der geometrischen Körper jeweils Adressen in einem Koordinatensystem (dem nach Descartes benannten cartesischen Koordinatensystem) zugeordnet. Mithilfe dieser lassen sich geometrische Probleme auch rechnerisch, also algebraisch, behandeln. Hier besticht ebenfalls die Sicherheit der Schlussfolgerungen, und nun werden diese nicht direkt auf der logischen Ebene, sondern auch auf der algebraischen, d. h. auf einer mathematischen, Ebene gezogen. Mit der analytischen Geometrie wird also die Mathematik statt der Logik zum Garant der Strenge der Schlussfolgerungen. Dass Newton die Idee der Euklid'schen Geometrie verinnerlicht hatte, sieht man daran, dass er bei seiner Mechanik auch bestimmte Postulate an den Anfang stellte, um aus diesen dann alles weitere zu folgen, z. B. die Eigenschaften der Planetenbahnen.

Die Liebe zur Geometrie und ihre Folgen

Der Einfluss der Euklid'schen Geometrie auf Galilei verdient eine besondere Betrachtung. Mit der „Euklid'schen Geometrie" ist im Folgenden immer das Werk von Euklid gemeint, nicht zu verwechseln mit der euklidischen Geometrie, jener Geometrie, die Euklid in seinem Werk darlegt.

Im Jahre 1583, als Galilei im zweiten Jahr Medizin studierte, lernte er den Ingenieur und Geometer Ostilio Ricci kennen und machte durch ihn die Bekanntschaft mit der Euklid'schen Geometrie. Dieses Erlebnis sollte fortan seinen Lebensweg und sein ganzes Lebenswerk bestimmen. Gegen den zunächst erbitterten Widerstand seines Vaters wechselte er zur Mathematik und widmete sich fortan den Werken des Euklid und insbesondere auch denen des Archimedes (Fölsing 1989).

Es ist nicht vermessen zu glauben, dass die Faszination, die die Mathematik und ihre Möglichkeit der sicheren Beweisführung auf Galilei ausgeübt hat, ihn später daran denken ließ, die Ergebnisse seiner Experimente mit dem freien Fall mathematisch zu formulieren. „Das Buch der Natur ist in der Sprache der Mathematik geschrieben", hat er im Saggiatore 1623 sinngemäß gesagt (lt. Wikipedia 2014b). Mit dieser Entdeckung, nämlich Ergebnisse von Experimenten oder Beobachtungen in der mathematischen Sprache zu formulieren und überhaupt in dieser Sprache zu argumentieren, hat er eine wissenschaftliche Revolution herbeigeführt, der hinsichtlich der Bedeutung und des Einflusses auf die Geschichte bisher nichts gleichkommt. Er hatte eine „neue Wissenschaft" entdeckt, wie er es in einem Brief an einen toskanischen Gesandten formulierte. Diese neue Wissenschaft von der Natur sollte bald zum Vorbild für alle Wissenschaften werden. Sie sollte auf die Dauer zu einer Verbesserung vorhandener technischer Vorrichtungen sowie zu vielen neuen technischen Maschinen und Geräten führen, zur westlichen Industrialisierung und schließlich zur heutigen von der Technik getriebenen Lebensweise in einer globalisierten Welt (Cohen 2010).

Wenn die meisten von Galilei hören, denken sie an seinen Kampf mit der Inquisition der katholischen Kirche um das kopernikanische Weltbild. Dieser gehört aber mehr in die Geschichte der katholischen Kirche als in die der Physik. Durch die Entdeckung einer „neuen Wissenschaft" ist Galilei zum Begründer der Physik und der Naturwissenschaft überhaupt geworden. Die Mathematik und das Experiment sind nun die Pfeiler, auf denen diese neue Wissenschaft steht und die bald zum Vorbild für jede empirische Wissenschaft wurden. Spekulationen naturphilosophischer Art sollten auf die Dauer nur noch den Stoff abgeben für Ideen und Motivationen, die Forscher weisen können, in eine bestimmte Richtung zu denken, aber allein noch keinen wissenschaftlichen Ansatz darstellen.

1.3 Mathesis universalis als Idee in der Geschichte der Philosophie

Mit der Euklid'schen Geometrie war zunächst nur gezeigt, dass in der Mathematik die Idee eines axiomatisch-deduktiven Aufbaus eines Wissensgebiets verwirklicht werden kann. Galilei hatte dadurch verstanden, wie bedeutsam die mathematische Sprache für die Strenge der Deduktionen ist, und entdeckt, dass auch in der Naturforschung Aussagen in mathematischer Form möglich sind. Er hatte damit eine bisher nicht gekannte Stringenz in der Begründung erhalten. Ein wesentliches Merkmal, das eine strenge Wissenschaft ermöglicht, war damit für die Naturforschung gefunden worden.

Auch der Philosoph und Mathematiker René Descartes (1596–1650) hatte die Macht der logischen bzw. mathematischen Strenge in der Deduktion erkannt. Er entwickelte die Idee einer „Mathesis universalis", also einer Art Universalmathematik, die zur Sicherung des korrekten Schließens in allen Denkgebäuden nötig sei.

Der deutsche Universalgelehrte Gottfried Wilhelm Leibniz (1646–1716), der Zeitgenosse Newtons war und unabhängig von diesem die Infinitesimalrechnung entwickelte, führte diese Idee weiter mit seiner „characteristica universalis", die eine „scientia universalis", eine Universalwissenschaft, ermöglichen sollte. Er sah deutlich, dass unsere Sprache wegen der Vagheit ihrer Begriffe und der Häufigkeit, mit der logische Fehlschlüsse vorkommen, ständig zu Verständigungsproblemen und damit zu Konflikten führen muss. Er glaubte, dass Denken eigentlich ein Rechenvorgang ist, also algorithmisch vor sich geht. Wenn man Aussagen auf eine Reihe von Symbolen abbilden und logische Schlussfolgerungen mit formalen Umformungen solcher Zeichenreihen verknüpfen könne, so könnte die logische Korrektheit einfacher kontrolliert und Denkvorgänge könnten fortan sogar rein mechanisch vollzogen werden. Die Bedeutung der Zeichenreihen spielt dabei gar keine Rolle. Solch ein Rechnen mit Symbolen nennt man auch einen Kalkül (vom lateinischen *calculus* für „Rechenstein").

Das Rechnen mit den Fingern oder mit kleinen Steinen kannten die Menschen schon in den ganz frühen Hochkulturen. Dabei ging es immer nur um die Verrechnung konkreter Zahlen. Bei Leibniz aber waren es abstrakte Symbole, deren Bedeutung noch völlig offen war. Sie musste nur kompatibel sein mit den Regeln für die Umformungen. Die Symbole, mit denen wir heute Begriffe der Differenzialrechnung bezeichnen, sind übrigens von Leibniz geschaffen. Jeder, der die Differenzialrechnung kennt, weiß, wie gut er mit diesen Symbolen rein formal wichtige mathematische Schlussfolgerungen ziehen kann.

Da die Leistungsfähigkeit eines Kalküls von der Art der Symbole abhängt, machte Leibniz sich auch Gedanken über die Grundelemente, aus denen alle Symbole aufgebaut werden könnten. So erfand er noch das Dualsystem: Aus den Symbolen 0 und 1 lassen sich alle anderen Symbole aufbauen. Wir denken dabei an die Rechenvorgänge in einem Computer; in der Tat hatte Leibniz auf diese Weise damals schon ein Konzept einer Rechenmaschine entwickelt. Wir kennen heute den logischen und den mathematischen Kalkül und das maschinengestützte Beweisen, das im Kalkül einer bestimmten Logik vollzogen wird (Wikipedia 2016).

Die Idee der „Mathesis universalis", also auch jenseits der Mathematik und Physik logisch kontrollierbare „Gedankenrechnungen" machen zu können, hat in der Folgezeit viele Denker fasziniert.

Der berühmteste Schüler von Leibniz, Christian Wolff (1678–1754), habilitierte sich Anfang des 18. Jahrhunderts mit seiner Arbeit *De philosophia practica universali methodo mathematica conscripta.* Immanuel Kant (1724–1804), der von Wolff sehr beeinflusst war, schrieb in der Vorrede seines Werks *Metaphysische Anfangsgründe der Naturwissenschaft*: „Ich behaupte aber, daß in jeder besonderen Naturlehre nur so viel eigentliche Wissenschaft angetroffen werden könne, als darin Mathematik anzutreffen ist" (Kant 1786).

Mitte des 18. Jahrhunderts fasste der Newtonianismus auch auf dem Kontinent Fuß. Dieser war eine durch den englischen Philosophen John Locke (1632–1704) begründete philosophische Richtung, die eine „wissenschaftliche" Philosophie nach dem Vorbild der Newton'schen Mechanik anstrebte.

Der Philosoph und Mathematiker Jakob Friedrich Fries (1773–1843) begeisterte sich in jungen Jahren für die Philosophie Kants, insbesondere für seinen Anspruch, sie auf ein festes Fundament gründen zu wollen: „Das war eine andere Art zu philosophiren, als ich sie noch nirgendwo gefunden hatte; hier war, wie in der Mathematik, bestimmte und einleuchtende Wahrheit zu finden", schreibt er (zit. nach Henke 1868, S. 389). Viele später erfolgreiche Schüler trugen seine Ansichten über das Vorbild der Mathematik weiter. Eine Fries'sche Schule entstand, und auch außerhalb der Philosophie genoss Fries großes Ansehen. Carl Friedrich Gauß (1777–1855) schätzte ihn sehr, und der Botaniker Matthias Jacob Schleiden schwärmte, dass Fries in „logisch consequenter Entwicklung" die Theorie zu den von Kant gefundenen Gesetzen geliefert habe, „und zwar in solcher Vollendung, dass sein ebenfalls mathematisch-astronomisch gebildeter Schüler Apelt nur noch wenig hinzuzufügen und zu verbessern hatte" (Schleiden 2012).

Der Göttinger Philosoph Leonard Nelson (1882–1927) promovierte 1904 mit der Dissertation „Jakob Friedrich Fries und seine Kritiker" und gründete eine „Neue Fries'sche Schule". „Sein ganzes Sinnen und Streben war darauf gerichtet, eine Methode des Philosophierens ausfindig zu machen, die mathematischen Anforderungen an Strenge standhielte, zugleich aber den spezifischen Charakter philosophischer Erkenntnis entspräche" (Peckhaus 2011, S. 203).

Auch Heinrich Scholz (1884–1956), der zunächst evangelischer Theologe war, als solcher noch Mathematik und theoretische Physik studierte und später in Münster das erste Institut für mathematische Logik und Grundlagenforschung gründete, hatte diesen Anspruch, wie man aus seine Werken *Metaphysik als strenge Wissenschaft* (Scholz 1965) und *Logik, Grammatik, Metaphysik* (Scholz 1947) ersieht. Insbesondere widmete er sich der Frage „Wie ist eine evangelische Theologie als Wissenschaft möglich?" (Scholz 1971). Ich werde in Abschn. 5.1 darauf zurückkommen.

Der Philosoph Edmund Husserl (1859–1938) hatte Mathematik, Physik und Philosophie studiert und sogar in Mathematik promoviert. Seine frühen Werke waren *Logische Untersuchungen* und *Philosophie der Arithmetik*. So war er zunächst auch von der Idee der „Mathesis universalis" infiziert, der Gedanke einer „strengen Wissenschaft" begleitete ihn bei seiner Entwicklung der „Phänomenologie", nach der ein Wunsch nach Erkenntnis sich zunächst an der „Sache selbst" zu orientieren hat. Er sieht gar die Phänomenologie als apriorische Wissenschaft und als eigene Methode, die erst die Philosophie als eine strenge Wissenschaft ermöglicht (Husserl 1911).

Nicht nur in der Philosophie, sondern auch in anderen Disziplinen versuchte man dem Vorbild der Euklid'schen Geometrie nachzueifern und das Wissen in Form eines Begründungsnetzes im Sinne von Aristoteles zu organisieren. Auf die Geschichte solcher Versuche in Jurisprudenz und in Theologie werde ich in Kap. 4 und 5 eingehen.

2

Die Elemente von Begründungsnetzen

In Begründungsnetzen kann man jeweils vier Elemente ausmachen: die Begriffe, die Aussagen, die Prämissen und die
Art der Schlussfolgerungen. Diese vier Elemente sollen hier
eingehender diskutiert werden, und zwar im Hinblick auf
ihre allgemeinen Aspekte, die für alle weiteren Kapitel, die
sich mit Begründungsnetzen in bestimmten Wissensgebieten beschäftigen, relevant sein können.

2.1 Begriffe

Alle Wissenschaft und jede Begründung wird in einer Sprache formuliert und kommuniziert. Diese hat sich während
der Menschwerdung in verschiedensten Formen entwickelt;
wir haben dabei gelernt, unsere Vorstellungen in Worte zu
fassen. Wir sprechen dann von Begriffen: Es gibt eine Bezeichnung, nämlich das Wort für den Begriff, und einen
Bedeutungsinhalt, die mit dem Wort verbundene Vorstellung, eine gedankliche Konstruktion. Es kann vorkommen,
dass wir vom Wort ausgehen und wissen wollen, was damit
gemeint ist. Wir können aber auch eine Vorstellung entwickeln und uns fragen, wie wir diese am besten nennen
sollen.

© Springer-Verlag Berlin Heidelberg 2017
J. Honerkamp, *Die Idee der Wissenschaft*, DOI 10.1007/978-3-662-50514-4_2

Umgangssprache versus Fachsprache

Die Entwicklung einer Umgangssprache geschieht natürlich nicht systematisch, man kann eher von einem Wildwuchs reden. Das führt nicht nur zu einer zerklüfteten Landschaft von Sprachen und Dialekten, sondern auch zu einer mehr oder weniger großen Unbestimmtheit in der Verbindung von Vorstellung und Bezeichnung.

In der Antike wurde als ein Beispiel für die Vagheit unserer Begriffe schon das sogenannte Haufenproblem (Sorites-Problem) angeführt. Wann nennt man eine Ansammlung von Körnern einen Haufen von Körnern? Bei tausend Körnern sicherlich. Aber ab wann kann man nicht mehr von einem Haufen reden, wenn man nacheinander jeweils ein Korn davon wegnimmt? Oder wenn es um einen Haufen Geld bzw. ein Vermögen geht: Ab wann ist man reich, ab wann beginnt Armut?

Mit solchen vagen Begriffen kann man natürlich nicht schlüssig argumentieren, Missverständnissen wären Tür und Tor geöffnet. Bei Begriffen vom Typ Haufen kann man sich leicht helfen, indem man einfach festsetzt, dass man z. B. ab 20 Körnern von einem Haufen von Körnern reden soll. Bei Farben kann man das Kontinuum der Wellenlängen des Lichtes in Intervalle aufteilen und vereinbaren, welche Farbe jedem Intervall zugeordnet werden soll (z. B. HUG-Industrietechnik 2015). Und der Armutsbericht der Bundesregierung legt beim Einkommen auch eine mehr oder weniger überzeugende Grenze fest, unterhalb derer man als arm gilt.

Eine andere Form von Vagheit entsteht, wenn man die Möglichkeiten unserer Grammatik ausnutzt. Unsere Spra-

che lässt es nämlich zu, dass wir aus Eigenschaften wie „gut"
und „böse" einfach Substantive machen können. So entstehen Begriffe wie „das Böse" oder „das Gute". Man kann
sogar noch etwas draufsatteln und diesen Substantiven noch
ein Objekt zuordnen. So entsteht „der Böse". Ähnlich werden unsere geistigen Fähigkeiten zum „Geist", und irgendwann konnte „der Geist" über den Wassern schweben oder
in jedem Atom irgendwie schlummern. Unser Schicksal, irgendwann tot zu sein, animiert uns dazu, den „Tod" und
den „Gevatter Tod" in unsere Vorstellungen aufzunehmen.

Das alles sind dann gedankliche Konstruktionen, die
trotz ihrer Unbestimmtheit unsere Kommunikation erleichtern können, aber oft auch zu Fragen führen, deren
Diskussion als Philosophie daherkommen will und in der
Regel nie zu einem Ergebnis führt.

Die „Arbeit an einem Begriff", der sich in der Umgangssprache herausgebildet hat, ist also nicht immer lohnens-
wert. Auf jeden Fall muss man in einer Fachwissenschaft
davon ausgehen, dass ein Begriff ein Denkwerkzeug ist, das
man nicht nur betrachten und analysieren kann, sondern
für den Gebrauch optimieren sollte.

Klare Begründungen und logische Schlussfolgerungen
erfordern eine Präzisierung. Diese kann ganz verschieden
ausfallen, sodass ein Wort in einem Fachgebiet etwas ganz
anders bedeutet als in einem anderen. So pflege ich manchmal Juristen daran zu erinnern, dass man „unsere" Gesetze
(nämlich die in der Physik) nicht brechen kann.

Die Bildung von Begriffen in den verschiedenen Wissensgebieten geschieht aber auch nicht immer durch eine
Explikation, in der Begriffe aus der Umgangssprache für
den speziellen Gegenstandsbereich zurechtgeschliffen wer-

den. Um die Frage, auf welche Weise überhaupt Begriffe eingeführt oder definiert werden können, kümmern sich Wissenschaftler selten, sie tun es einfach. Philosophen haben sich indes im Laufe der Jahrhunderte viele Gedanken darüber gemacht. Es ist in der Tat aufschlussreich, sich einmal vor Augen zu führen, wie Begriffe entstehen und welche Vielzahl von Begriffseinführungen es in den Wissenschaften gibt.

Dabei ist es hilfreich, zwischen Begriffen zu unterscheiden, die sich auf Entitäten der Außenwelt beziehen, also auf Objekte, Phänomene oder Prozesse der Natur, und solchen, die Konstrukte unseres menschlichen Geistes zum Bedeutungsinhalt haben. Entitäten der Natur kann man eher entdecken bzw. beschreiben als definieren. Bei gedanklichen Konstruktionen haben wir die Bildung der Begriffe eigentlich in unserer Hand. Diese Unterscheidung ist aber nur eine grobe Orientierung in der Fülle von Begriffsbeschreibungen und -typen.

Begriffsbildungen in Fachwissenschaften

Ich will hier nur einige Begriffsbildungen beschreiben, die in diesem Buch eine explizite Rolle spielen.

Bildung durch Definition

Als besonders übersichtlich und wissenschaftlich exakt gilt bei manchen eine Definition durch Setzung, wie wir sie bei Euklid gesehen haben, z. B. „Eine Linie ist eine breitenlose Länge". Hier wird das zu Definierende, das Definiendum, durch etwas schon Bekanntes, das Definiens, erklärt. „Ein Junggeselle ist ein junger unverheirateter Mann" ist dafür ein lebensnahes Beispiel. So bedeutsam die Rolle dieser Art von Definitionen auch ist, muss man feststellen, dass man dabei nie auf etwas prinzipiell Neues stoßen kann. Das zu definierende wird ja einfach auf das Definiens zurückgeführt. Bei der Euklid'schen Geometrie z. B. muss man wissen, was „eine breitenlose Länge" ist. Gleiches gilt für eine Definition der Form „darunter verstehen wir … ". Außerdem verlangt dann im Prinzip das Definiens wiederum eine Erklärung; es wird zum Definiendum. Würde man ein Definiens nicht irgendwann einmal als bekannt voraussetzen, geriete man in einen unendlichen Regress. Man nennt diese Art von Definition auch Nominaldefinition.

Es gibt viele Beispiele für eine solch einfache Form der Definition, auch in empirischen Wissenschaften. Der Begriff des Impulses wird heute definiert durch das Produkt von Masse und Geschwindigkeit, also durch Festsetzung. Der tiefsinnige Begriff der Entropie wird ebenfalls definiert durch eine mathematische Formel. Der Begriff „Entropie" kommt übrigens vom griechischen *trépein* für „drehen", „wandeln" und ist ein schönes Beispiel, bei dem jeder Schiffbruch erleiden würde, der glaubt, eine etymologische Analyse würde einem immer etwas über den Begriffsinhalt sagen.

Bei einer impliziten Definition, die wir bei der Hilbert'schen Überarbeitung der Euklid'schen Geometrie kennengelernt haben, wird den definierten Termen keine bestimmte Bedeutung gegeben; sie haben die Rolle von Variablen und erhalten ihre Bedeutung erst durch einen speziellen Gebrauch. Aber es müssen die Relationen zwischen diesen Termen spezifiziert werden, und spätestens hier muss man Farbe bekennen und etwas angeben, was man als vorgegeben betrachten will.

Bildung bei Entdeckungen

Die Entdeckung einer neue Spezies in der Zoologie oder eines neuen Objekts in der Physik wie z. B. das, was man dann Elektron nannte, führt zu einem neuen Begriff, der nicht auf einen anderen Bezug nehmen kann, dessen Inhalt (Intension) aber nach und nach durch die Eigenschaften, die man entdeckt, präzisiert wird. Eigentlich kann man ja nicht definieren, was ein Elektron sein soll. Man kann seine Eigenschaften beschreiben und sagen, dieses Objekt mit diesen und jenen Eigenschaften und dessen Wirkung man so und so beobachtet, ist ein Elektron. Wenn man hier unbedingt von einer Definition reden will, so ist es eine sogenannte deiktische Definition, in der man auf etwas zeigt, wörtlich oder im übertragenen Sinne, und sagt: „Das ist ein … ". Besser aufgehoben ist das Elektron bei einer Aussage vom folgenden Typ: „Es gibt ein materielles Objekt mit diesen und jenen Eigenschaften und dieser und jener Wirkung unter diesen oder jenen Umständen. Man nennt es Elektron."

Bildung durch Gebrauch

In der Umgangssprache entstehen die meisten Begriffe zunächst durch Gebrauch und erlangen dadurch mit der Zeit einen bestimmten Bedeutungsumfang. Dieser kann sich nicht nur mit der Zeit wandeln, er wird auch jeweils nur so weit präzisiert, wie es die Lebenssituationen erfordern, sodass uns bei neu auftretenden Situationen erst einmal der rechte Begriff fehlen kann. So haben wir z. B. heute das Problem, ob wir einen Hirntoten im üblichen Sinne noch lebendig oder schon tot nennen sollen.

Auch in der Wissenschaft geschieht die Bildung von Begriffen oft durch Gebrauch. Wie ein Kind die Bedeutung der Wörter, an die es sich gewöhnt, immer besser kennenlernt, bald auch weiß, in welchen Situationen es angemessen ist, oder aber den Punkt nicht trifft, so lernt auch der Wissenschaftler die Begriffe, und indem er sie gebraucht, feilt er an ihrem Inhalt und Bedeutungsumfang. Man könnte so etwas auch eine kontextuelle Definition nennen (Hempel 1974).

Ein gutes Beispiel bietet die Entstehung des Begriffs der Energie. Hier sehen wir auch, dass der Name und der Begriff selbst verschiedene Dinge sind, denn Hermann von Helmholtz (1821–1894) hatte 1847 den Begriff der Energie in seinem Aufsatz „Über die Erhaltung der Kraft" unter dem Namen „Kraft" entwickelt. Als man aber später merkte, dass dieser Begriff nicht mit einer Kraft im Newton'schen Sinne übereinstimmte, sah man sich gezwungen, einen neuen Namen, eben „Energie", für diesen neuen Begriff zu finden.

Helmholtz demonstrierte in seiner Arbeit, wie man für ein physikalisches System die Energie berechnen kann, sei es ein mechanisches System, ein thermodynamisches, chemisches oder elektrisches. Dabei geschieht das für jede Klasse von Systemen auf ganz andere Weise. Als man ein völlig neues, z. B. ein quantenmechanisches physikalisches System kennenlernte, wusste man auch gleich, wie man die Energie zu berechnen hat. Man hatte also gelernt, mit diesem Begriff umzugehen und ihn in jeder physikalischen Situation zu gebrauchen. Eine Definition, die für alle physikalischen Systeme anwendbar wäre, ist gar nicht denkbar.

Der Begriff der Energie ist zu einem zentralen Begriff in der Physik geworden und die Erhaltung der Energie bei physikalischen Umwandlungen zu einem zentralen Prinzip. Energie kann weder erzeugt noch vernichtet werden, sie kann nur ausgetauscht werden und dabei in eine andere Form, in Bewegungsenergie, Wärme, elektrische oder chemische Energie übergehen, und immer weiß man, wie sie zu berechnen ist.

Ein solcher kontextuell gefundener Begriff ist nie fertig. Das sieht man auch bei dem Begriff „Masse". Lange Zeit glaubte man, dass auch die Masse in allen Prozessen eine erhaltende Größe ist. Durch die mit der speziellen Relativitätstheorie gewonnenen Einsichten haben wir dazugelernt: Heute wissen wir, dass eine Bindung von zwei Objekten durch fundamentale Kräfte immer „Masse kostet" (Abschn. 3.2). Bei einem Versuch einer Präzisierung des Begriffs „Masse" vor der Entwicklung der speziellen Relativitätstheorie wäre man wohl nicht auf diese Eigenschaft gekommen.

Der Philosoph und Wissenschaftstheoretiker Karl Popper (1902–1994) hat aus solchen Situationen folgende Lehre gezogen: „Man soll nie versuchen, exakter zu sein, als es die Problemsituation erfordert". (Popper 1994a, S. 28). Eine unnötige Präzisierung könnte ja von der Entwicklung der Theorie überholt werden. Aber dann: „Jeder Schritt in die Richtung auf größere Klarheit oder Präzision hin muss ad hoc – also fallweise – gemacht werden" (Popper 1994a, S. 36). Ein solcher Begriff ist demnach nie ganz fertig.

Im Gegensatz dazu heißt es noch bei Max Jammer (1915–2010): „Man muß zugeben, daß trotz gemeinsamer Bemühungen von Physikern und Philosophen, Mathematikern und Logikern bisher keine endgültige Klärung des Massenbegriffes erzielt werden konnte" (Jammer 1964, S. 242). Das ist richtig, aber schade um die Zeit der Bemühungen.

Bildung durch Idealisierung bzw. Modellierung
Hier muss schließlich eine Begriffseinführung besprochen
werden, bei der der Begriff sich auf eine Entität der Natur
bezieht, aber dennoch eine spezielle gedankliche Konstruktion ist. Diese geschieht, indem man bei der Vorstellung
von Entitäten der Natur nicht alle bekannten Aspekte berücksichtigt, d. h. die Vorstellung auf solche Aspekte reduziert, die für eine spezielle Problemstellung relevant sind.
Man konstruiert also ein Modell von einem vorgegebenen
Begriff, nennt diese Konstruktion auch Idealisierung und
erhält damit einen anderen Begriff, der vom ersten wohl zu
unterscheiden ist.

An dem Begriff „Planet" kann man das gut verdeutlichen. Ein Planet besitzt u. a. eine gewisse Ausdehnung, eine
Masse, eine Rotationsachse, eine Rotationsgeschwindigkeit
und eine bestimmte Beschaffenheit der Materie. Newton,
der zeigen wollte, dass sich die Umlaufbahn eines Planeten
um die Sonne auf der Basis seines Gravitationsgesetzes berechnen lässt, ging davon aus, dass dabei allein die Masse des
Planeten eine Rolle spielen wird. Diese durfte man sich auch
noch im Massenschwerpunkt vereinigt denken, sodass er ein
sehr einfaches Modell für einen Planeten vor Augen haben
konnte: ein Objekt mit der „Ausdehnung" eines Punktes
und mit der Masse des Planeten, ein sogenanntes Punktteilchen. Was also an Aspekten des Planeten bleibt, sind die
Masse sowie der Ort und die Geschwindigkeit des Massen-
schwerpunktes.

In der Newton'schen Mechanik spielen solche Punktteilchen eine große Rolle; die sogenannte Punktmechanik ist
der Einstieg. Wenn man dann die Rotation des Planeten be-

rücksichtigen will, muss man dagegen ein Modell für einen ausgedehnten Körper konstruieren. Eine Deformierbarkeit muss man dabei nicht berücksichtigen, aber die Möglichkeiten seiner Orientierung im Raum beschreiben können. So entsteht das Modell eines starren Körpers und mit diesem ein Zweig der klassischen Mechanik, in der es um die Schwerpunktsbewegung und die Änderung der Orientierung eines starren Körpers unter dem Einfluss äußerer Kräfte geht. Ein weiteres, sehr häufig nützliches Modell ist das des harmonischen Oszillators. Damit lassen sich oft kleine Schwingungen um eine Gleichgewichts- bzw. Ruhelage beschreiben, sei es bei einem Pendel oder bei einem Atom in einem Kristall.

In der Jurisprudenz (Abschn. 4.3) gibt es den Begriff eines Rechtssubjekts. Das ist ein Modell einer natürlichen Person, in dem nur ihre Rechte und Pflichten in einem bestimmten Kontext interessant sind. Man kann dieses Modell sogar noch ausdehnen auf Gruppen von Menschen, diesen eine ähnliche Rechtsfähigkeit zubilligen und somit von jeweils einer juristischen Person reden. In der Ökonomie und auch in der Spieltheorie geht man von einem rationalen Agenten aus, also von einem Menschen, der sein Handeln nach streng rationalen Kriterien ausrichtet. Aus eigener Erfahrung wissen wir, dass dieses Modell eine besonders starke Idealisierung darstellt; nicht umsonst ist das Modell des *Homo oeconomicus* in der Ökonomie heute stark umstritten.

Eine Wissenschaft kann nur so verfahren, dass sie die Objekte der realen Welt durch Modelle bzw. Idealisierungen repräsentiert. Nur dann kann sie diese Objekte präzise fassen und somit auch im Rahmen einer Theorie logisch präzise argumentieren. Die durch die Deduktionen gefundenen Aussagen gelten dann auch nur für die Modelle, und wenn man diese Aussagen auf die Objekte übertragen will, für die diese Modelle stehen, muss man sich Rechenschaft darüber abgeben, ob man mit dem gewählten Modell genügend Aspekte berücksichtigt hat, um die beobachteten Eigenschaften oder Phänomene erklären zu können.

So kennt man in der Physik den Begriff der Näherung, den man sich am einfachsten an einem Planetenmodell klarmachen kann: Newton betrachtete einen einzigen Planeten, der sich im Schwerefeld der Sonne befindet und diese auf einer bestimmten Bahn umläuft. Auch dieses ist ein Modell, eines für das Sonnensystem. Mit diesem Modell konnte er zeigen, dass die Planeten nicht auf einem Kreis, sondern auf einer Ellipse um die Sonne laufen. Bei genauerer Beobachtung stellt man aber fest, dass es kleine Abweichungen von den Ellipsenbahnen gibt. Das Modell von Newton musste man also als eine Näherung betrachten. Die Abweichungen von den Ellipsenbahnen konnte man erst in einer nächsten Näherung erklären, nämlich in einem erweiterten Modell des Sonnensystems, in dem man berücksichtigt, dass noch weitere Planeten die Sonne umkreisen und dass diese alle auch gegenseitig einen Einfluss aufeinander ausüben. Solch ein Vielkörperproblem ist mathematisch höchst anspruchsvoll und konnte erst viel später behandelt werden. Aber auch in dieser zweiten Näherung, diesem erweiterten Modell, verblieb beim Vergleich von Berechnung und Beobachtung der Bahn des Planeten Merkur eine Diskrepanz, und für lange Jahrzehnte blieb die Frage, wie diese zu erklären ist, offen. Erst als Albert Einstein seine allgemeine Relativitätstheorie entwickelt hatte und man darin das Gravitationsfeld auch als Raumkrümmung verstehen konnte, erkannte man, wie man das Modell ein weiteres Mal erweitern und damit der Realität noch näherbringen musste, um nun im Rahmen der Genauigkeit der heutigen Beobachtungen eine vollständige Übereinstimmung zwischen Theorie und Beobachtung zu erhalten.

Modelle sind somit mehr oder weniger starke Idealisierungen, mehr oder weniger gute Näherungen, liefern also Aussagen, die mehr oder weniger mit der Realität übereinstimmen. An dem Beispiel wird aber auch deutlich, dass man, zumindest in der Physik, mit einer ersten Näherung schon sehr gute Resultate erzielen kann und dass ein Modell zunächst genügend einfach sein muss.

2.2 Aussagen

Wenden wir uns nun den Aussagen in einem Begründungsnetz zu. Eine häufig gestellte Frage ist zunächst die, ob eine gegebene Aussage wahr oder falsch ist.

In empirischen Wissenschaften kann man nicht nur fragen, ob sie wahr in dem Sinne sind, dass sie streng aus den Grundannahmen ableitbar sind, sondern auch, ob sie mit den Tatsachen, die man in der Natur feststellen kann, übereinstimmen. Dabei ist natürlich vorausgesetzt, dass die Umstände, unter denen die Tatsachen herrschen oder geschaffen werden, bei der Formulierung der Aussage berücksichtigt werden.

Wir haben es hier also mit zwei wichtigen, aber verschiedenen Bedeutungen des Begriffs „wahr" zu tun. Folgt die Wahrheit aus den Grundannahmen, die als wahr vorausgesetzt werden, spricht man von der Kohärenztheorie von

Wahrheit. In einem Begründungsnetz ist diese Bedeutung von Wahrheit naheliegend.

Wird Wahrheit als Übereinstimmung mit den Tatsachen verstanden, (Thomas von Aquin: „adaequatio rei et intellectus"), so redet man von der Korrespondenztheorie. In der Philosophie ist dieser Wahrheitsbegriff viel hinterfragt worden. Im Alltag und auch in den Wissenschaften stellt er aber in aller Regel kein Problem dar, auch wenn es mitunter in der modernen experimentellen Physik schwierig bzw. manchmal vor Gericht nicht möglich ist festzustellen, was denn genau „Tatsache ist".

Es werden noch andere Bedeutungen von Wahrheit diskutiert. In der Konsenstheorie bezeichnet man eine Aussage als wahr, wenn sie von einer definierten Gruppe von Menschen in einem Diskurs als berechtigt angesehen wird. Solche und auch weitere Bedeutungen von Wahrheit haben eher eine politische Wissensbildung im Fokus und sollen uns hier nicht interessieren.

Bei vorschreibenden Aussagen, bei Regeln oder Normen, kann man aber nicht fragen, ob sie wahr oder falsch sind. Diese können in einem System dagegen gültig sein oder nicht. Man kann höchstens fragen, ob sie als gültig gesetzt worden sind. Dann kann die Antwort darauf wahr oder falsch sein. Wir finden solche Aussagen in Spielen aller Art, aber auch in der Jurisprudenz (Kap. 4).

Diese Eigenschaft von vorschreibenden Aussagen ist nicht zu verwechseln mit der „Gültigkeit" von physikalischen Theorien in einem bestimmten Gegenstandsbereich, den man dann auch „Gültigkeitsbereich" nennt. Das bedeutet nur, dass in diesem Bereich die Aussagen der Theorie mit den Tatsachen übereinstimmen.

2.3   Prämissen und ihre Genese

Wenden wir uns nun dem dritten Aspekt eines Begründungsnetzwerks zu: dem Ausgangspunkt des Netzes, in dem die Grundannahmen formuliert werden.

Der heutige Bildungsbürger kennt solche Grundannahmen vorwiegend bei Religionen und solchen Denkgebäuden, die sich einen wissenschaftlichen Anstrich geben wollen, wie etwa bei der Homöopathie oder der Astrologie. Das ist dadurch erklärbar, dass sich Grundannahmen in diesen Bereichen deutlich auf das menschliche Leben beziehen und überdies einfach zu überblicken sind.

Ausgangspunkt für Religionen sind meistens ein geschichtliches Ereignis, in dem sich ein übernatürliches Wesen offenbart und damit Aussagen insbesondere über die „letzten Fragen" der Menschheit trifft. In der Homöopathie ist es das von Samuel Hahnemann verkündete Ähnlichkeitsprinzip: „Ähnliches soll durch Ähnliches geheilt werden." In der Astrologie ist es die Annahme, dass die Konstellation der Planeten zur Zeit der Geburt eines Menschen eine Bedeutung für sein künftiges Leben haben wird. Die älteren unter uns haben vielleicht im Laufe ihres Lebens mit der psychoanalytischen Theorie von Sigmund Freud (1856–1939) Bekanntschaft gemacht, die, je nach Lesart, von drei oder acht Grundannahmen ausgeht. Und eine Zeit lang war auch die Entwicklungstheorie von Jean Piaget (1896–1980) mit ihren sieben Grundannahmen modern.

Die Vorsokratiker: „Aus einem Punkte zu erklären"

Natürlich weisen diese Denkgebäude bzw. Begründungsnetze jeweils eine höchst unterschiedliche Geschichte und intellektuelle Durchdringung auf. Wenn man sich diesen als Außenstehender nähert, könnte man die Grundannahmen als „freie Schöpfungen des menschlichen Geistes" bezeichnen. Immer ist es der Wunsch, eine einzige Quelle zu haben, aus der man eine Fülle von Erklärungen ableiten können möchte, sei es nun für das „Ganze" wie bei den Religionen oder nur für bestimmte Teilbereiche wie bei der Homöopathie oder Astrologie. Nach Goethe unterliegt selbst der Teufel diesem Hang nach einer grundlegenden Erklärung, denn er lässt Mephisto in *Faust I* über die Frauen sagen: „Es ist ihr ewig Weh und Ach, so tausendfach, aus einem Punkte zu kurieren."

Diesen Hang, etwas oder alles aus einem Punkte zu erklären, kennen wir schon von den frühesten Anfängen des menschlichen Denkens. Thales von Milet (624–547 v. Chr.) war nach unserer heutigen Kenntnis wohl der Erste, der von einem „Anfang und Urgrund aller Dinge" geredet hat. Dieser war für ihn das Wasser. Sein Zeitgenosse Anaximander sprach auch von einem Urstoff (Apeiron), interessierte sich aber nicht so sehr für die Art des Stoffes, sondern hob mehr die räumliche und zeitliche Unbegrenztheit hervor. Bei Pythagoras (570–510 v. Chr.) soll es dann die „Zahl" sein, die „alles ist", bei Heraklit (520–460 v. Chr.) heißt es dagegen: „Alles fließt." Nun ist es also die Bewegung. Dem widerspricht allerdings Parmenides (um 520–ca. 455 v. Chr.); für ihn ist das Seiende vollendet und unveränderbar, die Wahrnehmung der Veränderung sei ein trügerischer Schein, in Wahrheit seien alle Dinge eins, und in Wirklichkeit gebe es keine Veränderung. Parmenides' Grundannahme, aus der er alles ableitet, lautet: „Was nicht ist, ist nicht" (Popper 2014, S. 47). Demnach gibt es kein Nichts, keine Leere. Die Welt kann daher nicht in Teile getrennt gedacht werden, da durch die Trennung eine Leere entstünde. Also ist die Welt ein Ganzes und somit unveränderlich. Wir müssen hier an Kurt Tucholsky (o. J.) denken, der Parmenides wunderbar bestätigt, indem er sagt: „Loch alleine kommt nicht vor, so leid es mir tut."

Man mag heute über die Vorstellungen der Vorsokratiker lächeln. Aber es war die Zeit des Erwachens der Menschheit, in der, auch im europäischen Raum, die ersten Gedanken zur Welt überhaupt formuliert und kritisiert wurden. Eine Fährte für das gesamte folgende europäische Denken wurde gelegt. Karl Popper sieht den Vorbildcharakter des vorsokratischen Denkens nicht in dem Inhalt der Aussagen, sondern in der Haltung gegenüber solchen Grundannahmen. Nicht die Haltbarkeit oder deren Ähnlichkeit mit heutigen Vorstellungen war das Entscheidende, sondern der Mut, solche Vermutungen zu äußern und dabei Kritik zu akzeptieren, gar Widerlegungen zu erwarten (Popper 2014). Er sieht darin eine Vorform des kritischen Rationalismus, den er selbst bei seinen wissenschaftstheoretischen Studien entwickelt hat (Abschn. 3.7).

Fühlen von Wahrheit und Seinswahrheit

Bei fast allen Philosophen der Folgezeit lassen sich mehr oder weniger explizit Annahmen finden, die man als Ausgangspunkt all ihres Denkens ansehen kann. Besonders deutlich wird das z. B. bei Georg Wilhelm Friedrich Hegel (1770–1831) und bei dem Marxismus.

Nicht immer werden die Grundannahmen von den Vertretern eines Denkgebäudes als Annahmen deklariert. Das klänge in ihren Ohren viel zu relativierend. Sie werden eher als tiefe Einsicht, als Wahrheit verkündet, ja gar als evident bezeichnet. Das kann aber nicht darüber hinwegtäuschen, dass es eben doch Annahmen sind, die in Konkurrenz zu anderen Hypothesen zu sehen sind.

Die Methode, persönliche Einsichten oder Hypothesen als absolute Wahrheiten auszugeben, war über viele Jahrhunderte selbstverständliche Praxis vieler Philosophen, auch glauben manche, die Intuition könne ein sicherer Weg zu tiefer Einsicht sein. Verbunden ist damit die Auffassung, dass die Wahrheit eigentlich offen zutage liegt, man muss nur fähig sein oder werden, den Schleier, der eventuell über ihr liegt, zu lüften. Der Philosoph Hans Albert (1991) nennt eine solche Vorstellung das Offenbarungsmodell der Erkenntnis, Herbert Schnädelbach (2012) bezeichnet sie als Evidenztheorie.

Bei nachdenklicheren Philosophen führen diese zu beißender Kritik. Leonard Nelson (2011) spottet darüber, dass seine schwärmerischen Kollegen offensichtlich glaubten, mit der Intuition ein „höheres Organ" zu besitzen, mit der sie die „Wahrheit erfühlen" könnten. Der Philosoph Herbert Schnädelbach (2012, S. 33) macht für einen solchen Glauben, dass „die Erkenntnis eine bestimmte Art des Sehens ist", die Platon'sche Ideenlehre verantwortlich und geht vor allem mit jenen seiner Kollegen ins Gericht, die hartnäckig und unerschütterlich ihre einmal „gefühl-

te" Wahrheit verteidigten und sich auf Diskussionen nicht
wirklich einließen: Sie „lassen in der Regel auch das Argumentieren zu, aber bestenfalls als Vorbereitung auf das, was
der Philosoph schließlich begründungsfrei erkennen und
wissen kann". Hans Albert diskutiert insbesondere, wie
konstitutiv diese Auffassung für Religionen ist und welche
Folgen sie dort zeitigt.

Die Selbstsicherheit, mit der manche glauben, die Wahrheit „fühlen" zu können, kann aber noch gesteigert werden.
Man kann davon überzeugt sein, dass die Wahrheit sich
selbst zeigen kann. Für den Freiburger Philosophen Martin
Heidegger (1889–1976) ist das Philosophieren ein „Die-
Phänomene-von-ihnen-selbst-her-sehenlassen", diese führe
zur „Seinswahrheit", die evident sei im Gegensatz zur „Ur-
teilswahrheit", zu der der Mensch lediglich durch eigene
Überlegungen gelange und in denen er allerdings immer
fehlbar sein kann. Nichtanerkennung einer Seinswahrheit
sei aber nur auf „Unbildung oder Verblendung" zurückzuführen (Schnädelbach 2012, S. 34). Eine wahre Einsicht
werde bei entsprechender Bereitmachung geschenkt, nicht
erarbeitet. In Religionen aller Art und manchen esoterischen Strömungen wird diese Ansicht zum Programm
erhoben: Der Geist eines irgendwie gearteten „höheren
Seins" kann Menschen erleuchten; in solchen Momenten
wird der Mensch von der Wahrheit direkt angesprochen.

Im Rahmen solcher spekulativen Philosophie entstanden große Denkgebäude, die heute aber alle als gescheitert
angesehen werden. Keines von diesen konnte allgemeine
Zustimmung erreichen. Erst in neuerer Zeit gewinnt eine grundsätzlich skeptische Haltung, die aber auch antike

Wurzeln hat, wieder an Boden und zeigt sich z. B. im kritischen Rationalismus.

Induktion, Intuition, Spekulation

Nun kommt ja kein Denkgebäude ohne Grundannahmen aus. Dass sie jedem als evident erscheinen, wie Aristoteles es forderte und wie es bei der Euklid'schen Geometrie auch der Fall ist, kann ja nicht die Regel sein. Gibt es denn eine andere Art, diese zu finden, als durch Induktion oder Intuition, also Spekulation? Denn könnte man die Grundannahmen aus irgendetwas deduktiv ableiten, wären sie keine Grundannahmen. Es geht also nicht ohne irgendeine Art von Spekulation, eine logisch nicht sichere Schlussfolgerung.

Die Induktion, „die mildeste Form von Spekulation", der Schluss vom Speziellen auf Allgemeines, hat seit David Hume (1711–1776) Anlass zu intensiven und kontroversen Diskussionen gegeben. Intuition und Induktion liegen nahe beieinander; man kann auf beide nicht verzichten, will man begründungsfrei Hypothesen formulieren, um diese eventuell zu Grundannahmen werden zu lassen.

Der Unterschied bei der Genese von Grundannahmen, die wir hier diskutiert haben und noch diskutieren werden, liegt aber nicht darin, dass mehr oder weniger spekuliert wird, sondern an der Vor- und Nacharbeit für solche Formulierungen. Welche Information, welches gebündelte Wissen löst in dem Denker die Idee für seine neue Hypothese aus? Wie sicher ist dieses Wissen, aus dem er induktiv die Idee zu einer Hypothese gewinnt? Als noch wichtiger wird sich im Laufe dieser Diskussion die Frage erweisen, wie diese Hypothesen gestützt, d. h. wie sie formuliert werden und wie die ersten Schlüsse daraus geprüft werden können. „An den Früchten kann man sie erkennen", könnte man sagen.

Um das zu verdeutlichen, seien zwei Beispiele aus der Physik geschildert, in denen höchst spekulative Hypothesen formuliert wurden:

Die Frage, welche Kräfte die Planeten am Himmel auf ihrer Bahn halten, war zur Zeit Isaac Newtons höchst aktuell. Man konnte sich damals einen Einfluss auf die Bewegung von Objekten nur durch unmittelbare Berührung mit anderen Objekten vorstellen. René Descartes hatte solche Phänomene in seiner Stoßtheorie eingehend untersucht. So lag es für ihn nahe, die Bewegung der Planeten um die Sonne dadurch zu erklären, dass sie durch einen um die Sonne herumwirbelnden Stoff mitgenommen würden. Newton kam aber auf eine ganz andere Idee; seine Hypothese war, dass materielle Objekte aufgrund ihrer Masse eine Kraft aufeinander ausüben. Diese Gravitationskraft wirkt auf die Ferne, und zwar instantan, d. h., eine Änderung der Position eines Körpers führt danach ohne Zeitverzögerung zu einer Änderung der Kraft, die dieser auf einen anderen Körper ausübt.

Das waren also zwei höchst unterschiedliche Hypothesen. Die von Descartes fußte auf dem damaligen Weltbild, eine Fernwirkungskraft wie die von Newton war dagegen höchst spekulativ und wurde sogar als Rückfall in magisches Denken kritisiert, denn wie sollte es denn möglich sein, dass die Änderung einer Kraft sich in der Ferne sofort auswirkt, wie groß die Distanz auch sei? Das erinnerte an die Astrologie.

Newton stellte aber nicht nur diese Behauptung auf. Er zeigte gleich, wie fruchtbar sie ist, indem er sie in seinen

Berechnungen der Planetenbahnen einsetzte und daraus folgern konnte, dass die Planeten auf Ellipsen um die Sonne laufen. Das war in Übereinstimmung mit den Tatsachen, die in den Kepler'schen Gesetzen beschrieben waren. Die Newton'sche Theorie konnte im Laufe der Zeit mit gleichem Erfolg auf alle Formen von Bewegungen ausgedehnt werden. Unter dem Namen „Newton'sche Mechanik" wurde sie zum Inbegriff einer Wissenschaft und prägte das Weltbild für mehrere Jahrhunderte. Für 250 Jahre lebten die Physiker so mit dieser Vorstellung einer instantanen Fernkraft, die eigentlich absurd erscheinen musste. Erst nach 1915, im Rahmen der Einstein'schen allgemeinen Relativitätstheorie verstand man, dass sich dieser instantane Charakter der Gravitationskraft erst durch eine formale Näherung aus einem allgemeineren Ansatz ergibt.

Das zweite Beispiel einer spekulativen Hypothese, die auch gleich mit einer fruchtbaren und nachprüfbaren Folgerung geäußert wurde, ist folgendes: Anfang des 20. Jahrhunderts hatten die Physiker einmal wieder ein Problem mit der Erklärung der Ergebnisse eines Experiments. Es ging um den sogenannten Photoeffekt, bei dem man Elektronen mit Licht genügend hoher Frequenz aus einem Metall herausschlagen konnte. Die zuständige Theorie betrachtete Licht als eine elektromagnetische Welle, aber mit dieser Vorstellung waren die Eigenschaften der austretenden Elektronen hinsichtlich ihrer Energie nicht zu verstehen. Einstein wagte im Jahre 1905 aufgrund von Überlegungen, die hier nicht erörtert werden können, die Hypothese, dass sich das Licht in diesem Experiment als „aus lokalisierten Energiequanten" bestehend zeigt und dass diese Energiequanten „nur als Ganze absorbiert und erzeugt werden können".

Er sprach also von Lichtquanten, die man später Photonen nennen sollte. In dieser Vorstellung strömte Licht als Fluss von Lichtquanten auf das Metall. Er berechnete auf der Basis dieser Vorstellung, wie die Energie eines Lichtquants mit der Frequenz des Lichtes, als Welle betrachtet, zusammenhängt und wie die Energie der herausgeschlagenen Elektronen von der Frequenz des eingestrahlten Lichtes abhängt. Hier waren also auch gleich Folgerungen aus der Hypothese gezogen, und diese waren, zunächst wenigstens im Prinzip, überprüfbar (Abschn. 3.5).

Aber das gelang erst im Jahre 1916, und Einstein bekam für die Entdeckung des photoelektrischen Gesetzes im Jahre 1922 den Nobelpreis. Vorerst aber stand die Hypothese im Raum, und Max Planck schrieb noch im Jahre 1913 in einem Gutachten über Albert Einstein, nachdem er ihn in höchsten Tönen gelobt hatte, „daß er in seinen Spekulationen auch einmal über das Ziel hinausgeschossen sein mag, wie z. B. in seiner Hypothese der Lichtquanten, wird man ihm nicht allzu schwer anrechnen dürfen; denn ohne ein Risiko zu wagen, lässt sich auch in der exaktesten Naturwissenschaft keine wirkliche Neuerung einführen" (zit. nach Fölsing 1993, S. 171).

Beide Beispiele zeigen, dass es auch in einer „exakten Wissenschaft" gewagte Spekulationen gibt, und in diesen beiden Fällen führten diese zu wichtigen Bausteinen grundlegender Theorien: der Newton'schen Mechanik und der Quantentheorie. Aber ohne eine Diskussion über Folgerungen aus den Spekulationen wären diese ohne Resonanz geblieben.

Nun mag man einwenden, dass es in empirischen Wissenschaften wohl angemessen sei, gleich irgendwelche nachprüfbaren Folgerungen bei dem Vortrag einer Hypothese hinzuzufügen. Wie kann aber Ähnliches getan werden, wenn es etwas Nachprüfbares nicht gibt? Letztlich führt diese Frage auf das Problem, wie die Hypothesen im Hinblick auf die „Qualität" der Aussagen eines Begründungsnetzes zu bewerten sind. Wir werden das jeweils im konkreten Fall in Abschn. 3.4, 4.3 und 5.3 diskutieren.

2.4 Begründungen

In diesem Abschnitt soll es um die Beziehungen zwischen den Aussagen gehen, also um die Begründung einer Aussage auf der Grundlage anderer Aussagen. Der Begriff des Grundes ist sehr vielschichtig und wurde schon in den Anfängen der europäischen Philosophie diskutiert. Gründe werden als Argumente formuliert, die überzeugen wollen. In einem Begründungsnetzwerk wird es um Erkenntnisgründe gehen, eine Aussage soll eine Erkenntnis als Folge anderer Erkenntnisse sein.

Die wichtigsten Begründungsformen

Die einfachste Form der Begründung ist die Berufung auf eine Autorität. Wenn von dieser die in Rede stehende Aussage für wahr gehalten wird, so tut man es auch. Das ist also eigentlich keine Begründung, nur ein Ausdruck, dass man die Meinung über die Aussage teilt oder dass man den Argumenten der Autorität vertraut. In der Philosophie sind solche Begründungen häufig anzutreffen; man zitiert z. B. Kant oder Hegel und scheint auf sicherem Boden zu stehen.

In der Theologie verfährt man oft ähnlich; überdies beruhen die Grundannahmen auf der Offenbarung der „höchsten" Autorität. In der Rechtsanwendung gehört die Berufung auf das herrschende Gesetz zur Methode.

Auch der Analogieschluss hat in den Geisteswissenschaften eine große Tradition, vor allem in der Philosophie, Theologie und Jurisprudenz. Er findet sich schon bei Platon, der diesen als ein zentrales Mittel zur Erkenntnis ansah. Die Motivation, einen Analogieschluss zu akzeptieren, beruht auf dem Glauben, dass in der Realität bestimmte Strukturen oder Funktionen eine allgemeinere Geltung haben können. In der Scholastik spielte die Analogie eine bedeutende Rolle; so lehrte Thomas von Aquin, dass Aussagen über Gott nur mithilfe von Analogien getroffen werden können, ihn damit aber nur unvollkommen erschließen. In der Jurisprudenz bemüht man den Analogieschluss, um für einen Rechtsfall, der im Gesetz nicht geregelt ist, eine Entscheidung aus einen ähnlichen, aber geregelten Fall abzuleiten.

Aussagen werden mitunter auch teleologisch begründet, indem man einen Zweck anführt, der erreicht werden soll. Wenn es um die Welt des „Seins" geht wie in den Naturwissenschaften, ist diese Art von Begründung sinnlos, sie setzt ja voraus, dass es jemanden gibt, der bestimmte Ziele verfolgt. Andererseits findet man sie in der Jurisprudenz und Theologie sehr häufig. Ein Gesetzgeber verfolgt mit dem Erlass eines Gesetzes bestimmte Ziele. In der Anwendung des Rechts stellt dann die Frage nach einer solchen Intention eine prominente Auslegungsmethode dar. Der Theologe ist auf Sinnstiftung aus und sieht hinter jeder Geschichte einen Zweck oder eine Absicht Gottes. (Hinter dieser Interpretation steht schon wieder ein Analogieschluss: So wie Menschen Intentionen haben, wird auch Gott Absichten haben.)

Die strengste Form einer Begründung ist eine Folgerung aufgrund logischer Regeln. Nur eine solche Form der Begründung kann intersubjektiv überzeugen, nur mit ihr wird ein Argument ein Beweis.

Im Folgenden wird auf logische Schlussfolgerungen näher eingegangen. Die nichtlogischen Begründungsarten wie der Analogieschluss oder die Orientierung an Zielen werden in Kap. 4 diskutiert.

Logische Schlussfolgerungen in der Umgangssprache: Syllogismen

Wir haben in der Regel ein gutes Gespür dafür, was logisch korrekt ist, nennen aber oft auch etwas logisch, das uns vom Sinn her unmittelbar einleuchtet. „Ist doch logisch", heißt es dann. Dabei hat logisches Schließen nichts mit dem Inhalt der Aussagen zu tun, sondern bezieht sich nur auf den formalen Aspekt des Schließens.

Die ersten Erkenntnisse über logische Schlussfolgerungen stammen von Aristoteles (384–322 v. Chr.). Sein Regelwerk für logisches Schließen, der Syllogismus, galt fast zwei Jahrtausende lang als Grundlage allen Wissens über das logische Schließen.

Sein berühmtestes Beispiel für eine gültige Schlussfolgerung ist folgendes: „Alle Menschen sind sterblich. Sokrates ist ein Mensch. Also: Sokrates ist sterblich." Aus den beiden Prämissen „Alle Menschen sind sterblich" und „Sokrates ist ein Mensch" ergibt sich also eine Konklusion: „Sokrates ist sterblich." Die erste Prämisse ist eine Allaussage, die zweite eine Einzelaussage, und die Konklusion empfinden wir als zwingend, weil Sokrates nach der zweiten Prämisse ein Element der Menge ist, von der in der ersten Prämisse gesagt wird, dass alle, die dazugehören, eine bestimmte Eigenschaft besitzen, nämlich sterblich zu sein. Wir haben es hier mit einem Schluss von einer Allaussage auf eine Einzelaussage zu tun.

Man sieht sofort, dass man statt „sterblich" jedes andere Prädikat (was in der Logik ein Synonym für „Eigenschaft" ist) einsetzen kann; ebenso frei sind wir in den anderen Indikatoren wie „Mensch" und „Sokrates". Wir können also ganz allgemein schließen: Aus den beiden Prämissen „Alle A sind E" und „B ist ein A" folgt „B ist E". Allein aufgrund der Form der beiden Prämissen ist also die Konklusion wahr, wenn die beiden Prämissen wahr sind. Der Schluss ist somit schon „formal" gültig, der jeweilige Inhalt der Prämissen, ihre Bedeutung, spielt keine Rolle.

Das gilt z. B. auch für die beiden Prämissen „Alle A sind e" und „Einige C sind nicht e". Es folgt allgemein „Einige C sind nicht A".

Die Unabhängigkeit der Schlussfolgerung vom Inhalt der Aussagen ist das Spezifikum der logischen Schlussfolgerung. Es ist ihre Stärke, kann aber auch ein Schwäche darstellen, wie noch im Einzelnen zur Sprache kommen wird.

Es gibt eine Vielzahl weiterer solcher Regeln für das logische Schließen (vgl. z. B. Wikipedia 2015b). Insbesondere in der Ausbildung der Juristen werden diese heutzutage noch ausführlich diskutiert. Ich will hier nicht näher darauf eingehen.

Mit der aristotelischen Syllogistik hatte man Schlussregeln gewonnen, deren logische Korrektheit unmittelbar einsichtig war. In vielen Fällen reichten diese Regeln für das Argumentieren. So gehörte die Syllogistik seit der Antike zur Ausbildung von Philosophen, Juristen, Theologen und Rhetorikern. Mit der Entwicklung der Mathematik und Physik seit der Renaissance wuchs aber auch das Bewusstsein um die Begrenzung der Anwendbarkeit der Syllogistik. In Fällen, in denen die Schlüsse nicht unmittelbar plausibel waren, versagte sie ihre Unterstützung. In der Ableitung der geometrischen Lehrsätze kam man nicht ganz ohne intuitiv einleuchtende, aber sachlich motivierte Schlüsse aus.

Logische Systeme und Kalküle: Aussagenlogik

Der Mathematiker Gottlob Frege (1848–1925) entwickelte im Jahre 1879 in seiner *Begriffsschrift* eine axiomatische Form der Logik mit einer rein formalen Sprache, indem längere Ketten von logischen Schlussfolgerungen und logische Beweise klar durchschaubar wurden. Das war der Beginn der modernen, mathematischen Logik.

Aussagen, ihre Negation und ihre Verknüpfungen

Das einfachste System der mathematischen Logik, die Aussagenlogik, beschäftigt sich mit Aussagen und deren Verhältnis zueinander. Elementaraussagen, auch Einzelaussagen oder Satzkonstanten genannt, beschreiben einen einzigen Sachverhalt, z. B. „Der Gast brachte Blumen mit" oder „Der Gast brachte eine Flasche Wein mit".

Einzelsätze kann man negieren. Die Negation von „Der Gast brachte Blumen mit" ist „Es ist nicht der Fall, dass

der Gast Blumen mitbrachte" bzw. „Der Gast brachte keine
Blumen mit". Für die Negation eines Satzes A führt man
das Symbol ¬A ein.

Jedem Satz wird ein Wahrheitswert zugeordnet. Dieser
kann „wahr" oder „falsch" bzw. „nicht wahr" sein. Ein Ein-
zelsatz A soll also entweder wahr oder falsch sein. Ist A wahr,
so ist ¬A falsch (und umgekehrt). Die doppelte Negation
von A führt zu A zurück: ¬¬A = A.

Einzelsätze kann man auch miteinander verknüpfen, z. B.
„Der Gast brachte Blumen mit, und der Gast brachte eine
Flasche Wein mit". Beide Sätze sind hier also mit der Par-
tikel „und" verknüpft, und verkürzt kann man sagen: „Der
Gast brachte Blumen und eine Flasche Wein mit."

Erinnert sich der Gastgeber aber nicht mehr genau daran,
was der Gast mitbrachte, könnte er z. B. sagen: „Der Gast
brachte Blumen oder eine Flasche Wein mit." Wir kennen
in der Umgangssprache also mindestens noch eine weitere
Verknüpfung von zwei Aussagen, einen weiteren Junktor,
die Partikel „oder". In der Aussagenlogik werden wir u. a.
zwei Junktoren kennenlernen, die diesen beiden Junktoren
der Umgangssprache nachgebildet, aber nur mehr oder weniger mit diesen synonym sind.

Die Frage ist nun, welchen Wahrheitswert Verknüpfungen von Einzelsätzen haben und wie man diesen bestimmt.
In einem logischen System soll dieser Wahrheitswert eindeutig bestimmt sein, und zwar unabhängig vom Inhalt der
Sätze.

Ein logisches System ist also ein Modell einer Sprache,
das frei ist von allen Vagheiten und Unbestimmtheiten, die
die Umgangssprache aufgrund ihrer Entstehung durch den
unreflektierten Umgang der Menschen untereinander erhal-

ten hat. So wie in der Physik Modelle für die Dinge der Welt konstruiert werden, um deren Verhalten klar und präzise im Rahmen von Theorien beschreiben zu können, müssen wir auch erst ein Modell unserer Sprache konstruieren, um eindeutig und mit absoluter logischer Genauigkeit argumentieren zu können.

Das bedeutet Folgendes: Wir werden verschiedene Junktoren einführen müssen und für jeden genau sagen müssen, welcher Wahrheitswert sich bei einer Verknüpfung in Abhängigkeit vom Wahrheitswert der zu verknüpfenden Sätze ergeben soll.

Betrachten wir z. B., welche Eigenschaft ein Junktor in dem Modell der Aussagenlogik haben sollte, wenn er die Rolle des „und" unserer natürlichen Sprache übernehmen will. Um einer Verwechslung mit dem Junktor der Umgangssprache von vornherein aus dem Wege zu gehen, führt man für das „und" der Aussagenlogik das Symbol $\wedge$ ein. Es soll dann gelten: Seien A und B zwei Aussagen, so sei $A \wedge B$ genau dann wahr, wenn A und B beide wahr sind, sonst sei $A \wedge B$ falsch. Man kann das in der Wahrheitstafel veranschaulichen, in der w für wahr und f für falsch steht:

A	B	$A \wedge B$
w	w	w
w	f	f
f	w	f
f	f	f

Diese Definition der Verknüpfung zweier Aussagen durch $\wedge$, auch Konjunktion genannt, entspricht in der Tat ziemlich gut dem umgangssprachlichen Gebrauch der

Partikel „und". Ein Unterschied fällt uns nur auf, wenn wir z. B. den Satz „Freiburg liegt im Süden Deutschlands, und Churchill war ein englischer Staatsmann" betrachten. Dieser ist wahr, weil beide Teilsätze wahr sind. Aber wir sehen keinen inhaltlichen Zusammenhang der Teilsätze und würden diese in der Umgangssprache nie so verknüpfen. Aber in der Aussagenlogik spielt die Bedeutung der Sätze eben keine Rolle.

Wenn wir nach einem Pendant zur Verknüpfung „oder" der Umgangssprache suchen, könnten wir zunächst eine Verknüpfung mit folgender Wahrheitstafel definieren:

A	B	A $\vee$ B
w	w	w
w	f	w
f	w	w
f	f	f

Für dieses „oder" in der Aussagenlogik haben wir das Symbol $\vee$ gewählt, und es soll gelten, dass A $\vee$ B genau dann wahr ist, wenn mindestens ein Teilsatz wahr ist. Man nennt die logische Verknüpfung $\vee$ Disjunktion (nicht zu verwechseln mit dem Begriff „disjunkt" der Mengenlehre).

Umgangssprachlich verwenden wir aber den Junktor „oder" auch, wenn wir sagen wollen, dass der Gast entweder Blumen oder eine Flasche Wein mitgebracht hat, also nicht beides und auch nicht gar nichts. Dann gilt folgende

Wahrheitstafel:

$$
\begin{array}{ccc}
\mathbf{A} & \mathbf{B} & \mathbf{A} \mathbin{>\!\!\!<} \mathbf{B} \\
w & w & f \\
w & f & w \\
f & w & w \\
f & f & f
\end{array}
$$

Man nennt die Verknüpfung $>\!\!\!<$ Kontravalenz.

Es gibt noch eine dritte Verknüpfung in der Aussagenlogik, die dem umgangssprachlichen „oder" nahekommt, nämlich die Exklusion mit der Wahrheitstafel:

$$
\begin{array}{ccc}
\mathbf{A} & \mathbf{B} & \mathbf{A/B} \\
w & w & f \\
w & f & w \\
f & w & w \\
f & f & w
\end{array}
$$

Hier hat der Gast höchstens eins von beiden mitgebracht, also entweder Blumen oder Wein, oder keins von beiden, auf jeden Fall aber nicht beides.

Eine weitere wichtige Verknüpfung zweier Teilsätze ist die Implikation $A \to B$. Umgangssprachlich würden wir sagen: „Wenn A, dann B." Aber dann denken wir meistens an eine Folgerung im inhaltlichen Sinne. Die Implikation $\to$ soll aber eine rein logische Verknüpfung zweier Aussagen sein, noch nicht das, was wir einen logischen

Schluss nennen. Die Wahrheitstafel lautet hier:

A	B	A → B
w	w	w
w	f	f
f	w	w
f	f	w

Bei einer wahren Implikation ist stets B wahr, wenn A wahr ist. Die Aussage „2 + 2 = 4 → Freiburg liegt im Süden Deutschlands" ist danach eine wahre Implikation, obwohl es zwischen Vorder- und Nachsatz keinen Zusammenhang gibt. Aber es verbietet einem niemand, zwei Aussagen in dieser Form miteinander zu verknüpfen, so wie man auch in unserer Sprache zwei verschiedene Wörter in einem Satz verknüpfen kann, ohne dass dieser einen Sinn machen muss. Im nächsten Abschnitt wird man sehen, dass die Implikation für den Begriff einer logischen Schlussfolgerung unabhängig von dem Inhalt der einzelnen Aussagen eine bedeutende Rolle spielt. Sie ist also ein Baustein einer logischen Struktur, die das Wahrsein von Prämissen auf die Konklusion überträgt.

Umgangssprachlich kann man die (wahre) Implikation auch wie folgt formulieren: „Stets wenn A, so B" oder „A (wahr) ist hinreichend dafür, dass B gilt". Ein physikalisches Gesetz, aber auch jede strikte Regelmäßigkeit kann man so formulieren. Wenn nicht A vorliegt, A also den logischen Wert falsch hat, so kann nach der Wahrheitstafel bei einer wahren Implikation die Konklusion B wahr oder falsch sein, d. h., über den Wahrheitswert von B kann man dann keine

Aussage treffen. Das entspricht auch unserem Gefühl für Logik.

Neben dem hinreichenden „wenn … dann" kennen wir auch das notwendige „wenn … dann": „nur wenn A, dann B." Diese Verknüpfung nennt man Replikation. Die Wahrheitstafel lautet:

A	B	A ← B
w	w	w
w	f	w
f	w	f
f	f	w

Bei einer (gültigen) Replikation kann also B nur wahr sein, wenn A wahr ist. Oder: A (wahr) ist notwendig dafür, dass B gilt (d. h., Wenn A nicht wahr ist, kann auch B nicht wahr sein; s. letzte Zeile der Tafel). Das Symbol ← für die Replikation entspricht der Tatsache, dass A notwendig für B ist, wenn B hinreichend für A ist.

Wenn A notwendig und hinreichend für B ist, spricht man von Äquivalenz. A ist bei einer wahren Äquivalenz genau dann (resp. dann und nur dann) wahr, wenn B wahr ist, wie es die Wahrheitstafel auch zeigt:

A	B	A ↔ B
w	w	w
w	f	f
f	w	f
f	f	w

Wenn die Äquivalenz A ↔ B logisch wahr ist, stimmen die Wahrheitswerte von A und B also überein. Sind Aussagen A′ und B′ so aus anderen Aussagen zusammengesetzt, dass sie immer die gleichen Wahrheitswerte haben, spricht man von logisch wahren Äquivalenzen und schreibt dann auch A′ = B′. So gilt z. B. (A → B) = (¬A ∨ B). Wir zeigen das explizit:

A	**B**	**¬A**	**¬A ∨ B**	**A → B**
w	w	f	w	w
w	f	f	f	f
f	w	w	w	w
f	f	w	w	w

Die Verknüpfungen A → B und ¬A ∨ B besitzen also in der Tat immer die gleichen Wahrheitswerte; es ist eine logische wahre Äquivalenz oder, einfach gesagt, eine logische Äquivalenz.

Andere logische Äquivalenzen sind z. B.:

- A ↔ B = (A → B) ∧ (B → A).
- A = A ∧ (A ∨ B): Verschmelzungsgesetz.
- (A ∧ B) ∧ C = A ∧ (B ∧ C): Assoziativgesetz.
- A ∧ (B ∨ C) = (A ∧ B) ∨ (A ∧ C): Distributivgesetz.
- A → B = ¬B → ¬A: Denn wäre A, so wäre ja B.
- ¬(A ∨ B) = ¬A ∧ ¬B: Wenn A ∨ B nicht gilt, so müssen Nicht-A und Nicht-B gelten. Das ist das erste Morgan'sche Gesetz. Entsprechend heißt das zweite Morgan'sche Gesetz: ¬(A ∧ B) ↔ ¬A ∨ ¬B.

Vertauscht man in diesen Gleichungen ∨ mit ∧, erhält man weitere logische Äquivalenzen. Da beide Seiten die gleiche Wahrheitswertverteilung haben, können sie in komplizierteren Ausdrücken gegeneinander ausgetauscht werden und diese eventuell vereinfachen. Das entspricht Umformungen in der Mathematik.

Um sich einen Überblick über weitere mögliche Junktoren d. h. Verknüpfungen, zu verschaffen, braucht man nur die Kombinatorik zu bemühen. Man kann sich leicht überzeugen, dass es insgesamt 16 mögliche Verknüpfungen geben kann. Wir wollen diese hier nicht alle ausführen, da wir sie nicht explizit benötigen (vgl. aber z. B. Zoglauer 2008). Man kann ohnehin mit nur zwei Verknüpfungen, z. B. mit ¬ und ∨, alle anderen Junktoren konstruieren. Es gilt so z. B. für die Implikation: $(A \rightarrow B) = \neg A \vee B$, wie oben gezeigt. Andere Junktorenbasen sind $\{\neg, \vee\}$ und $\{\neg, \rightarrow\}$. Mit dem sogenannten Shefffer'schen Strich $A \mid B = \neg(A \wedge B)$ kann man sogar allein alle anderen Junktoren konstruieren.

Tautologien und logische Schlussfolgerungen

Eine wichtige Rolle spielen die Tautologien, d. h. Verknüpfungen, die eine wahre Aussage darstellen, welchen Wahrheitswert auch immer die Teilsätze haben. Leicht einsehbare Beispiele sind:

- $A \vee \neg A$: Es gilt A oder Nicht-A. Das ist der Satz vom ausgeschlossenen Dritten.
- $\neg(A \wedge \neg A)$: A und Nicht-A können nicht gleichzeitig wahr sein. Das ist der Satz vom Widerspruch.

- $((A \to B) \wedge A) \to B$: Stets wenn A ist, so ist B, und ist A, so ist B. Dies wollen wir auch formal zeigen:

A	**B**	**A → B**	**(A → B) ∧ A**	**((A → B) ∧ A) → B**
w	w	w	w	w
w	f	f	f	w
f	w	w	f	w
f	f	w	f	w

Die Aussage $(A \to B) \wedge A \to B$ ist also eine Tautologie, sie ist immer wahr.

- Bei einer logischen Äquivalenz $A' = B'$ haben die linke und die rechte Seite unabhängig von den Wahrheitswerten der Teilsätze die gleichen Wahrheitswerte, die Äquivalenzverknüpfung $A' \leftrightarrow B'$ ist also eine Tautologie.

Die Rolle der Tautologien in der Aussagenlogik wird durch folgende Überlegungen deutlich:

1. Mithilfe von Tautologien kann man definieren, was ein logischer Schluss ist: Aus P folgt B logisch, wenn $P \to B$ eine Tautologie ist. Wir schreiben für „Aus P folgt logisch B" auch: $P \Rightarrow B$. Der Buchstabe P ist für den Vordersatz deshalb gewählt, um an den Begriff „Prämisse" zu denken. „Aus P folgt logisch B" ist also eine Aussage in unserer Umgangssprache; im Hinblick auf den logischen Kalkül ist diese eine Metasprache. Die Implikation $\to$ ist dagegen ein Junktor, ein Ausdruck für eine Verknüpfung im logischen Kalkül.

Tautologien, die wie $((A \to B) \land A) \to B$ auf $\to$ „enden",
entsprechen also auch immer logischen Schlussfolgerungen. Im vorhergehenden Abschnitt haben wir explizit
gezeigt, dass diese Implikation eine Tautologie ist. Es
gilt also auch $(A \to B) \land A \Rightarrow B$. Das ist der Modus
ponens.

Die reine Implikation $A \to B$ mit Einzelsätzen A und B
wie in „$2 + 2 = 4 \to$ Freiburg liegt im Süden Deutschlands" ist dagegen keine Schlussfolgerung, da sie keine
Tautologie ist. Sie ist nur eine Verknüpfung in Form einer
bedingten Aussage. Wir empfinden sie als unsinnig; die
Aussage „Es ist $2 + 2 = 4$, und stets wenn $2 + 2 = 4$ ist, liegt
Freiburg im Süden Deutschlands, also liegt Freiburg im
Süden Deutschlands", empfinden wir auch als unsinnig,
aber gegen die logische Korrektheit können wir nichts
sagen. Dies ist eine schöne Demonstration dafür, dass
logische Korrektheit nichts mit einem inhaltlichen Sinn
zu tun hat. Ein „sinnvoller" Inhalt ergibt sich z. B. dann,
wenn durch die Implikation zwei Aussagen über jeweils
ein mögliches physikalisches Phänomen zu einer Aussage
verknüpft werden, die mit den Tatsachen übereinstimmt,
wie etwa „Stets wenn durch einen elektrischen Leiter ein
Strom fließt, dann existiert ein Magnetfeld in der Umgebung des Leiters". Fließt nun ein Strom, so können wir
logisch schließen, dass ein Magnetfeld existiert. Also: Logik ist nicht alles, aber ohne Logik ist alles nichts.

Dieser Modus ponens ist zugleich ein Beispiel für einen
logischen Schluss aus zwei Prämissen, nämlich der Prämisse $(A \to B)$ und der Prämisse A. Oft schreibt man die
Prämissen untereinander, zieht einen Strich und schreibt

darunter die Konklusion:

$$A \rightarrow B$$
$$\underline{A}$$
$$B$$

Platzsparender ist allerdings die Schreibweise, in der man die Prämissen durch ein Komma trennt: $A \rightarrow B$, $A \Rightarrow B$. So oder so, die Gültigkeit dieses Schlusses unabhängig vom Inhalt der Aussagen A und B ist offensichtlich.

Entsprechendes gilt für den allgemeinen Fall A_1, A_2, ..., $A_n \Rightarrow B$ mit n Prämissen: Wenn alle Prämissen wahr sind, folgt B. Sobald aber eine der Prämissen falsch ist, ist auch die Konjunktion $P = A_1 \wedge A_2 \wedge \dots \wedge A_n$ falsch und damit die ganze Prämisse P. Über den Wahrheitswert der Konklusion kann man dann nichts sagen.

In einer wissenschaftlichen Theorie bestehen die Prämissen aus den Grundannahmen der Theorie und meistens auch aus Annahmen oder Voraussetzungen, die einen speziellen Kontext definieren. Das können Anfangsbedingungen oder Randbedingungen für Prozesse sein oder andere Spezifikationen des Systems, für das man Aussagen machen will. Stellt man nun fest, dass die Aussage B, die aus den Prämissen A_1, A_2, ..., A_n folgt, nicht mit den Tatsachen übereinstimmt, also falsch ist, so ist zunächst zu prüfen, ob eine der speziellen Voraussetzungen unzutreffend (falsch) ist, ehe man die Grundannahmen der Falschheit verdächtigt.

Zu erwähnen sind hier schon zwei wichtige Schlussfolgerungen:

- Zunächst der Schluss: A, $\neg A \Rightarrow B$. Nun ist aber $A \wedge \neg A$ immer falsch (Kontradiktion) und damit die Implikation $(A \wedge \neg A) \rightarrow B$ immer wahr und damit eine Tautologie. Aus widersprüchlichen Prämissen lässt sich also jede beliebige Aussage ableiten (ex falso sequitur quodlibet).

- Der zweite Schluss ist der Zirkelschluss, der allgemein von der Form $(A \wedge B \wedge \ldots \wedge C) \Rightarrow A$ ist. (Da man bei der Argumentation A als wahr annimmt, ist die Implikation $(A \wedge B \wedge \ldots \wedge C) \rightarrow A$ dann immer eine Tautologie.) Hier ist die Schlussfolgerung also schon in den Prämissen enthalten, der Schluss kann nicht als Argument dienen. Da in der Praxis solch ein Schluss oft über mehrere bzw. viele Zwischenschritte erfolgt, ist der Zirkelschluss nicht immer leicht zu erkennen. Beispiele von Zirkelschlüssen finden sich z. B. bei Nelson (2011; Klug 1982, S. 170).

Wir werden im nächsten Abschnitt die Art, Schlussfolgerungen im Rahmen der modernen formalen Logik zu formulieren, auf ein Beispiel eines Syllogismus übertragen.

2. Die Tatsache, dass $A_1, A_2, \ldots, A_n \Rightarrow B$ gleichbedeutend damit ist, dass $P \rightarrow B$ mit $P = A_1 \wedge A_2 \wedge \ldots \wedge A_n$ eine Tautologie ist, kann man auch so verstehen: Die Implikation $P \rightarrow B$ ist falsch, wenn B falsch ist und P wahr. Dieser Fall wird in einer Tautologie nicht vorkommen. Am Beispiel des Modus ponens $A_1 \wedge (A_1 \rightarrow A_2) \Rightarrow A_2$ sieht man das leicht: Sei A_2 falsch (bei wahrem A_1), so ist schon $(A_1 \rightarrow A_2)$ falsch und damit auch $P = A_1 \wedge (A_1 \rightarrow A_2)$. Andererseits: P ist auch falsch, wenn A_1 falsch und A_2

wahr oder falsch ist. Wir sehen so auch wieder: Aus einer falschen Prämisse kann man alles folgern, die Konklusion A_2 = wahr oder A_2 = falsch.

3. Mithilfe einiger weniger Tautologien und Schlussregeln kann man ein Axiomensystem formulieren, aus dem alle anderen Tautologien ableitbar sind. Wir haben dann ein axiomatisch-deduktives System vorliegen, von dem man zeigen kann, dass es vollständig und widerspruchsfrei ist. Das heißt: Jede Tautologie ist ein Theorem, also aus den Axiomen ableitbar, und jedes Theorem ist eine Tautologie, denn aus Tautologien können wieder nur Tautologien abgeleitet werden (Zoglauer 2008). Man kann also mit Wittgenstein (2006, Nr. 6.1, S. 70) sagen: „Die Sätze der Logik sind Tautologien", sie sagen nichts Inhaltliches, sie beschreiben nur das Gerüst des Denkens.

Andere Interpretationen der Aussagenlogik

Wir haben bisher einer Aussage immer einen Wahrheitswert zugeordnet; es gab dabei genau zwei Möglichkeiten: „wahr" oder „falsch" mit „falsch = nicht wahr". Man spricht deshalb auch von einer zweiwertigen Logik. Die Definition der Verknüpfungen hängt nun nicht davon ab, was man unter „wahr" verstehen will. Man könnte in den Definitionen überall „wahr" durch 1 und „falsch" durch 0 ersetzen, mit der Verabredung, dass $\neg 1 = 0$ ist. Dann wird deutlich, dass dieser Kalkül für folgerichtiges Denken für jede Interpretation gültig ist, wenn es genau zwei einander ausschließende Bewertungen der Aussagen gibt. In der Jurisprudenz sind z. B. die Aussagen Normsätze. Diese können in Geltung gesetzt sein (= 1) oder auch nicht (= 0) bzw. in Rechtstheorien hypothetisch als „gültig" oder „nicht gültig" betrachtet werden.

Mathematisch gesehen stellt die Menge {0,1} mit den Verknüpfungen ¬, ∧, ∨ eine Boole'sche Algebra dar. Jede der oben eingeführten Verknüpfungen kann als eine Funktion angesehen werden, die zwei Variablen (Aussagen) mit Werten in der Boole'schen Algebra einen Wert wiederum aus der Boole'schen Algebra zuordnet. Ausdrücke mit mehreren Verknüpfungen heißen dann Boole'sche Funktionen mehrerer Variabler auf der Boole'schen Algebra. Diese Struktur ist also ganz abstrakt und bekommt gewissermaßen erst eine „Seele" durch eine Interpretation, z. B. 1 ≡ wahr oder 1 ≡ gültig.

Der Begriff der Wahrheit spielt also in der Logik eine nicht so ausgezeichnete Rolle wie in der Erkenntnistheorie.

Eine andere Konkretisierung dieser Struktur ist die sogenannte Schaltalgebra in der Elektronik. Ein Logikgatter ist ein elektronisches Bauelement, das zwei Leitungseingänge und einen Ausgang hat. Es gibt zwei unterschiedliche elektrische Potentiale, 1 bzw. 0, die an den Eingängen angelegt werden können; am Ausgang ergibt sich je nach Bauelement das Potential 1 oder 0. Solch ein Bauelement, das eine logische Verknüpfung realisiert, nennt man auch Gatter (Abb. 2.1).

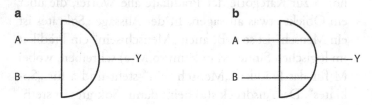

Abb. 2.1 Bildliche Darstellung von Logikgattern. **a** Symbol für Und-Gatter, **b** Symbol für ein Oder-Gatter

Bei einem Und-Gatter hat Y also nur das Potential 1, wenn an A und in B das Potential 1 anliegt, sonst hat es das Potential 0. Bei einem Oder-Gatter hat Y das Potential 1, wenn an A oder B das Potential 1 herrscht. Jede logische Verknüpfung, auch mehrerer Aussagen, kann man so elektronisch realisieren.

Die Entwicklung der Logikgatter, von dem ersten von Charles Babbage (1791–1871) im Jahre 1837 auf der Basis mechanischer Vorrichtungen bis zu den heutigen elektronischen Logikgattern, war ein wichtiger Schritt auf dem Weg zu elektronischen Rechnern.

Logische Systeme und Kalküle: Prädikatenlogik

In der Aussagenlogik kennen wir nur Aussagen und Junktoren, in einem Syllogismus spielen aber, wie z. B. in der Aussage „Alle Menschen sind sterblich", auch die Begriffe wie „alle" und „sterblich" eine Rolle bei der Argumentation, sodass wir diese Aussage auflösen müssen, indem wir neue Kategorien von Vokabeln einführen:

- Prädikate wie „sterblich": Hier ist der Begriff „Prädikat" nicht im Sinne der Grammatik gemeint. In der Logik gehören zur Kategorie der Prädikate alle Wörter, die über ein Objekt etwas aussagen. In der Aussage „Sokrates ist ein Mensch" ist so z. B. auch „Mensch sein" ein Prädikat im logischen Sinne. Man kann so M(a) schreiben, wobei M für das Prädikat „Mensch sein" steht und a für „Sokrates". Der Ausdruck s(a) heißt dann „Sokrates ist sterblich", wenn man dem Prädikat „sterblich" den Buchstaben s zuordnet. Mit M(a) und s(a) werden also Prädikate bezeichnet, die dem Objekt a zukommen. In einem Satz wie „Petra liebt Paul" bezieht sich das Prädikat „lieben", auf zwei Objekte. Man könnte allgemein dafür $L(x,y)$ „x liebt y" schreiben. Zweistellige Prädikate beschreiben also eine Beziehung, während einstellige Prädikate wie $M(a)$ eine Eigenschaft darstellen.

- Quantoren wie „alle": „Alle Menschen sind sterblich" können wir zunächst auch so formulieren: „Für alle Menschen gilt: Sie haben die Eigenschaft, sterblich zu sein." Oder: Für alle x gilt: $M(x) \rightarrow s(x)$. Mit einem Symbol Λx für „Für alle/jedes x gilt" lautet dann die Aussage Λx $(M(x) \rightarrow s(x))$ und der ganze Syllogismus $\Lambda x\ (M(x) \rightarrow s(x))$, $M(a) \Rightarrow s(a)$.

Ein weiterer Quantor, der häufig gebraucht wird, ist: „Es gibt/existiert ein", symbolisch durch $\exists x$ ausgedrückt.

In der Prädikatenlogik erster Ordnung lassen sich alle Syllogismen ausdrücken.

Zwischen der Allaussage „Für jedes/alle x gilt" und der Existenzaussage „Es gibt ein x" gibt es eine bedeutsame Beziehung. Man kann das am folgenden Beispiel erläutern. Die Allaussage „Alle Schwäne sind weiß" kann man umformen in eine Existenzaussage: „Es gibt nicht einen Schwan, der nicht weiß ist." Wir sehen das sofort ein. Findet man nun einen Schwan, der nicht weiß ist, so ist die Existenzaussage und damit die Allaussage falsch. Allaussagen sind also über einzelne Existenzaussagen falsifizierbar.

Symbolisch und allgemein gilt somit

$$\Lambda x\ F(x) \leftrightarrow \neg \exists x\ \neg F(x),$$

d. h., „Alle x haben die Eigenschaft F" ist äquivalent zu „Es gibt nicht ein x, das nicht die Eigenschaft F besitzt".

Die Negation von Λx F(x) ist also

$$\neg\Lambda x\ F(x) = \exists x\ \neg F(x).$$

A = Λx F(x) und $\neg$A = $\neg\Lambda$x F(x) stehen in kontradiktorischem Gegensatz.

In einer anderen Beziehung stehen die Aussagen A: = Λx F(x) und A': = Λx $\neg$F(x). Hier bezieht sich die Negation auf die Aussage F(x); man spricht dann von einem konträren Gegensatz. Kontradiktorischer und konträrer Gegensatz ($\neg$A und A') werden oft nicht genau unterschieden.

Man nennt diese Art von Prädikatenlogik, in der es – ein- und mehrstellige – Objekte und Prädikate gibt, auch Prädikatenlogik erster Stufe. Man kann den Prädikaten aber wieder Prädikate zuordnen, wodurch die Sprache ausdrucksstärker wird; man kann z. B. etwas als zartrosa beschreiben. In diesem Fall spricht man von der Prädikatenlogik zweiter Stufe.

Logische Systeme und Kalküle: Erweiterungen und Spezifikationen

Neben der Aussagen- und Prädikatenlogik gibt es viele andere Logiksysteme, in denen jeweils weitere Bewertungen von Aussagen eingeführt oder in denen spezielle Bewertungen gesondert untersucht werden. In der Modallogik werden die Bewertungen „notwendig", „unmöglich" und „kontingent" hinzugefügt. In der deontischen Logik betrachtet man auch Handlungen von Menschen.

Handlungen können in einem Rechtssystem als „geboten", „verboten" oder „nichtpflichtig" bewertet werden. Auf die Eigenschaften dieser Logik und ihre Anwendungsmöglichkeiten in der Jurisprudenz wird in Abschn. 4.3 eingegangen. Interessiert man sich im Rahmen der Prädikatenlogik insbesondere für zwei- und mehrstellige Relationen, also für die Beziehung zweier oder mehrerer Variablen, so spricht man von einer Relationenlogik (z. B. Joerden 2010, S. 245 ff.). „Mutter von" ist z. B. eine zweistellige Relation: „A ist Mutter von B." In „Osnabrück liegt zwischen Köln und Hamburg" wird die dreistellige Relation „liegt zwischen" konkretisiert. Man kann u. a. analysieren, ob bestimmte Relationen symmetrisch, reflexiv und transitiv sind und welche Alternativen es zu diesen Eigenschaften gibt.

Logische Fehlschlüsse

Fehlschlüsse sind Begründungen, die nicht zwingend sind, aber als solche angesehen werden. Es sind Denkfehler, die nicht immer einfach zu erkennen sind und auch nicht unbedingt zu falschen Aussagen führen müssen. Die Reihe der möglichen Fehlschlüsse ist groß, und keiner ist davor gefeit. Der Philosoph Leonard Nelson (2011) hat solche typischen Denkfehler in der Philosophie ausgemacht, der Schriftsteller Rolf Dobelli (2011) hat 52 allgemeinere Denkfehler aufgespießt, die man „besser anderen überlassen" sollte. Hier will ich einige Fehlschlüsse besprechen, die zwar häufig, bewusst oder unbewusst, als logisch angesehen werden, aber keine logische Rechtfertigung haben.

Induktion: Von einer Einzelaussage zu einem allgemeinen Satz

Die Induktion ist ein Schluss, der logisch nicht begründbar ist, uns aber häufig passiert und dabei oft auch zu menschlichem Fehlverhalten führt. Sie ist die ungerechtfertigte Generalisierung. Aus „Mein Nachbar, ein Immigrant aus x, ist ein Schlitzohr" folgert man „Alle Leute aus x sind Schlitzohren". So kommen Vorurteile über Menschen anderer Nation, Hautfarbe oder Religion zustande.

Die Unrechtfertigkeit dieser Schlussfolgerung mag man sofort einsehen, schwieriger wird es aber bei „Bisher ist alles gut gegangen, so wird es auch dieses Mal gut gehen" oder „Noch ist jeden Tag die Sonne aufgegangen, so wird sie es auch morgen tun". Der letzten Konklusion werden wir aufgrund unseres gesunden Menschenverstands sofort zustimmen, auch wenn wir den Vordersatz nicht als Begründung akzeptieren. Hier wird nicht nur aus einem Einzelereignis, sondern aus einem immer wiederkehrenden Ereignis auf eine Regel geschlossen. Dieser Schluss hat als „Induktion" in der Philosophie, angestoßen durch den englischen Philosophen David Hume (1711–1776), eine lange und vehemente Diskussion hervorgebracht. Hume hat die Induktion als ein logisch nicht zwingendes Argument erkannt.

Dennoch hat diese Schlussfolgerung für die Formulierung von Annahmen und Hypothesen in der Wissenschaft einen hohen Wert (Kap. 3). Man darf eben nur nicht glauben, dieser Schluss wäre logisch gerechtfertigt.

Auch Karl Popper hat sich intensiv mit der Induktion beschäftigt, beschreibt sie klar als „eine Beziehung zwischen singulären Sätzen, also Einzelaussagen, und allgemeinen

Theorien", die aber nicht zwingend und logisch begründbar ist (Popper und Miller 1983). Popper reagierte damit auf eine Situation, die wir uns heute gar nicht mehr vorstellen können. Trotz der Erkenntnis von Hume herrschte damals nämlich noch die Vorstellung vor, dass die Naturwissenschaft eine induktive Wissenschaft sei. Popper führte diese Vorstellung auf den Einfluss von Francis Bacon (1561–1626) zurück, der mit der Induktion – aus wiederholten Beobachtungen oder Experimenten auf etwas Allgemeines zu schließen – glaubte, den „wahren Weg" für Wissenschaften gefunden zu haben. So wurde z. B. Ernst Mach (1838–1916) in den frühen 1890er Jahren auf eine Professur „für Philosophie, insbesondere Geschichte der induktiven Wissenschaften" in Wien berufen, und im logischen Positivismus des Wiener Kreises um Moritz Schlick spielte die Induktion noch eine bedeutende Rolle als Abgrenzung einer Wissenschaft gegen jede Form von Metaphysik. Popper geriet mit seiner anderen Einschätzung der Induktion in starken Gegensatz zum Wiener Kreis und ließ sich dazu überreden, seine Ideen über die Frage der Abgrenzung in einem Buch niederzulegen. So kam es zu einem Manuskript, in dem die Ideen des Wiener Kreises kritisch hinterfragt wurden. Dieses sollte der erste Teil seines zweibändigen Werkes *Die beiden Grundprobleme der Erkenntnistheorie* werden, doch bereits dieser erste Teil war dem Springer-Verlag schon zu lang geraten. Eine radikale Kürzung dieses Teiles und auch des inzwischen fertig gestellten zweiten Teils wurden dann als *Logik der Forschung* veröffentlicht. Erst im Jahre 1979 wurde eine ungekürzte Fassung des ersten Bandes veröffentlicht (Popper 1994b; Sigmund 2015).

**Fehlschlüsse aufgrund fehlender Unterscheidung
von notwendiger und hinreichender Bedingung**

Schnell geht uns manchmal folgender Fehlschluss durch den Kopf. Aus der Aussage „Aus A folgt B" (im Sinne von $A \rightarrow B$) folgern wir leichtsinnig $B \rightarrow A$. Schon bei Aristoteles findet man dafür ein schönes Beispiel: „Es regnet $\rightarrow$ die Erde ist nass" ($A \rightarrow B$). Der Fehlschluss: „Die Erde ist nass $\rightarrow$ es regnet."

Eine richtige Umkehrung wäre „Aus $\neg B$ folgt $\neg A$", wenn B aus A folgt. Denn wenn A gälte, müsste ja auch B gelten im Widerspruch zur Voraussetzung, dass $\neg B$ gilt. Richtig ist also: "Die Erde ist nicht nass $\rightarrow$ es regnet nicht."

Der Fehlschluss ist oft eine Folge davon, dass man bei der Wenn-dann-Klausel nicht präzisiert, ob man darunter „stets wenn ... dann" oder „nur wenn ... dann" (oder gar „genau dann ... wenn") verstehen will. Würde man behaupten: „Nur wenn es regnet, ist die Erde nass" ($A \leftarrow B$), könnte man auch korrekt schließen: „Die Erde ist nass $\rightarrow$ es regnet." Denn $A \leftarrow B$ heißt ja nichts anderes als $B \rightarrow A$.

Dieser Fehlschluss beruht also darauf, dass der Unterschied zwischen einer notwendigen und einer hinreichenden Bedingung nicht wahrgenommen wird.

Weitere Fehlschlüsse, die sich aus der Nichtbeachtung dieses Unterschieds ergeben können, sind folgende:

- Es gilt: Aus der Replikation $A \leftarrow B$ folgt $\neg A \rightarrow \neg B$, denn stets wenn die notwendige Bedingung nicht erfüllt ist, kann auch nicht B folgen. Aus der Implikation $A \rightarrow B$ folgt aber nicht der Umkehrschluss $\neg A \rightarrow \neg B$. Spricht man also lediglich von „Wenn A, dann B", so kann das $A \leftarrow B$ oder $A \rightarrow B$ bedeuten, und es kann leicht der falsche Schluss gezogen werden. Der Umkehrschluss gilt also nur bei einer notwendigen Bedingung (Abschn. 4.3).

- Das Gleiche gilt für den Modus ponens: Richtig lautet dieser logische Schluss A, $A \rightarrow B \Rightarrow B$. Aber A, $A \leftarrow B \Rightarrow B$ ist kein korrekter logischer Schluss.

Quaternio terminorum

Viele Fehlschlüsse werden durch die Vagheit unserer Umgangssprache bewirkt. Dies liegt einmal daran, dass viele Begriffe unscharf sind und je nach Kontext unterschiedliche Bedeutung haben können. Schon bei dem Begriff „Grund" ist das zu sehen, und ein physikalisches Gesetz ist etwas anderes als ein Gesetz vor Gericht. In dem schon eben zitierten Beispiel „Sokrates ist ein Mensch. Alle Menschen sind sterblich. Also: Sokrates ist sterblich" kommt der Begriff „Mensch" zweimal vor, jedoch immer in der gleichen Bedeutung. Würden wir aber beim Übergang vom ersten Satz zum zweiten die Bedeutung dieses Begriffs ändern, so würde die Argumentation ihre logische Rechtfertigung verlieren, z. B. „Herr A ist ein toller Hecht. Hechte haben Schuppen. Also: Herr A hat Schuppen", wobei hier jeder sofort merkt, dass da etwas nicht stimmt. Im ersten Satz steht „Hecht" für eine charakteristische Eigenschaft des Herrn A, im zweiten Satz ist der reale Fisch gemeint. Eigentlich hat man es in diesen beiden Sätzen nun mit vier statt mit drei Begriffen zu tun, deshalb heißt dieser Fehlschluss auch *quaternio terminorum* oder *fallacy of four terms*.

Ebenfalls deutlich erkennbar, zumindest für jeden Juristen, ist die Bedeutungsverschiebung im folgenden Beispiel: „Jeder Betrug wird nach § 263 StGB bestraft, X hat seine Frau mit einer anderen Frau betrogen $\Rightarrow$ X wird nach

§ 263 StGB betraft (Joerden 2010). Im ersten Satz ist der Betrug ein Vermögensdelikt, im zweiten ein Ehebruch.

Man kann vermuten, dass in allen Wissenschaften, in denen die Begriffe nicht genügend scharf sind, dieser Fehlschluss überall lauern kann. Der Philosoph Leonard Nelson (2011) wirft vielen seiner Kollegen vor, dass sie sich oft auf diese Weise eine Begründung „erschleichen", dass dieser Schein einer Begründung gar „das ganze Gebäude der dogmatischen Philosophie allein trägt".

Die Bedeutungsverschiebung eines Wortes hat aber auch immer das Zeug zu einem Witz: Ein Kind bat seine Oma, „mal die Augen zu schließen". Als die Oma erwiderte: „Gerne, aber warum?", bekam sie zur Antwort: „Papa hat gesagt, wenn Oma mal die Augen schließt, bekommen wir viel Geld."

Mit der Logik unverträgliche Wortschöpfungen

Mit unserer Umgangssprache hat sich auch ein grammatikalisches Regelwerk entwickelt, das formal viele Wortschöpfungen ermöglicht. Dabei ist aber nicht garantiert, dass man diesen so konstruierten Wörtern auch einen Sinn geben kann. Man kann Verben oder Adjektive, die eine Tätigkeit oder eine Eigenschaft bezeichnen, zu Substantiven machen (Abschn. 2.1). Besonders interessant wird es bei dem Wörtchen „nicht", grammatikalisch als ein Partikel zu sehen, logisch eines der Grundelemente schon der Aussagenlogik. Es kann zu „nichts" mutieren und weiterhin zum Substantiv „das Nichts".

Über das Nichts hat es in der Philosophie, von Parmenides bis Heidegger, viel Spekulation gegeben. Vom Standpunkt der Logik ist es ein sinnloser Begriff, der sich durch eine Verführung durch unsere Sprache ergibt. Wir können den Begriff zwar in der Umgangssprache grammatikalisch bilden, in der Logik aber gibt es in der Prädikatenlogik nur den Quantor „Es gibt" bzw. dessen Verneinung „Es gibt nicht". Existenz ist keine Eigenschaft, kein Prädikat (Kant 1924, S. 654; Scholz 1961, S. 70). Sonst könnte man formulieren: „Es gibt ein x, das nicht existiert (das es also nicht gibt)." Das entspricht auch unserem Gefühl: Wenn es nichts gibt, dann kann es auch das Nichts nicht geben. Das Nichts ist ein Grenzfall, ein solcher muss ja nicht existieren. Auf jeden Fall ist es ein Kategorienfehler, über diesen so zu reden, als könne es ihn im üblichen Sinne geben (vgl. Abschn. 5.2).

Falscher Schluss vom Allgemeinen auf Einzelnes
In den meisten Diskussion werden aber Sätze als Begründungen formuliert, die gar keine Begründungen sind, logisch gar nicht „stechen". Ein berühmtes Beispiel ist ein Zitat aus Shakespeares *Hamlet*, das oft in folgender Form vorgebracht wird: „Es gibt mehr Dinge unter Himmel und Erde, als Eure Schulweisheit (Wissenschaft) sich träumen lässt." Damit will man einer Skepsis gegen Vorstellungen begegnen, die aufgrund heutigen Wissens als unmöglich angesehen werden. Der Aussage kann man ohne Weiteres zustimmen, aber als Begründung taugt sie nicht. Jeder, der etwas Gefühl für Logik hat, spürt das sofort: Wenn es mehr gibt als etwas Gegebenes, dann gibt es noch lange nicht jedes Denkbare.

Logik, Mengenlehre und Mathematik

Schlussfolgerungen in mathematischer Sprache werden gemeinhin als logisch zwingend angesehen, Mathematik wäre danach eine Anwendung der Logik, und alle mathematischen Sätze müssten sich wie in der Euklid'schen Geometrie aus einer Anzahl von Definitionen und Axiomen herleiten lassen.

Der erste, der diese Idee zum Programm erhob, war der Mathematiker Gottlob Frege. „Die festeste Beweisführung ist offenbar die rein logische, welche, von der besonderen Beschaffenheit der Dinge absehend, sich allein auf Gesetze gründet, auf denen alle Erkenntnis beruht", schrieb er in seinem Werk *Begriffsschrift – eine der arithmetischen nachgebildete Formelsprache des reinen Denkens* (Frege 1879). In seiner zweibändigen Schrift *Grundgesetze der Arithmetik* (Frege 1884) legt er dar, wie die Arithmetik auf reine Logik zurückzuführen ist.

Kurz vor Erscheinen des zweiten Bandes dieser Schrift im Jahre 1902 entdeckte aber der englische Mathematiker Bertrand Russel (1872–1970) in Freges Axiomensystem einen Widerspruch. In der Folge stellte sich heraus, dass man nur durch zusätzliche Axiome nicht logisch-evidenter Art eine axiomatische Grundlage der Mathematik erreichen kann. Ein Logizismus im Frege'schen Sinne ist also gescheitert: Ein System von Axiomen allein logischer Art, deren Wahrheit in Freges Worten „eines Beweises weder fähig noch bedürftig" ist, kann für die Mathematik nicht gefunden werden (Kowarschick 2015).

Heute wird die Zermelo-Fraenkel-Mengenlehre als Grundlage der Mathematik angesehen. In dieser ist insbesondere das nicht logisch evidente Unendlichkeitsaxiom vorhanden: Es gibt eine Menge, die die leere Menge ø und mit jedem Element x auch die Nachfolgemenge $x' = x \cup \{x\}$ enthält. So können z. B. die natürlichen Zahlen eingeführt werden als $0 := ø$, $1 := 0' = \{0\}, \ldots, (n + 1) := n' = n \cup \{n\}$.

Die Frage nach der Widerspruchsfreiheit dieses Systems kann allerdings nicht beantwortet werden. Nach dem zweiten Unvollständigkeitssatz von Kurt Gödel: „Jedes widerspruchsfreie formale System, das ein gewisses Maß an elementarer Arithmetik enthält, kann seine Widerspruchsfreiheit nicht beweisen", ist das auch nicht zu erwarten. Nach den vielen Jahrzehnten, in denen die Zermelo-Fraenkel-Mengenlehre untersucht und angewandt worden ist, hat sich aber noch kein Widerspruch gezeigt.

Prinzipiell lässt sich die Mathematik in der Sprache der Prädikatenlogik erster Stufe als eine Theorie auf der Basis des Axiomensystems der Zermelo-Fraenkel-Mengenlehre formulieren. Man kann also nicht allein aus den Axiomen der Logik mathematische Begriffe konstruieren und Aussagen herleiten, man braucht z. B. noch das Unendlichkeitsaxiom dazu (Wikipedia 2015a) und je nach mathematischer Theorie mitunter auch noch andere Axiome.

Auf jeden Fall aber sind die logischen Axiome dabei, und wir haben mit der Mathematik also eine formale Sprache, in der die Schlussfolgerungen logisch begründbar sind.

Woher kommt das logische Denken?

Wenn die Logik nun die Grundregeln unseres Denkens bestimmt, muss man sich fragen, woher diese Regeln kommen, wie die Menschen dazu kamen, diesen Regeln mehr oder weniger bewusst zu folgen. Hier müssen wir die Evolution des Menschen ins Spiel bringen.

Nur solch ein Denken hat sich im Rahmen der Evolution entwickeln können, das den Strukturen der Materie angepasst ist. Die während der Evolution stattfindende Selektion „hat für uns die der Natur gemäßen Denkmuster ausgelesen" (Mohr 1981, S. 27). Wir setzen also an der Materie nicht „eine innere Rationalität" voraus, sondern wir finden, dass jenes Denken in der Evolution einen erheblichen Selektionsvorteil hatte, das die Strukturen in der Materie respektierte. Die Evolution ist eine Tatsache, das Hineinlegen einer „Rationalität in die Materie" gar ein Kategorienfehler.

Das, was wir logisches Denken nennen, ist also ein Denken, das an die Struktur der Welt angepasst ist. Wer unlogisch denkt und danach handelt, bekommt bald Probleme mit der Wirklichkeit.

Die Frage nach der Logik in unserem Denken führt also wieder auf die Evolution und damit müssen wir mit Fragen rechnen, die wir als Protagonisten inmitten dieser Evolution zu unscheinbarer Zeit und an einem unscheinbaren Ort des Evolutionsgeschehens nicht beantworten können.

Aber welche Vorstellungen man auch immer von dem Ursprung des logischen Denkens hat, in der Bedeutung der Logik bzw. des Logos ist man sich einig. Selbst in Religionen, in denen Gott ein Willkür-Gott sein kann, dessen Wille also an keine irdische Vernunft gebunden ist, müssen sich die Menschen in der täglichen Verrichtung ihrer Angelegenheiten halbwegs „vernünftig" verhalten.

3
Physikalische Theorien als Begründungsnetze

Erst 2000 Jahre nach dem Höhepunkt antiker, insbesondere hellenistischer Wissenschaft (Russo 2005) zeigt die eben beschriebene Art, zu denken und zu begründen, ihre ersten Früchte auf dem Gebiet der Naturforschung. Warum es so lange dauerte, dass die Höhe der antiken Kultur nicht gehalten werden und während all der Jahrhunderte eine Anknüpfung an diese auch nicht gelingen konnte, ist andernorts sehr ausführlich diskutiert worden (Cohen 2010). Erst im 12. Jahrhundert begann eine Renaissance des antiken Geistes, die sich nach und nach auf immer mehr Gebiete des geistigen Lebens ausbreitete, und es konnte nur eine Frage der Zeit sein, bis sie auch die Naturforschung erreichte.

3.1 Ein Überblick über physikalische Theorien

In den 400 Jahren seit Galileis Entdeckung einer „neuen Wissenschaft" (Abschn. 1.1) sind mehrere physikalische Theorien entstanden, die alle ideale Begründungsnetze sind: Es gibt klare Grundannahmen bzw. Prinzipien, aus denen in mathematischer und damit streng logischer Form eine Fülle von Aussagen abgeleitet werden kann. Die hier vor-

© Springer-Verlag Berlin Heidelberg 2017
J. Honerkamp, *Die Idee der Wissenschaft*, DOI 10.1007/978-3-662-50514-4_3

gestellten Theorien haben sich im Laufe der Jahrhunderte stets bewährt, die Aussagen sind also wahr, und zwar in doppelter Bedeutung von Abschn. 3.3, d. h., sie stimmen mit Tatsachen überein (Korrespondenztheorie), und ihr Wahrsein kann aus dem Wahrsein der Axiome abgeleitet werden (Kohärenztheorie).

Die Newton'sche Mechanik

Die „neue Wissenschaft" Galileis war die Blaupause für die Übernahme des antiken Denkens in der Naturforschung, und Galileis Studium zum freien Fall wurde das erste Modell. Zwei Generationen später sollte Isaac Newton ein ganzes Denkgebäude nach dem Muster dieser neuen Wissenschaft errichten, das Galileis Ideen vollständig verwirklichte und zum Vorbild für alle Wissenschaft von der Natur werden sollte. Die Newton'sche Mechanik gründet sich auf einige wenige Axiome, die sich mathematisch formulieren lassen. Aus diesen Grundannahmen lassen sich alle Bewegungen am Himmel und auf der Erde eindeutig und von jedem, der die entsprechenden Methoden beherrscht, nachprüfbar berechnen. Da die so gezogenen Schlussfolgerungen aus den Axiomen „wahrheitsbewahrend" sind, kann auch die Gültigkeit der Axiome durch Experimente oder Beobachtungen überprüft werden.

Es sei allerdings erwähnt, dass der axiomatische Aufbau der Newton'schen Theorie nicht ganz dem der Euklid'schen Geometrie entspricht. Erstens geht es hier nicht um „irgendwelche Dinge", welcher Art auch immer, sondern konkret um die Bewegung materieller Objekte, wie wir sie aus dem Alltag kennen. Es soll eben eine physikalische Theorie entstehen und nicht eine mathematische. In dem Teil der Voraussetzungen, die Euklid Definitionen nennt, werden hier somit auch Begriffe wie „Raum" und „Zeit" eingeführt sowie „materielle Körper" und deren „Masse".

Schon Galilei hatte erkannt, dass man nicht die geradlinig gleichförmige Bewegung zu erklären hat, sondern erst eine Abweichung davon. Newton führte nun für einen Einfluss auf einen materiellen Körper, der eine solche Abweichung hervorruft, den Begriff der Kraft ein. Die Änderung der Bewegung sollte aus der Kraft zu berechnen sein. Die Gleichung Newtons für eine Bewegung enthält also zunächst eine Leerstelle, in die ein Ausdruck für die relevante Kraft einzusetzen ist.

Die Axiome stellen somit eine Strategie oder ein Prinzip dar, das anzuwenden ist, wenn man eine mathematische Gleichung formulieren will, die die Bewegung eines materiellen Objekts bestimmt. So nannte Newton sein Werk, das er 1687 veröffentlichte, auch *Principia Mathematica*, genauer *Philosophiae Naturalis Principia Mathematica* („Mathematische Prinzipien der Naturphilosophie").

Die Bewegung der Planeten am Himmel war damals ein aktuelles Forschungsthema. Der Astronom Tycho Brahe (1546–1601) hatte sein wissenschaftliches Leben damit verbracht, die Planetenbahnen genauestens zu vermessen. Johannes Kepler (1571–1630), eine Zeitgenosse Galileis, hatte diese Daten analysiert und daraus einige Gesetze destilliert. Das heute bekannteste davon ist die Aussage, dass die Planeten auf Ellipsenbahnen um die Sonne laufen. Es sind also keine Kreisbahnen, wie man zunächst vermutet hatte und was der Vorstellung von einer vollkommenen Harmonie in der Welt näher gestanden hätte.

Das waren also die Tatsachen. Wie konnte man nun die Ellipsen erklären? Was hielt die Planeten eigentlich so genau auf ihrer Bahn? Ähnliche Fragen könnte man für das System Erde–Mond stellen.

Es war klar, dass sich die Nützlichkeit und Richtigkeit der Newton'schen Prinzipien bzw. an diesem Problem erweisen musste. Dazu galt es die oben erwähnte Leerstelle auszufüllen, und das bedeutete, eine weitere Hypothese zu formulieren, und zwar über den Einfluss, den Sonne und Planeten aufeinander ausüben. An dieser Stelle wird immer die Geschichte von dem fallenden Apfel in Newtons Garten erzählt und von dem plötzlichen Einfall Newtons, dass es die gleiche Kraft sein muss, die den Apfel zur Erde fallen und den Mond „um die Erde fallen" lässt. In der Tat gibt es einen realen historischen Hintergrund für diese Geschichte (z. B. Honerkamp 2010). Wie Newton diese Idee konkretisierte, einen mathematischen Ausdruck für diese Gravitationskraft fand und welche Probleme dieser mit sich bringt, ist dort in Kap. 2 beschrieben.

Newton entwickelte also gleich zwei Theorien. Erstens ein Prinzip, wie man mathematische Gleichungen für die Berechnung einer Bewegung aufzustellen hat. In dieser Gleichung ist die Kraft zu spezifizieren, die auf den Körper wirkt. Das ist also eine Theorie der Bewegung. Zweitens formulierte er einen mathematischen Ausdruck für eine spezielle prominente Kraft, nämlich jene, die für die Bewegung der Planeten um die Sonne verantwortlich ist. Das ist eine Theorie der Gravitation. Beide Theorien sind später in den Relativitätstheorien weiterentwickelt worden.

Ich will hier nicht auf die mathematischen Einzelheiten eingehen, auch nicht genauer darauf, dass Newton das mathematische Rüstzeug für solche Rechnungen selbst erst mit der Differenzialrechnung entwickelt hatte. Wichtig ist, dass es zum ersten Mal gelang, das euklidische Programm auf dem Gebiet der Naturforschung zu realisieren. Die Spitze eines Begründungsnetzwerks wurde eingerichtet: Annahmen und erste Folgerungen daraus.

Die Zeitgenossen und Nachfahren Newtons verstanden, was er erreicht hatte. Das Begründungsnetz wuchs in den folgenden Jahrzehnten und Jahrhunderten. Man konnte die Wiederkehr von Kometen erfolgreich voraussagen, bald auch andere Bewegungen auf der Erde berechnen, sich von der Idealisierung der Objekte durch Punktteilchen lösen und auch solche Bewegungen berechnen, bei denen bestimmte Einschränkungen zu berücksichtigen sind. Die Prinzipien konnten schließlich noch etwas mathematisch eleganter formuliert werden.

Diese erstaunliche Fähigkeit, Bewegungen am Himmel wie auf der Erde verlässlich berechnen zu können, wenn man nur alle Umstände auch richtig „in Rechnung stellt", wurde in das Weltbild einbezogen und ließ den Gedanken aufkommen, dass man alles in der Welt auf diese Weise, wenigstens prinzipiell, vorhersagen könne. Man spricht heute vom mechanistischen Weltbild, das da mit der Zeit entstand. Man brauchte die Hypothese „Gott" für die Erklärung des Weltenlaufs nicht mehr, wie Laplace es sinngemäß gegenüber General Bonaparte sagte.

Damit war das Erbe Euklids, das antike Erbe aus Alexandria, in der Naturforschung angekommen. Die Newton'sche Mechanik wurde zum Paradebeispiel einer Wissenschaft und zum Vorbild nicht nur der Naturwissenschaft. Sie zeigte in idealer Form die Synthese von Rationalismus und

Empirismus. Naturforschung konnte fortan nur noch Naturwissenschaft sein.

Der Erfolg der Newton'schen Theorie hatte den Maßstab gesetzt. Wenn auch die Nachahmung eines solchen Begründungsnetzes in Philosophie und Theologie stets scheiterte, eine physikalische Theorie musste in Zukunft von diesem Schlage sein. In der Tat geschah es so. Aber was für physikalische Theorien waren das, die auf die Newton'sche Mechanik folgten, und welche Phänomene erklärten sie?

Die Elektrodynamik

Ende des 18. Jahrhunderts fing man an, bei den merkwürdigen Phänomenen, die man bei der Reibung bestimmter Materialien oder in der Umgebung von bestimmten „Steinen" beobachtete, nach einer Systematik zu suchen. Es ergaben sich bei dem Studium dieser sogenannten elektrischen bzw. magnetischen Effekte ganz neue Begriffe und messbare Größen; die Relationen zwischen den Messgrößen waren auch von ganz anderer Art, als man sie von der Mechanik her kannte. Man hatte es offensichtlich mit einem neuen, völlig andersartigen Gegenstands- und Forschungsbereich zu tun. Die Theorie, die nach einem Jahrhundert intensiver experimenteller und theoretischer Forschung durch den schottischen Physiker und Mathematiker James Clerk Maxwell zum Abschluss gebracht wurde, war aber trotz allem vom Typ der Newton'schen Theorie, d. h. ein ideales Begründungsnetz, ein axiomatisch-deduktives System.

Ausgangspunkt dieser Theorie ist wieder ein Satz von mathematischen Gleichungen, die man heute Maxwell-Gleichungen nennt. Von diesen ausgehend kann man alle Aussagen der Elektrodynamik mathematisch ableiten, alle elektrischen und magnetischen Phänomene damit erklären und alle Aussagen darüber letztlich zurückführen auf diese Gleichungen. An Schönheit und logischer Strenge und an Größe des Anwendungsbereichs stand sie der Newton'schen Mechanik in nichts nach. Aufmerksamkeit bei Philosophen und Theologen aber bekam sie fast überhaupt nicht. Vielleicht hatte man sich damit abgefunden, dass diese Art von Begründung von Aussagen nur bei Gegenstandsbereichen in der Physik möglich ist. Außerdem machten diese elektrischen und magnetischen Erscheinungen wohl einen zu profanen Eindruck, nicht vergleichbar mit dem Gefühl bei der Vorstellung von Planetenbahnen am Himmel.

Zunächst schienen die elektrischen und magnetischen Erscheinungen nichts miteinander zu tun zu haben. So entwickelten sich für beide Klassen von Erscheinungen unterschiedliche Theorien aus. Wir nennen diese heute Elektrostatik bzw. Magnetostatik. Natürlich waren sie nach dem Vorbild der Newton'schen Mechanik aufgebaut; es gibt jeweils eine Grundgleichung, aus der die experimentell überprüfbaren Beziehungen abgeleitet werden können.

Der dänische Physiker Hans Christian Oersted (1777–1851) entdeckte aber 1820, dass ein von einem elektrischen Strom durchflossener Leiter ein Magnetfeld erzeugt, und im Jahre 1831 fand Michael Faraday (1791–1867), dass ein zeitlich veränderliches Magnetfeld in einem Leiter einen elektrischen Strom induziert. Also mussten die elektrischen und magnetischen Felder doch aufeinander einwirken können. Es musste also eine übergeordnete Theorie geben, eine sogenannte elektromagnetische Theorie, die sowohl elektrische wie magnetische Effekte als auch das Zusammenspiel von Elektrizität und Magnetismus beschreibt.

Diese Theorie war dann die Maxwell'sche Elektrodynamik. Maxwell veröffentlichte sie 1864 in seinem Werk *A Dynamical Theory of the Elektromagnetic Field*. Die Gleichungen, die er an den Anfang stellte, also die schon erwähnten Maxwell-Gleichungen, enthalten die Gleichungen der Elektrostatik und Magnetostatik als Spezialfälle. Somit kann die Maxwell'sche Theorie auch als eine vereinheitlichte Theorie der elektrischen und magnetischen Kräfte angesehen werden. Solche Vereinheitlichung bzw. Einbettungen von Theorien in eine übergeordnete werden uns in der Folge noch beschäftigen (Abschn. 3.5).

So hatte man nun mit Newton'scher Gravitationstheorie und Maxwell'scher Elektrodynamik zwei große Theorien der Physik vor Augen, in denen zwei ganz verschiedene Arten von Wechselwirkungen bzw. Kräften eine Rolle spielten, und diese Kräfte mussten fundamental sein: Eingeführt schon in den Annahmen bzw. Postulaten konnten sie als Ursache aller Phänomene angesehen werden, die durch die Theorie erklärbar waren. So sprach man am Ende des 19. Jahrhunderts von zwei fundamentalen Wechselwirkungen, und es gab je eine Theorie vom Typ *more geometrico* (nach Art der Euklid'schen Geometrie), die in der Anwendung jeweils höchst erfolgreich war. In der einen spricht man von der gravitativen, in der anderen von der elektromagnetischen Wechselwirkung.

Die Relativitätstheorien

Mit einer weiteren Ausarbeitung der Newton'schen Mechanik und bei Anwendungen auf ausgedehnteren Bereichen bemerkte man am Ende des 19. Jahrhunderts, dass es so etwas wie eine Gültigkeitsgrenze dieser Theorie gibt. Die Einsicht, dass eine physikalische Theorie nicht bei allen Anwendungen erfolgreich sein kann, war neu, sollte aber in Zukunft zum treibenden Motor der Entwicklung der Physik werden.

Einsteins Relativitätstheorien erweitern beide Newton'schen Theorien über ihre Gültigkeitsbereiche hinaus. Die spezielle Relativitätstheorie erweitert die Newton'sche Theorie der Bewegung, auch Kinematik genannt, die allgemeine Relativitätstheorie die Newton'sche Gravitationstheorie. Beide sind im besonderen Maße ein Beispiel für ein Begründungsnetz nach dem Vorbild Euklids oder Newtons.

Insbesondere wird der Aufbau der speziellen Relativitätstheorie immer als besonders elegant und stringent gerühmt. Am Anfang stehen zwei Annahmen bzw. Prinzipien. Im ersten wird postuliert, dass die Geschwindigkeit des Lichtes im Vakuum unabhängig vom Bewegungszustand des Beobachters ist. Das zweite ist ein Relativitätsprinzip, wie es das Galilei'sche auch schon ist, nur dass es jetzt aufgrund des ersten Postulats eine andere Form annimmt. Also gilt weiterhin, dass für zwei Beobachter, die sich geradlinig gleichförmig gegeneinander bewegen, die gleichen physikalischen Gesetze gelten. Es ist beeindruckend zu verfolgen, wie sich aus diesen beiden Annahmen in relativ wenigen mathematischen Schritten so bedeutende und überraschende Aussagen über Raum und Zeit ergeben, die die spezielle Relativitätstheorie so populär gemacht haben, z. B. die Zeitdilatation, die Längenkontraktion oder die Aussage, dass materielle Objekte sich nicht schneller bewegen können als das Licht im Vakuum. Die Newton'sche Kinematik lässt sich als eine Näherung der Kinematik der speziellen Relativitätstheorie verstehen: Für Geschwindigkeiten, die klein gegenüber der Lichtgeschwindigkeit im Vakuum sind, gehen alle Formeln der relativistischen Kinematik in die der Newton'schen Kinematik über.

Nachdem Albert Einstein die spezielle Relativitätstheorie entwickelt hatte, war ihm sofort klar, dass auch die Newton'sche Gravitationstheorie einer Erweiterung bedurfte. Sie musste an die Kinematik der speziellen Relativitätstheorie angepasst werden. Diese Aufgabe erwies sich als ungemein schwierig. Einstein brauchte zehn Jahre intensiver Arbeit, bis er im Jahre 1915 mit einer Theorie aufwarten konnte, die an Tiefsinn, neuen Konzepten und überraschenden Einsichten alles bisherige in den Schatten stellte. Einen kleinen Einblick in die Theorie und ihre Genese habe ich anderswo gegeben (Honerkamp 2010), hier soll wieder der Fokus auf die Struktur der Theorie gerichtet werden. Am Anfang steht wie in der Elektrodynamik auch ein Satz von Grundgleichungen, nun für ein Gravitationsfeld statt für ein elektromagnetisches Feld. Folgerungen aus dieser Gleichung führen auf solche Phänomene wie die Lichtablenkung an der Sonne, eine Periheldrehung der Planeten, beim Merkur groß genug, um messbar zu sein, die Existenz von schwarzen Löchern und von Gravitationswellen. Alle diese Phänomene sind inzwischen beobachtet worden, und die quantitativen Aussagen der Theorie wurden jeweils bestätigt. Die größten technischen Schwierigkeiten bereitete der direkte Nachweis von Gravitationswellen, doch wurden solche schließlich am 14. September 2015 von den Detektoren zweier Laser-Interferometer-Gravitationswellen-Observatorien (LIGO) in den USA registriert (MPI Hannover 2016).

Aus den Grundgleichungen erhält man unter bestimmten Bedingungen auch als Näherung das Newton'sche Gravitationsgesetz. Was also in der Newton'schen Gravitationstheorie ein Postulat ist, wird hier in der erweiterten Theorie eine Folgerung. So sieht man deutlich, dass die Annahmen der erweiterten Theorie grundlegender sind.

Quantenmechanik und Quantenelektrodynamik

Zu Beginn der 1920er Jahre war die Physik noch recht übersichtlich. Man kannte zwei große wohl etablierte Theorien: die Einstein'sche Gravitationstheorie (in der Praxis vorwiegend in der vereinfachten Newton'schen Approximation) und die Maxwell'sche Elektrodynamik. Der Erfolg der Theorien zeigte, dass große Phänomenbereiche durch ein axiomatisch-deduktives System, ausgehend von wenigen Prinzipien bzw. Annahmen, erklärt werden konnten. Man sprach so auch von fundamentalen Wechselwirkungen, die durch die Grundgleichungen jeweils definiert wurden. Neben diesen beiden Theorien gab es noch die Theorie der Bewegung in der Form der speziellen Relativitätstheorie bzw. seiner Newton'schen Näherung. Diese bestimmte, wie die Bewegung von materiellen Objekten in den Theorien der beiden bisher bekannten fundamentalen Wechselwirkungen beschrieben werden muss. Hier muss man allerdings einflechten, dass es auch noch die Thermodynamik und Anfänge der statistischen Mechanik gab, aber diese Theorien gehören ins Gebiet der Physik komplexer Systeme, das hier ausgeblendet werden soll.

Man kannte also zwei fundamentale Wechselwirkungen, und ihre Wirkung konnte man im Alltag beobachten. Der Fall eines Apfels und der Blitz bei einem Gewitter waren augenfällige Zeugnisse. Seit Ende des 19. Jahrhunderts beschäftigte man sich aber immer mehr mit der Frage nach dem Aufbau der Materie, danach, ob es Atome wirklich gibt und, wenn ja, in welcher Form, und man entdeckte bei Experimenten, die sich dieser Frage widmeten, auch immer mehr Phänomene dieser Welt, die man später die Welt der kleinsten Dimensionen oder die atomare Ebene nennen sollte.

Um diese Phänomene einordnen und verstehen zu können, musste man ganz andere mathematische Methoden benutzen und völlig neue Begriffe einführen. Ich will mich auch hier nur auf die Aspekte konzentrieren, die sich die Struktur und Eigenart der dabei entwickelten Theorien beziehen. In den 1920er Jahren entstanden eine Quantenmechanik und eine Quantenelektrodynamik. Wie die Namen schon sagen, sind dies Theorien, die einer Mechanik (und zwar zunächst einer Newton'schen Mechanik) und einer Elektrodynamik auf atomarer Ebene entsprechen. Man hatte nun also neben der klassischen Version auch jeweils eine Quantenversion zur Verfügung; letztere war für die Welt der kleinsten Dimensionen zuständig, die klassischen nach wie vor für die Welt des Alltags, sozusagen die Welt der mittleren Dimensionen. Man sprach so auch von der klassischen Physik und von der Quantenphysik.

Es hatte sich also gezeigt, dass die Begründungsnetze der klassischen Physik nicht in die Welt der kleinsten Dimensionen fortsetzbar waren, dass man dort einen neuen Anfang machen musste. Natürlich musste man hoffen, dass die Quantenversion, auf Objekte der Welt der mittleren Welt angewandt, sich in die klassischen Versionen überführen lassen. Dafür gab es auch bald Anzeichen, aber die Aufgabe, den klassischen Grenzwert einer Quantenversion zu bestimmen, hat sich als mathematisch sehr schwierig herausgestellt und ist bis heute nicht in allen Einzelheiten gelungen.

Die Elektrodynamik ist eine Feldtheorie, denn sie beschreibt ja die Größe und Beziehungen von elektromagnetischen Feldern in Abhängigkeit von Ladungen und elektrischen Strömen. Für eine Quantenelektrodynamik musste man somit den Begriff eines Quantenfeldes entwickeln und für diese Grundgleichungen formulieren. Hier kam es nun zu einem Umbruch in der Form, in der Prinzipien und Grundannahmen formuliert werden können. In der klassischen Physik waren die Grundgleichungen von einer Art, die man als gewöhnliche oder partielle Differenzialgleichungen bezeichnet. Auch in der Quantenmechanik ist die Grundgleichung, die berühmte Schrödinger-Gleichung, eine partielle Differenzialgleichung.

Bei der Quantenelektrodynamik erwies sich aber nur eine andere Form als möglich. Diese kannte man schon aus der klassischen Mechanik und Elektrodynamik als Alternative zu den Gleichungen; man hatte sie aber dort nur als elegante „Verpackung" dieser Gleichungen angesehen. Es war eine Verpackung in Gestalt eines Funktionals, d. h. eines mathematischen Ausdrucks, der Funktionen eine Zahl zuordnet. Aus der Forderung, dass diese Zahl extremal (so groß oder so klein wie möglich) ist, ergibt sich eine Bestimmungsgleichung für eine Funktion. Man richtet nun das Funktional so ein, dass aus dieser Bestimmungsgleichung gerade die gewünschte Grundgleichung folgt.

In der klassischen Mechanik und in der Elektrodynamik wirkt diese Konstruktion zunächst nur wie ein interessantes Beiwerk. Das Verblüffende nun ist, dass dieses Funktional, aus dem letztlich die Grundgleichung folgt, wenn man nach dem Extremum fragt, eine Form hat, die man fast raten könnte. Man kann sich vorstellen, dass man Prinzipien formulieren könnte, die einen zunächst auf dieses Funktional führen, aus denen dann erst die Grundgleichungen und damit alle weiteren Aussagen der Theorie folgen.

Für die Quantenelektrodynamik hat sich die Strategie, als Ausgangspunkt der Theorie ein Funktional zu formulieren, als erfolgreichster und elegantester Weg erwiesen. Eine Beschreibung, wie man das Funktional finden kann, warum dessen Extremum nun nicht mehr interessant ist und wie man aus dem Funktional dann direkt Aussagen über die elektromagnetischen Phänomene auf atomarer Ebene ableitet, würde hier zu tief in mathematische Methoden und in die Physik führen. Angemerkt sei aber, dass das Funktional, das in der klassischen Elektrodynamik zu den Maxwell'schen Gleichungen führt, hier auch noch zu erkennen ist.

Das Standardmodell für die elektromagnetische, schwache und starke Wechselwirkung

Quantenmechanik und Quantenelektrodynamik sind noch Theorien für die elektromagnetische Wechselwirkung. Als man die Gesetze der Radioaktivität oder den Aufbau des Atomkerns zu verstehen suchte, konnte man sich über all die beobachtbaren Phänomenen nur einen Überblick verschaffen, indem man zwei neue fundamentale Wechselwirkungen einführte, die „schwache" und die „starke" Wechselwirkung. Die entsprechenden Kräfte mussten kurzreichweitig sein, da sie über atomare Distanzen wirkten, darüber hinaus aber bald vernachlässigbar wurden.

Neben den fundamentalen Wechselwirkungen der klassischen Physik, der Gravitation und der Elektrodynamik, kannte man nun also zwei weitere fundamentale Wechselwirkungen, die aber nur auf atomarer Ebene eine Rolle spielen. Die theoretischen Ansätze für die starke und schwache Wechselwirkung waren aber zunächst weit davon entfernt, zufriedenstellende Theorien zu sein. Als es aber gelungen war, für die schwache Wechselwirkung Prinzipien zu formulieren, die denen der Quantenelektrodynamik sehr ähnlich waren, und man auf diese Weise eine vereinheitlichte Theorie der schwachen und elektromagnetischen Wechselwirkung entwickeln konnte, spürte man, dass man auf dem richtigen Weg war. Die daraufhin naheliegende Idee, auch noch die starke Wechselwirkung aus solchen Prinzipien zu erklären, konnte ebenfalls realisiert werden, und heute hat man unter dem Namen „Standardmodell" eine einzige Theorie für alle Phänomene auf der subatomaren Ebene. Dabei ist diese Theorie für alle Phänomene, in denen Quanten aneinander gestreut werden, schon erfolgreich getestet. Dabei konnte die Existenz des Higgs-Teilchens, das eine zentrale Rolle in der Theorie spielt, erst im Juli 2012 nachgewiesen werden (Wikipedia 2013). Letztlich müssen sich aus dieser Theorie auch die Eigenschaften von mehreren Quanten, die als gebundenes System auftreten wie bei einem Atom oder einem Atomkern, ableiten lassen.

Der Ausgangspunkt des Standardmodells ist wie bei der Quantenelektrodynamik ein Funktional. In den Vordergrund rückt nun, dass man schon beim Aufbau des Funktionals andere Eigenschaften, die man der Theorie mitgeben möchte, z. B. bestimmte Symmetrien, berücksichtigen kann. Natürlich muss man vorher sagen, was die Größen in diesem Funktional bedeuten sollen und mit welchen Methoden man aus diesem Funktional experimentell nachprüfbare Aussagen auszurechnen hat. Man muss also wie bei Euklid neben Postulaten auch so etwas wie Definitionen einführen; man muss gewissermaßen erst die Protagonisten vorstellen und ihre Eigenschaften beschreiben. Hält man solche Definitionen aber für gegeben, wird die Theorie für alle Phänomene auf subatomarer Ebene nun durch einen einzigen mathematischen Ausdruck konstituiert.

Ein treffendes Wort für diese vereinheitlichte Wechselwirkung hat sich noch nicht recht eingebürgert. Man spricht immer noch gerne von schwacher, starker und elektromagnetischer Wechselwirkung bzw. von dem entsprechenden Sektor in dem Standardmodell. Tatsache aber ist, dass man heute eigentlich nur noch zwei großen Theorien reden muss: von dem Standardmodell und von der Einstein'schen Gravitationstheorie. Und beide sind ideale Begründungsnetze, also axiomatisch-deduktive Systeme nach Euklid'schem Muster.

3.2 Begriffe

Ein Begriff in der Physik „lebt" immer zwei Ebenen. Zum Ersten gibt es, wie in anderen Wissensgebieten auch, für ihn eine Beschreibung seines Bedeutungsinhalts in der Umgangssprache. Zum Zweiten wird mit einem neuen Begriff aber fast immer auch ein mathematisches Symbol eingeführt, das im Kontext bestimmter Berechnungen einen Sinn ergibt. Es liegen also immer zweierlei Bedeutungen vor, in der Sprache der Physik und in der Umgangssprache, die als Metasprache der Physik angesehen werden kann.

In der Regel wird der Begriff auf der mathematischen Ebene eingeführt, denn dort soll er „seinen Dienst tun", und dieser Dienst kann dabei klar umrissen werden. Auf der Ebene der Umgangssprache mag dabei der neue Begriff noch höchst vage sein; ja, es kann sogar für einige Zeit völlig unklar bleiben, wie man ihn dort beschreiben oder gar nennen soll. Ein besonders beeindruckendes Beispiel hierfür ist die Einführung der Wellenfunktion der Schrödinger-Gleichung (z. B. Honerkamp 2010, Kap. 6).

Die Möglichkeit, das Wissen eines Gebiets in einer formalen Sprache, z. B. der Mathematik, auszudrücken, ist ein großer Vorteil für die Bildung klarer Begriffe „auf der Arbeitsebene". Wir werden in Kap. 4 über die Jurisprudenz sehen, dass auch dort eine formale Sprache – dort ist es die Sprache der modernen Logik – zu klaren Begriffen bzw. zu einer Übersicht über verschiedene Möglichkeiten der Bedeutung eines Begriffs führen kann. Aber diese Klarheit der Begriffe auf der formalen Ebene bedeutet nicht, dass ihre Bedeutung auf dieser Ebene ein für allemal festgelegt ist. Wissenschaft treiben bedeutet ja, neues Wissen zu erlangen. Dabei kann sich auch der Bedeutungsinhalt auf der formalen Ebene ändern.

Seit der Zeit Newtons haben die Begriffe der Physik fast alle eine deutliche Entwicklung erfahren. Einige, wie der

Äther, jene feinstoffliche Substanz, die seit der Antike das ganze Universum ausfüllen sollte, sind sogar aus dem Inventar der Physiker verschwunden, weil es mit ihm nichts mehr zu erklären galt. Bei Begriffen, die weiter nützlich und fruchtbar sind, hat man ganz neue Eigenschaften entdeckt. Im Folgenden werden die bedeutsamsten dieser Begriffe erläutert.

Raum, Zeit

Bis zum Anfang des 20. Jahrhunderts galt für Raum und Zeit, was Newton in den Prämissen seiner Theorie gesagt hatte: „Der absolute Raum bleibt vermöge seiner Natur und ohne Beziehung auf einen Gegenstand stets gleich und unbeweglich" und „Die absolute, wahre und mathematische Zeit verfließt an sich und vermöge der Natur gleichförmig und ohne Beziehung auf irgendeinen Gegenstand" (Newton 1687, S. 25). Das war nicht nur damals selbstverständlich, auch heute noch haben wir im Alltag keinen Grund, daran zu zweifeln. Zeitspannen und Distanzen im Raum sind danach objektive Größen, unabhängig „von einer Beziehung auf einen Gegenstand".

Mit der speziellen Relativitätstheorie haben wir aber gelernt, dass uns diese Eigenschaften von Raum und Zeit nur deshalb als selbstverständlich erscheinen, weil all unsere Erfahrung mit Geschwindigkeiten sich auf solche bezieht, die im Vergleich zur Geschwindigkeit des Lichtes im Vakuum außerordentlich klein sind: Selbst 1000 km/h sind nur etwa ein Millionstel der Lichtgeschwindigkeit. Kommuniziert aber ein Beobachter auf der Erde mit einem Raumfahrer in einer Rakete, die sich z. B. mit 10 % der Lichtgeschwindigkeit gegenüber der Erde bewegt, und nehmen sie beide eine Uhr gleicher Bauart mit, so werden beide feststellen können, dass bei dem Gegenüber jeweils die Zeit langsamer vergeht, d. h., die Zeit zwischen zwei „Ticks" der Uhr dauert bei dem Gegenüber jeweils länger als bei der eigenen Uhr. Diese Zeitdilatation zeigt sich in Experimenten mit elementaren Teilchen z. B. aus der kosmischen Strahlung. Auch bei den Satelliten, die für unsere Navigationssysteme unsere Erde umkreisen, ist dieser Effekt zu berücksichtigen. „Bewegte Uhren gehen langsamer" ist dafür eine kurze Formulierung für diesen Effekt der Zeitdehnung. Ähnliches gibt es für die Raumeffekte: „Bewegte Maßstäbe sind kürzer."

Wir wissen also heute, dass Raum und Zeit keine Größen sind, deren Eigenschaften wir alleine aus unserer Anschauung in der Welt der mittleren Dimensionen erkennen können. Es ist somit falsch, ihnen einen absoluten Charakter zuzubilligen, indem man sie als Formen der Anschauungen sieht, die a priori, d. h. „vor aller Wahrnehmung eines Gegenstandes in uns angetroffen werden" (Kant 1924, S. 96). Wenn man nur die Welt der mittleren Dimensionen in Betracht zieht, kann man zu dieser Ansicht kommen.

Bei der neuen Sicht auf Raum und Zeit verliert auch der Begriff der Gleichzeitigkeit seinen universellen Charakter. Betrachten wir den Fall, dass einem Beobachter zwei räumlich getrennte Ereignisse als gleichzeitig erscheinen, indem er z. B. zur gleichen Zeit Lichtsignale von diesen registriert. Ein anderer Beobachter, der sich relativ zum ersten Beobachter bewegt, wird aufgrund derselben Lichtsignale, die er von den Ereignissen empfängt, nicht darauf schließen, dass diese gleichzeitig stattfanden (z. B. Honerkamp 2010). Natürlich ist dieser Effekt bei den uns gewohnten Geschwindigkeiten vernachlässigbar.

Masse

Mit „Masse" bezeichnete man zunächst rein qualitativ die Menge von Materie eines Objekts. In der Newton'schen Physik bestimmt diese die Trägheit bei einer Beschleunigung des Objekts durch eine Kraft; aber auch die Anziehung, die ein Körper auf einen anderen ausübt, hängt von seiner Masse ab. Man hätte also zwei verschiedene Massenbegriffe einführen können, eine „träge" Masse und eine „schwere Masse". Es wurde aber zunächst kein Unterschied gemacht.

Hinzu kam, dass man es für selbstverständlich hielt, dass die Masse eines Systems von zwei Objekten die Summe der Massen der einzelnen Objekte ist. Dabei war es unerheblich, wie dieses System gebildet war, ob als Nebeneinander, als Mischung oder als Legierung.

Mit der Formulierung der Relativitätstheorien wurden diese beiden Punkte in höchst unterschiedlicher Weise modifiziert.

Die Additivität der Massen gilt in der speziellen Relativitätstheorie nicht mehr. Albert Einstein konnte mit der Formel $E = mc^2$ den Energieinhalt einer Masse bestimmen; zusammen mit dem Prinzip der Erhaltung der Energie führt das zu der Einsicht, dass eine Bindung von zwei Objekten durch irgendeine Wechselwirkung immer „Masse kostet". Die Masse eines Wasserstoffatoms ist also kleiner als die Summe der Massen von Elektron und Proton. Wenn man aber den Energieinhalt eines Wasserstoffatoms berechnet und dabei den Energieinhalt von Elektron und Proton berücksichtigt, dann ergibt die Summe der Energieinhalte der beiden Konstituenten zusammen mit der Bindungsenergie, die negatives Vorzeichen besitzt, den Energieinhalt des Wasserstoffatoms. Allerdings sind die Kosten der Bindung im Vergleich zu den in Rede stehenden Energieinhalten sehr klein, sodass sie bis heute kaum messbar sind. Erst bei Atomkernen ist die Größe der Bindungsenergie nennenswert im Vergleich zu den Energieinhalten der Konstituenten.

Die stillschweigende Annahme, dass man nicht zwischen träger und schwerer Masse unterscheiden muss und sie mit gleichem Namen und gleichem Symbol benennen darf, erfuhr ein anderes Schicksal als die der Addititvität der Massen. In der allgemeinen Relativitätstheorie wurde sie aufgewertet zu einem Prinzip, dem Äquivalenzprinzip, und in dieser Form zu einem Ausgangspunkt dieser bedeutsamen Theorie.

Beim Begriff der Masse hat man also gelernt, dass die Additivität von Massen bei einer Bindung zweier Objekte durch eine Wechselwirkung nicht gilt; andererseits hat man erkannt, dass die Identifizierung zweier eigentlich unterschiedlicher Begriffe von Masse berechtigt ist, weil dies, als Axiom gesetzt, einen Ausgangspunkt der relativistischen Gravitationstheorie darstellt, die sich bei Beobachtungen bisher glänzend bewährt hat. Dahinter liegt also wohl eine tiefliegende Eigenschaft der Natur.

Materie
Zur Materie zählen wir im Alltag zunächst feste, undurchdringliche Objekte, aber auch Fluide wie Wasser oder Gase. Aus solchen Dingen bestand für die Menschen die unbelebte Natur bis ins 19. Jahrhundert. Als prominenteste Eigenschaft solcher materieller Objekte galt seit Newton die Masse, die in allen Situationen die Bewegung der Objekte

wesentlich bestimmte. Zur Materie gehörte also alles, was Masse hatte.

Im 19. Jahrhundert begann man, sich vermehrt für die elektrischen und magnetischen Phänomene zu interessieren. Man kannte diese schon seit der Antike, hatte sich aber bisher noch keinen Reim darauf machen können. Fast ein ganzes Jahrhundert dauerte es, bis man eine Theorie entwickelt hatte, die alle diese Phänomene aufgrund weniger Grundannahmen erklären konnte. In dieser Maxwell'schen Theorie, der Elektrodynamik, spielte eine ganz neue Entität die Hauptrolle: das elektromagnetische Feld. Es hatte ganz andere Eigenschaften als ein materielles Objekt. Es besaß nicht die Eigenschaft einer Masse und war nicht lokalisiert im Raum, wie es für materielle Objekte selbstverständlich war. Die Entdeckung der elektromagnetischen Wellen durch Heinrich Hertz im Jahre 1886 führte zur Anerkennung des elektromagnetischen Feldes als reale physikalische Größe. Die unbelebte Natur bestand nun also aus materiellen Objekten und elektromagnetischen Feldern.

Aber bald schon kündigte sich an, dass auch die elektromagnetischen Felder als eine besondere Form von Materie anzusehen sind. Erster Meilenstein für diese Entwicklung war die Anerkennung der Hypothese von Einstein, dass Licht auf mikroskopischer Skala als ein Strom von Lichtquanten zu interpretieren ist. Diese muss man sich als „lokalisierte Energiequanten" (Einstein) vorstellen, die sich allerdings im Vakuum stets mit Lichtgeschwindigkeit bewegen. Eine Quantenelektrodynamik, in der solche Lichtquanten eine Rolle spielen müssen, hat also das Konzept eines Feldes mit dem eines Quants zu verbinden. Das gelingt mit dem Begriff eines Quantenfeldes, aus dem man in der Tat eine Existenz eines Quants ableiten kann. Die Quantenelektrodynamik war so die erste Quantenfeldtheorie und wurde zum Vorbild für alle Theorien für die Welt der kleinsten Dimensionen. Elektronen und andere Bausteine eines Atoms sind demnach alles Quanten, beschrieben letztlich durch Quantenfelder. Materie zeigt sich also als Quantenfeld.

Somit sind heute Quanten die Bausteine der Materie und der ganzen Welt. Sie sind die „Teilchen" auf der mikroskopischen Ebene. Die Eigenschaft Masse und die Lokalisierbarkeit teilen sie zwar mit den Teilchen unserer Welt der Anschauung, haben aber sonst Eigenschaften, die wir aus unserer Welt der mittleren Dimension nicht kennen. Das führt zu Phänomenen, für die wir keine Parallele aus unserer Erfahrung kennen und die uns deshalb als unverständlich erscheinen. Im Rahmen der Quantentheorien sind diese Phänomene aber gut zu verstehen und auch vorherzusagen.

Fazit
Der Wandel der Begriffe geschieht also auf der mathematischen Ebene, das Argumentieren mit den Begriffen bleibt dabei weiterhin möglich. Anders sieht es auf der Ebene der Umgangssprache aus. Ein materieller Körper in der Welt unseres Alltags ist z. B. ein Planet oder ein Stein, und wir haben eine feste Vorstellung von solchen Dingen. Quanten aber sind Objekte, die für uns unvorstellbar sind, weil sich alle unsere Vorstellungen im Zuge der Evolution nur in Auseinandersetzung mit der Welt der mittleren Dimensionen entwickeln konnten (Honerkamp 2010). So sind Bilder wie das eines Planetensystems für ein Atom oder das einer Welle bzw. Teilchens für ein Quant nur Hilfskonstruktionen, die in manchen Fällen vielleicht ausreichen, um die Argumen-

tation auf der mathematischen Ebene zu veranschaulichen. Letztlich versagt aber jede Anknüpfung an Begriffe aus der Welt der mittleren Dimensionen.

3.3 Aussagen

Aussagen, die in quantitativer Weise auf Übereinstimmung mit den Tatsachen geprüft werden können, stehen am Ende einer mehr oder weniger langen Kette von Schlussfolgerungen in einer physikalischen Theorie. Beispiele sind: Die Bahn eines Planeten in einem zentralen Gravitationsfeld ist eine Ellipse, eine mathematische Gleichung für die Bahnkurve eines Körpers, eine Formel für das Energiespektrum eines Atoms, oder ein bestimmter Wert für die Zeitdilatation.

Über die Feststellung von Tatsachen

Tatsachen werden durch Experimente oder Beobachtungen festgestellt. Dazu müssen die erhaltenen Daten so aufbereitet werden, dass unabhängig von den speziellen Umständen des Experiments die Beziehung zwischen den Begriffen zum Vorschein kommt, die mit der Aussage beschrieben wird.

Dabei ist es Sache der Experimentierkunst und des Hintergrundwissens, aus dem Ergebnis die Umstände des Experiments bzw. der Beobachtung abzutrennen, um eine allgemeinere Beziehung freizulegen. Galilei hat so etwas bereits in seinem Fallexperiment demonstriert, als er lernte, bei der Fallbewegung auf der schiefen Ebene von der jeweiligen Reibung der Kugel zu abstrahieren.

Diese Aufgabe ist keineswegs trivial. Mit den Sinnen hat man ja in der Regel keinen direkten Zugang, man kann sich auf diese ohnehin nicht verlassen. Man muss wissen, welche Annahmen und andere Theorien eventuell in die Datenaufbereitung eingehen, wie verlässlich diese sind und welche statistischen Methoden man anwenden muss, um ein belastbares Resultat der Messungen zu erhalten.

Hinzu kommen grundsätzlichere Überlegungen. Man sieht nur das, was man aufgrund seines Hintergrundwissens sehen kann, dass sich schon auf andere Aussagen stützt. Es ist also stets so, dass – wie William van Oman Quine (1906–2000) es in der Nachfolge von Pierre Duhem (1861–1916) ausdrückt – „unsere Aussagen über die Außenwelt nicht als einzelne Individuen, sondern als ein Kollektiv vor das Tribunal der sinnlichen Erfahrung treten" (Quine 1949, S. 45; Duhem 1998, S. 188 ff.). Schließlich muss man fragen können, ob man in den Messgeräten nicht schon ein Gesetz benutzt, das man gerade durch die Messung bestätigen möchte. In Chalmers (2007) werden solche Überlegungen mit vielen Beispielen diskutiert. Mit zunehmender Komplexität der Experimente bzw. Beobachtungsprojekte werden auch solche Probleme komplizierter; die Kompetenz für dieses schwierige Geschäft muss stets weiterentwickelt werden.

Die Rolle der Genauigkeit bei der Feststellung von Tatsachen

Jedes Ergebnis eines Experiments oder einer Beobachtung ist mit Unsicherheit behaftet, da ungewollte und unregelmäßige Einflüsse nie ganz ausgeschlossen werden können.

Zu einem entwickelten Wissensgebiet gehört damit auch die Jagd nach einer immer größeren Genauigkeit der experimentellen Ergebnisse, um eine entsprechende theoretische Aussage immer stärker auf die Probe zu stellen.

Schon zu Beginn der Naturwissenschaften spielte die Genauigkeit von Beobachtungen eine entscheidende Rolle. Erst als Johannes Kepler nach dem Tod des großen Astronomen Tycho Brahe im Jahre 1601 z. B. Zugang zu dessen höchst genauen Marsbeobachtungen bekommen hatte, erkannte er, dass die Planetenbahnen nicht durch Kreisbahnen wie in der „ptolemäischen Rechnung", sondern durch Ellipsen zu beschreiben sind. Im 19. Kapitel der *Astronomia Nova* von 1609 schreibt Kepler: „Uns, denen die göttliche Güte in Tycho Brahe einen allersorgfältigsten Beobachter geschenkt hat, durch dessen Beobachtungen der Fehler der ptolemäischen Rechnung im Betrag von 8′ ans Licht gebracht wird, geziemt es, [...]. Diese acht Minuten haben also den Weg gewiesen zur Erneuerung der gesamten Astronomie." (zit. nach Dijksterhuis 1956, S. 342).

Eine andere berühmte Geschichte rankt sich um die Periheldrehung des Planeten Merkur. Wenn man nämlich bei der Berechnung der Bahn des Planeten im Rahmen der Newton'schen Mechanik noch die anderen Planeten berücksichtigt, ergibt sich, dass das Perihel, der sonnennächste Punkt der Ellipsenbahn, langsam auf einem Kreis um die Sonne wandert. Der beobachtete Wert dieser Drehung pro Jahrhundert wich aber um 43,03″ von dem der Berechnungen ab. Das war lange Zeit ein wunder Punkt der Newton'schen Theorie; diese war aber ansonsten so erfolgreich, dass man hoffte, dass sich irgendwann eine Erklärung für diese Diskrepanz ergeben würde. In der Tat konnte diese Unstimmigkeit im Rahmen der allgemeinen Relativitätstheorie beseitigt werden.

Das heute am meisten beeindruckende Beispiel ist die Bestimmung einer Eigenschaft des Elektrons, die man magnetisches Moment nennt. Inzwischen hat man dafür experimentell einen Wert von 2,001.165.920 (8) ermittelt (Die Zahl in Klammern benennt die Unsicherheit in der letzten Stelle). Aus der Quantenelektrodynamik erhält man nach langen, aufwendigen Rechnungen den Wert 2,001.165.918 (5). Die Unsicherheiten in einem theoretischen Wert verwundern vielleicht zunächst, aber in die Formel für dieses Moment gehen einige Fundamentalkonstanten ein, deren Werte auch mit experimentellen Unsicherheiten belastet sind. Außerdem muss man noch Effekte der starken Wechselwirkung in Rechnung stellen.

Diese Übereinstimmung im Rahmen solch geringer Unsicherheiten ist bemerkenswert und belegt eindrucksvoll die Gültigkeit der Quantenelektrodynamik.

Die Verlässlichkeit gültiger Relationen

Ist eine Übereinstimmung einer Aussage einer Theorie mit den Tatsachen gefunden und wird diese von unabhängiger Seite immer wieder bestätigt, dann kann man die in der Aussage ausgedrückte Relation nach menschlichem Ermessen als gültig bezeichnen und sich darauf verlassen, wenn man die Umstände, unter denen die Gültigkeit nachgewiesen ist, stets berücksichtigt. Oft wird diese Verlässlichkeit auch noch unterstrichen, wenn die Relation Grundlage für eine technische Vorrichtung wird. Die Technik ist ja allgemein das Signum für die Verlässlichkeit naturwissenschaftlicher Erkenntnisse.

Wichtig ist hier, daran zu erinnern, dass die Prüfungen der Übereinstimmung mit den Tatsachen immer unter bestimmten Umständen geschieht, die z. B. die Größenordnungen der Geschwindigkeit, die Stärke von gravitativen oder elektromagnetischen Feldern betreffen. Damit kommt der Begriff des Gültigkeitsbereichs ins Spiel. Eine Relation ist immer nur in ihrem Gültigkeitsbereich als verlässlich zu bezeichnen, also z. B. bei Geschwindigkeiten, die sehr klein gegenüber der Lichtgeschwindigkeit im Vakuum sind. Ein Gültigkeitsbereich für eine Relation ist immer durch Erfahrung bekannt; wie weit dieser aber ausgedehnt werden kann, ist nicht immer einfach zu bestimmen. Seine Größe ist aber ein Maß für die „Prominenz" der Relation.

3.4 Prämissen und ihre Genese

Prämissen, die eine Chance haben sollen, eine bewährungsfähige empirische Theorie zu begründen, können nur aus dem Boden der Tatsachen erwachsen. Wahre Aussagen über Tatsachen sind also das Material für die Suche nach Prämissen, die diese Aussagen wie in einem Brennglas verdichten sollen. In diesem Sinne stellt der Ausgangspunkt einer Theorie, stellen die Prämissen eine tiefliegende Einsicht über die Natur dar.

Bei Aristoteles mussten die Prämissen dagegen selbstevident sein, und auch in der Euklid'schen Geometrie waren die Axiome unmittelbar einsichtig. In einer empirischen Wissenschaft kann man heutzutage aber solche

Eigenschaften von Prämissen nicht erwarten. Dafür sind die Phänomene der Natur auf den ersten Blick zu undurchsichtig; andererseits sollte man die Tatsache nutzen, dass man schon wahre Aussagen kennt.

Dieses Material, die Menge wahrer Aussagen über Tatsachen, muss aber auch von der Art sein, dass eine Verdichtung überhaupt möglich ist. Der Umfang dieses Materials ist zunächst zweitrangig, die Art und Weise, wie dieser Umfang wachsen kann, zeigt dann aber, wie fruchtbar der allgemeine Gesichtspunkt ist, aus dem man das Material wieder deduzieren kann. In Abschn. 3.6 über das Schicksal von Theorien wird von Beispielen solcher Situationen berichtet.

Wie nun die Prämissen aus dem Boden der Tatsachen erwachsen können, kann man nicht besser als Albert Einstein sagen. In dem Büchlein *Mein Weltbild* (Einstein 1959) findet man in Kapitel V verschiedene „Wissenschaftliche Beiträge" zur Wissenschaftstheorie. Dort wird es klar gesagt: Die einzige Begründung für die Prämissen ist, dass sie eine logische Ordnung erstellen, die sich bewährt. Ähnliches hat auch schon Christiaan Huygens (1629–1695) in seiner Vorrede zu seinem Werk *Traité de la lumière* geschrieben.

Einstein spricht hier von Begründung, dabei haben wir doch bisher die Grundannahmen als nicht weiter begründbar angesehen. Diese Diskrepanz ist aber nur ein schönes Beispiel für die Mehrdeutigkeit von Begriffen unserer Umgangssprache. Im Rahmen axiomatisch-deduktiven Systems geht es um eine Begründung logischer Art. Einstein geht es hier aber um eine „Begründung" im Sinne eines Grundes für einen Wissenschaftler bzw. um eine Rechtfertigung dafür, bestimmte Annahmen als Grundannahmen zu setzen. Diese Setzung der Prämissen beruft sich also nicht auf In-

tuition oder „Wahrheitsgefühl", sondern allein darauf, dass
eine „logische Ordnung" erstellt werden kann, d. h., dass die
wahren Aussagen wirklich abgeleitet werden können und ob
sich weitere Aussagen, die aus den Grundannahmen resul-
tieren, auch bewähren. Natürlich kann man noch fragen,
was man denn unter Bewährung verstehen will. Bei physikalischen Theorien ist das unproblematisch; es ist die Übereinstimmung der Folgerungen, d. h. der einzelnen Aussagen,
mit den Tatsachen. Eine solche „Begründung" im Sinne einer Angabe eines Grundes oder Motivs für die Formulierung der Grundannahmen setzt also keinen infiniten Regress in Gang, sichert aber die Wahrheit der Prämissen.

Einstein sieht auch in der Verdichtung der wahren Aussagen in der Form von Prämissen eine tiefliegende Erkenntnis.
Und er betont die Notwendigkeit von Grundannahmen
mit den Worten: „Aus bloßer Empirie allein kann die Erkenntnis nicht erblühen, sondern nur aus dem Vergleich
von Erdachtem mit dem Beobachteten" (Einstein 1959,
S. 151).

Dies ist eine Absage an den reinen Empirismus. Beobachtungen und Ergebnisse von Experimenten ergeben alleine
noch keine Theorie. Man könnte sagen, sie stellen nur Information dar, noch kein Wissen. Es muss immer noch etwas
„Erdachtes" hinzukommen, denn die Erkenntnis steckt in
den Beziehungen zwischen den Informationen, darin, wie
diese miteinander zusammenhängen. Würde jemand diese
Beziehungen nicht kennen, könnte man mit Goethes Mephisto spotten: „Dann hat er die Teile in seiner Hand, fehlt
leider nur das geistige Band." Die Erkenntnis, die durch die
Prämissen gegeben ist, stellt also so etwas wie ein geistiges
Band dar, das alle abgeleiteten Aussagen verknüpft. Diese

Verknüpfung ist mathematischer Art, d. h., sie entspricht der strengsten Form rationalen Argumentierens. Auch der Rationalismus spielt somit eine große Rolle, hängt aber ohne Empirismus in der Luft. Insofern ist dieses Zitat von Einstein auch eine Absage an den reinen Rationalismus. In knappster Form wird dort eine Synthese von Empirismus und Rationalismus formuliert.

Während der Rationalismus sich auf die Art des Schließens bezieht, sorgt der Empirismus für die Wahrheit der Grundannahmen. Diese stehen also gedanklich nicht am Anfang, sondern werden gewissermaßen erst im Angesicht von erfolgreich geprüften Aussagen über einen Gegenstandsbereich formuliert. So sind diese Aussagen dann „alle aus einem Punkte zu erklären".

Die Aussagen muss man aber genügend gut kennen. Solche sind in der Physik z. B. experimentelle Befunde, relevante andere theoretische Ergebnisse und darüber hinaus alles Sinnvolle, was andere Denker schon über das in Rede stehende Problem in Erfahrung gebracht haben. Man braucht insbesondere „Einfühlung in die Erfahrung", wie Einstein (1959, S. 109) es nannte. Das Wort „Einfühlung" soll zeigen, dass es auch darum geht, diese Erfahrungen zu bewerten und entsprechende Schlüsse daraus zu ziehen. Hier ist der Punkt, wo Intuition und eben „Gefühl" eine Rolle spielen und Kreativität sich zeigen muss.

Das alles ist für jeden selbstverständlich, der selbst als Forscher tätig ist oder war. Man hat aber oft den Eindruck, dass Außenstehende gar nicht ermessen, wie sehr man in eine Problematik eingedrungen sein muss, um eine sinnvolle „glänzende Idee" haben zu können.

3.5   Über die Art der Schluss-folgerungen in der Physik

„Das Buch der Natur ist in der Sprache der Mathematik geschrieben", so hatte Galilei es schon formuliert. Der Gebrauch dieser Sprache war konstituierend für die Physik Galileis als „neuer Wissenschaft", und sie war Voraussetzung für die Erfolge dieser Wissenschaft. Etwa 150 Jahre später schrieb Immanuel Kant (1786)in seinem Werk *Metaphysische Anfangsgründe der Naturwissenschaft*: „Ich behaupte aber, daß in jeder besonderen Naturlehre nur so viel eigentliche Wissenschaft angetroffen werden könne, als darin Mathematik anzutreffen ist." Wenn man auch über diese Aussage diskutieren kann, sie zeigt auf jeden Fall, welches Ansehen und welche Bedeutung damals schon die Mathematik für eine Naturforschung gehabt hat.

Die Ausarbeitung der Newton'schen Theorie wurde vorwiegend von Mathematikern wie Leonard Euler (1701–1783) geleistet. Als man aber im 19. Jahrhundert versuchte, eine Systematik in die Fülle der elektrischen und magnetischen Effekte zu entdecken, war zunächst auch experimentelles Geschick gefragt. Die höchst fruchtbare Zusammenarbeit zwischen Michael Faraday, als Buchbinder ausgebildet und später Professor für Chemie, und dem mathematisch begabten James Clerk Maxwell zeigt, dass in der Entwicklung einer Theorie beides vonnöten ist, nämlich mathematische Kenntnisse und experimentelle Kunst, und dass das selten in einer Hand bzw. in einem Kopf vereint sein kann. So deutete sich hier schon die Differenzierung in theoretische und experimentelle Physik an. Im Jahr 1883 hat die

Kieler Universität eine Stelle für einen Extraordinarius für theoretische Physik eingerichtet, auf die zunächst Heinrich Hertz und dann im Jahr 1885 Max Planck berufen wurde. Heute sind an physikalischen Instituten oft gleich viel Theoretiker wie Experimentalphysiker als Professoren tätig.

Galilei wusste offensichtlich, was er da lostrat, als er zum ersten Mal Experiment und Mathematik bei seinen Untersuchungen zum freien Fall miteinander verband. Nicht umsonst nannte er seine Überlegungen eine „neue Wissenschaft" – und das war keine Anmaßung. Die Beziehung zwischen Logik und Mathematik ist zwar erst viel später aufgeklärt worden (Abschn. 2.4), aber die Verlässlichkeit mathematischer Beweise war seit der Antike bekannt.

Mathematik als Anreger für Hypothesen

Die Prämissen einer physikalischen Theorie sind also in mathematischer Sprache formuliert und alle Folgerungen aus diesen somit auch. Dadurch ist die logische Stringenz gesichert, die Ergebnisse können überdies quantitativ ausgewertet werden. Aber nicht nur dieser Aspekt, der für die Art eines Begründungsnetzes bedeutsam ist, stellt einen Vorteil des Gebrauchs der Mathematik dar. Die Struktur, die durch die mathematische Sprache gegeben wird, lädt auch mitunter ein, Folgerungen zu ziehen, die auf rein mathematischer Ebene naheliegen, deren physikalischer Sinn allerdings noch zu prüfen ist.

Besonders schön kann man das an einem Beispiel aus der Geschichte der Physik erläutern: Der österreichische Physiker Erwin Schrödinger (1887–1961) war 1921 auf einen Lehrstuhl für Theoretische Physik nach Zürich berufen worden. Inspiriert von einer Vorstellung von Louis de Broglie war er überzeugt, dass Elektronen eigentlich Wellen seien, für uns aus irgendeinem Grunde aber nur der Teilchencharakter im Vordergrund zu stehen scheint. Für eine Welle musste es aber nun auch eine Gleichung geben, in der die jeweilige physikalische Situation des Elektrons eingeht. Tatsächlich fand Schrödinger nach einigen vergeblichen Versuchen eine solche Gleichung für ein Elektron im elektrischen Feld eines Atomkerns. Glücklicherweise wurden zu jener Zeit gerade mathematische Methoden für die Lösung solcher Gleichungen bei den Mathematikern intensiv diskutiert; Schrödinger nahm davon Notiz, und mit solchen Methoden gelang es ihm, die Energieniveaus eines Wasserstoffatoms auszurechnen. Es war also eine rein formale Rechnung: Weder war klar, dass die Energieniveaus aus einer Wellengleichung berechenbar sein sollten, noch, was denn die Funktion, die der Wellengleichung gehorchen würde, bedeuten könnte. Hinzu kam, dass sich die Energieniveaus erst ergaben, wenn man nur bestimmte Lösungen als physikalisch sinnvoll zuließ. Das Ganze wirkte wie ein blinder Algorithmus, ein merkwürdiger Zufall.

Aber: „Da ist etwas dran", sagte damals auch Albert Einstein, als er von dieser Gleichung und von der Möglichkeit hörte, mit ihr die Energieniveaus eines Wasserstoffatoms zu bestimmen. So obskur eine Rechnung auch scheinen mag, im späteren Rahmen eines Begründungsnetzwerks kann sie ja vielleicht einen sinnvollen Platz einnehmen. Und das tat diese Rechnung – die Schrödinger-Gleichung sollte zu einem Ausgangspunkt der Quantenmechanik werden.

Die mathematische Sprache der Physik führte hier also zu einer Hypothese, die alles andere als evident war, ja, die man eigentlich noch gar nicht verstand. Die Schere zwischen einem Verständnis und dem Erfolg sollte noch weiter aufgehen, aber das sei hier nicht diskutiert.

Es gibt viele weitere Beispiele, in denen der Gebrauch der mathematischen Sprache in der Physik zu Vorstellungen inspirierte, die sich bald als äußerst fruchtbar erwiesen (z. B. Honerkamp 2013, S. 185). Jeder theoretische Physiker kennt heute auch die Anregung, die mathematische Strukturen geben können. Allerdings kann es nur eine Anregung sein; man hat zu prüfen, ob „da etwas dran" ist.

Mathematik als Führer im Unvorstellbaren

Die Schrödinger-Gleichung war ein Meilenstein bei der Suche nach einem Verständnis des Aufbaus der Materie. Sie begründet die Quantenmechanik, eine Theorie, die sich bis heute in ihrem wohl verstandenen Gültigkeitsbereich bestens bewährt hat. Allerdings brachte sie eine ganz neue Einsicht mit. Die Vorstellung von Elektronen im Atom als Teilchen mit Eigenschaften, wie sie nun einmal Teilchen aus unserer Welt der mittleren Dimensionen haben, wurde völlig obsolet. Für diese Teilchen der Welt der kleinsten Dimensionen wie Elektronen sollte man besser ein neues Wort, nämlich „Quant", einführen. Quanten sind also Objekte der atomaren Ebene, und sie haben Eigenschaften, für die wir keine Vorbilder haben. Ihr Verhalten übersteigt deshalb auch unsere Vorstellungskraft; es lässt sich aufgrund unserer Erfahrung mit Teilchen unserer Welt der mittleren Dimension nicht verstehen.

Die mathematischer Sprache trägt uns aber über diese Unfähigkeit hinweg. Wir können in dieser Sprache logisch einwandfrei Folgerungen ziehen, diese mit experimentellen Ergebnissen vergleichen oder solche vorhersagen. Hier reicht also die Sprache weiter als unsere Vorstellungskraft.

Eine solche Erfahrung mit der Begrenztheit unserer Vorstellungskraft ist neu. Zwar konnte man elektromagnetische Wellen auch nicht sehen, schmecken oder fühlen. Aber man hatte immerhin eine Vorstellung von Wellen. Ein freies Quant hat zwar Eigenschaften wie eine Position im Raum und einen Impuls, aber diese müssen nicht immer einen wohldefinierten Wert haben. Ort und Impuls sind in der Regel unbestimmt, wobei der Grad der Unbestimmtheit beider noch korreliert ist (Heisenberg'sche Unbestimmtheitsrelation). Erst bei einem Einfluss von außen, z. B. durch Wechselwirkung mit einem makroskopischen Objekt, können bestimmte Eigenschaften feste Werte annehmen.

3.6   Schicksale physikalischer Theorien

Die Grundannahmen einer physikalischen Theorie werden also gewonnen, indem man von den Sätzen über Tatsachen ausgeht und diese zu einem Prinzip oder zu wenigen Grundannahmen zu verdichten sucht. Da die Menge der Sätze über Tatsachen durch die forschende Aktivität der Menschen ständig wächst, ist es unvermeidlich, dass sich Theorien wandeln. Die neuen Aussagen müssen ja in irgendeines der Begründungsnetze integriert werden. Eine Vergrößerung der Menge von gültigen Aussagen, die „aus einem Punkte zu erklären" sein sollen, stellt also immer eine Herausforderung für die Grundannahmen dar, und es ist nicht selbstverständlich, dass sie dieser gewachsen sind. In der Tat kennt man in der Geschichte der Physik verschiedenste Weisen, wie solche Herausforderungen auf Theorien gewirkt haben. Ich will die prominentesten davon im Folgenden vorstellen.

Verdrängung durch eine bessere Theorie

Zunächst möchte ich von Herausforderungen berichten, die jeweils zum Niedergang einer Theorie führten, und zwar dadurch, dass sie durch eine andere Theorie verdrängt wurde.

Mancher Leser wird sich nun an die Schriften von Popper erinnern und denken, dass der Niedergang stets durch eine Falsifizierung bewirkt worden ist. „Ein empirisch-wissenschaftliches System muss an der Erfahrung scheitern können", war die These, die Popper (1989) in seinem Hauptwerk *Logik der Forschung* formuliert hat. Im Zuge der Rezeption dieses Werkes hat sich die Meinung entwickelt, dass, wie es viele formulieren, „Theorien nie bewiesen, jedoch falsifiziert werden können". Der erste Halbsatz ist wahr, der zweite aber belanglos, denn wir werden sehen, dass bisher noch keine Theorie durch eine Falsifizierung gescheitert ist. Falsifiziert werden können nur Aussagen bei der Konfrontation mit den Tatsachen, also mit experimentellen Ergebnissen oder Beobachtungen. Eine solche Aussage, die von der Theorie vorhergesagt wird, aber „nicht stimmt", stellt nun im Rahmen der Theorie zunächst ein Problem dar, ebenso wie eine wahre Aussage, die zum Gegenstandsbereich der Theorie gehört, aber nicht darin erklärbar zu sein scheint. Dieses Problem führt aber in der Regel nicht zur Aufgabe der ganzen Theorie, oft jedoch zur Aufdeckung einer weiteren notwendigen Prämisse, zur Präzisierung ihres Gültigkeitsbereichs oder zu ihrer Schwächung im Konkurrenzkampf mit anderen Theorien.

Popper hat sein Falsifikationskriterium auch in diesem Sinne verstanden. In seinem Werk *Ausgangspunkte – meine intellektuelle Entwicklung* (Popper 1994a, S. 118 f) schreibt er: „Die verschiedenen konkurrierenden Theorien werden miteinander verglichen und kritisch diskutiert, mit dem Ziel, ihre Mängel aufzudecken. Die immer wechselnden, immer unabgeschlossenen Ergebnisse der kritischen Diskussion konstituieren das, was man jeweils als die Wissenschaft bezeichnen kann, als die Wissenschaft von heute." In dem Satz „Wir schließen niemals von Tatsachen auf Theorien, es sei denn, auf ihre Widerlegung oder ‚Falsifikation'" klingt zwar an, dass Theorien prinzipiell auch durch Tatsachen widerlegt werden können, aber er sieht das keineswegs als Regel. Vielmehr bezeichnet er die Auffassung der Wissenschaft, in der Theorien im Rahmen von Konkurrenz ausgelesen werden, als explizit darwinistisch. Die Vorstellungen, die hingegen die Induktion als Methode einer Wissenschaft sehen und „den Akzent auf eine Verifikation (statt auf die Kritik, auf die Falsifikation) legen", nennt er dagegen lamarckistisch: „Sie legen den Akzent auf das Lernen von der Umwelt und nicht auf die Auslese durch die Umwelt."

Der französische Physiker Pierre Duhem hatte schon früher darauf hingewiesen, dass physikalische Theorien nicht durch einzelne Aussagen falsifiziert werden können (Duhem 1998). Der US-amerikanische Logiker William Quine, der in Wien auch Popper und den Wiener Kreis kennengelernt hatte, erweiterte diese Aussage auf alle empirischen Theorien. Man spricht dann auch von der Duhem-Quine-These. Diese wird also durch die Geschichte der Physik eindeutig gestützt.

Die typische Form des Niedergangs ist die Verdrängung durch eine bessere Theorie. Schauen wir uns das bei einigen prominenten Beispielen an.

Die aristotelische Bewegungslehre

Die Frage, wie Bewegung von Körpern verursacht wird und in welcher Form sie vonstattengeht, war schon im Altertum ein Thema der Naturforscher. Aristoteles hatte dazu eine Lehrmeinung begründet, die über 2000 Jahre als Wahrheit weitergetragen wurde, bis sie durch die Studien von Galilei und Newton abgelöst wurde. Aristoteles lehrte, dass es neben den vollkommenen Bewegungen der Gestirne am Himmel drei Arten von irdischen Bewegungen gibt, die „Bewegung zur Herstellung der gestörten Ordnung", die „erzwungene Bewegung" und die „Bewegung von Lebewesen". Für jede dieser Bewegungen gab er Beispiele an und eine jeweils eigene Erklärung. So fällt ein Körper von Natur aus zur Erde, denn dadurch wird die natürliche Ordnung wiederhergestellt. Aus dem gleichen Grund steigt Rauch zum Himmel auf. Einer Bewegung, die nicht zum Stillstand kommt, muss eine äußere Kraft zugrunde liegen. Sie ist also eine erzwungene Bewegung. Ein Lebewesen bewegt sich schließlich vermöge seines eigenen Willens.

Galilei hat das alles noch in seinem Studium an der Universität Pisa gelernt; er war es aber auch, der seinen Zweifeln an den Aussagen des Aristoteles eine ganz neue Art von Naturforschung entgegensetzte. Seine „neue Wissenschaft", wie er sie selbst nannte, war in der Tat bis heute die größte wissenschaftliche Revolution in der Geschichte der Menschheit. Dass die Naturforschung eigentlich nicht ohne Experimente und akribische Beobachtungen auskommt, war damals schon akzeptiert. So hatte z. B. Francis Bacon (1561–1626) das schon betont und dabei die „Methode der Antizipationen" des Aristoteles und anderer Philosophen verworfen. Das Neue, das Galilei einführte und bei seinen Experimenten zum freien Fall demonstrierte, war die Einbeziehung der Mathematik.

Isaac Newton brachte zwei Generationen nach Galilei diese „neue Wissenschaft" mit der mathematischen Formulierung seiner Grundannahmen für eine Theorie der Bewegung zu ihrem ersten Höhepunkt. An die Stelle der „Vollkommenheit" der Bewegungen der Gestirne am Himmel, der „Bewegung zur Herstellung der gestörten Ordnung" und der „erzwungenen Bewegung" mit ihren jeweiligen nicht konkret fassbaren Erklärungen trat nun eine einzige Erklärung, die in Anwendung auf reale Bewegungen wie die der Planeten oder Kometen zu Ergebnissen führte, die quantitativ mit Beobachtungen übereinstimmten. Es war eindeutig und wurde von allen Forschern akzeptiert: Die Newton'sche Theorie war die bessere. Sie war mächtiger und führte zu präzisen Vorhersagen, die überprüfbar waren. Die aristotelische Physik war aber nicht an der Erfahrung gescheitert, sie wurde einfach verdrängt.

Dieses Beispiel an der Nahtstelle zwischen Naturphilosophie und Naturwissenschaft scheint insofern nicht ganz passend zu sein, weil die Art der beiden Theorien so verschieden ist. Wie sollte man denn naturphilosophische Überlegungen auf konkrete Probleme anwenden können? Die beiden Theorien sind sozusagen nicht auf gleicher Augenhöhe, ja, eigentlich kann man bei den aristotelischen Ad-hoc-Erklärungen gar nicht von einer Theorie in seinem, aristotelischen Sinne sprechen. Wir werden aber an den folgenden Beispielen sehen, dass auch Theorien der modernen Physik nicht zugrunde gegangen sind, weil sie gescheitert sind, sondern weil sie durch eine bessere Theorie verdrängt wurden.

Das Caloricum

Wie die Bewegung ist die Wärme ein Phänomen, das seit je her den Menschen unmittelbar begegnet. Das Feuer war in der europäischen Antike wie in der frühen chinesischen Kultur eines der Grundelemente. Auf die Frage, was denn nun die Wärme eigentlich ist, hat man aber erst im 17. Jahrhundert konkrete Vorstellungen entwickelt. Um das Jahr 1680 hatte der Physiker Robert Boyle (1626–1691) die Hypothese aufgestellt, dass ein Körper umso wärmer ist, je größer „der Aufruhr der nicht wahrnehmbaren Teile des Objekts" sei. Mit den „nicht wahrnehmbaren Teilen" appellierte er an die Vorstellung, die schon von den Atomisten der Antike wie Demokrit (um 430 v. Chr.) geäußert worden war. Um 1787 entwickelte aber der französische Chemiker Lavoisier (1743–1794) eine andere Hypothese: Ein Körper ist umso wärmer, je mehr er von einer bestimmten Substanz enthält. Er nannte diese Substanz Caloricum. Fügt man danach einem Körper Caloricum zu, wird er wärmer, entzieht man sie ihm, wird er kälter. Beide Hypothesen konnten Wärmephänomene erklären, versagten aber bei jeweils anderen (z. B. Honerkamp 2010). So standen über mehr als ein Jahrhundert lang zwei Theorien in Konkurrenz zueinander. Die eine musste die Existenz einer neuen Substanz postulieren, die andere auf Eigenschaften von noch unverstandenen, nicht wahrnehmbaren Konstituenten der Materie zurückgreifen.

Mitte des 19. Jahrhunderts kam es zu einer Entscheidung, nachdem Hermann von Helmholtz den Begriff der Energie, zunächst noch als Kraft bezeichnet, eingeführt hatte. Bei seinen Überlegungen, mit denen er die Nützlichkeit dieses Begriffs bei allen möglichen Umwandlungen zeigte, kam er eindeutig zu dem Schluss, dass „Wärme eine Form der Bewegung" ist. Dieser Energiebegriff war so überzeugend und die Vorstellung von Wärme als „Aufruhr der nicht wahrnehmbaren Teile des Objekts" passte so gut dazu, dass das Schicksal der Caloricum-Theorie besiegelt war.

Wieder hatte sich eine bessere Theorie durchgesetzt, die unterlegene war aber nicht falsifiziert worden. Und die siegreiche Theorie war auch nicht ohne Probleme. Wie wäre denn damit die Wärme der Sonnenstrahlen zu erklären? In der Caloricum-Theorie lag die Antwort nahe: Caloricum strömt von der Sonne auf die Erde. In der Bewegungstheorie hatte man dagegen keine Chance, die Erwärmung der Erde durch die Sonne zu verstehen. Das gelang erst später, als man lernte, dass das Licht eine elektromagnetische Strahlung ist und damit Träger elektromagnetischer Energie, die sich beim Auftreffen auf Materie in Bewegungsenergie umwandeln und uns damit das Gefühl der Wärme geben kann.

Das Phänomen, dass auch die besseren Theorien immer noch Probleme mit sich herumschleppen, tritt fast immer auf. Das wird uns einleuchten, wenn wir uns am Ende dieses Kapitels mit der Idee einer vereinheitlichten Theorie für alle Wechselwirkungen beschäftigen.

Die „gegnerischen Theorien" der Elektrodynamik

Im Laufe des 19. Jahrhunderts lernten die Physiker immer besser, elektrische und magnetische Effekte zu erzeugen und zu verstehen. Meilensteine waren das Coulomb'sche Gesetz von der Anziehung elektrischer Ladungen, die Entwicklung von Batterien durch Allessandro Volta um 1800, die Entdeckung von Christian Oersted, dass ein elektrischer Strom auch ein Magnetfeld erzeugt, und schließlich auch die Beobachtung von Michael Faraday im Jahre 1831, dass ein zeitlich veränderliches Magnetfeld einen elektrischen Strom generiert. Diese experimentellen Erkenntnisse konnten in eine Reihe von mathematisch formulierten Aussagen gefasst werden, die auch schon zur Entwicklung technischer Geräte wie die des Telegrafen oder des Elektromotors geführt hatten.

Bei dem Versuch, all diese einzelnen Gesetze „unter einen Hut" zu bringen, standen in der zweiten Hälfte des 19. Jahrhunderts gleich drei Theorien in Konkurrenz zu einander. In England hatte James Clerk Maxwell Gleichungen formuliert, die als Grundannahmen einer neuen Elektrodynamik fungieren konnten. Er hatte dabei einen ganz neuen Begriff eingeführt, den eines elektromagnetischen Feldes. Dieser irritierte allerdings viele Physiker; sie waren noch ganz dem mechanistischen Weltbild verhaftet und suchten nach einem überzeugenden mechanischen Modell für solch ein elektromagnetisches Feld. In Deutschland favorisierte man deshalb die Theorie von Wilhelm Eduard Weber (1804–1891) oder die von Franz Ernst Neumann (1798–1895). Beide hatten jeweils eine Elektrodynamik im Stile der Newton'schen Theorie, also eine Fernwirkungstheorie, entwickelt. Nicht ohne nationale Untertöne stritt man sich über die Vor- und Nachteile der Theorien.

Heinrich Hertz (1857–1894) wurde als Assistent bei Hermann von Helmholtz (1821–1894) in diese Auseinandersetzungen einbezogen und bekam die Aufgabe, die Vor- und Nachteile aller drei Theorien zu analysieren. Seine Ergebnisse veröffentlichte er im Jahre 1883, nachdem er Privatdozent in Kiel geworden war, in einer Arbeit, deren Titel „Über die Beziehung zwischen den Maxwell'schen elektrodynamischen Grundgleichungen und den Grundgleichungen der gegnerischen Elektrodynamik" die damalige Stimmung gut widerspiegelt. Bei dieser Arbeit entstand in ihm die Überzeugung, dass die Maxwell'sche Theorie die bessere sei. Da aus dieser leicht abzuleiten ist, dass es so etwas wie elektromagnetische Wellen geben musste, während die anderen die Existenz dieser nicht voraussagten, sann er darauf, solche Wellen zu entdecken. In der Tat gelang ihm das im November 1886; das war der Durchbruch für die Maxwell'sche Theorie, die anderen Theorien verschwanden aus den Lehrbüchern.

Kann man hier davon reden, dass die Theorien von Weber und Neumann an der Erfahrung gescheitert sind? Wurden sie falsifiziert, weil sie die elektromagnetischen Wellen nicht vorhersagen konnten? Oder wurden sie einfach nur fallen gelassen, weil die Maxwell'sche Theorie so überzeugend geworden war, dass es sich nicht lohnte, weiter an den anderen Theorien zu arbeiten? Es gilt eher diese zweite Sicht. Einen konkreten Fehler konnte man den kontinentaleuropäischen Theorien nicht nachweisen.

Atommodell und Atommechanik
Anfang des 20. Jahrhunderts wusste man, dass es wirklich Atome geben muss und dass diese aus einem Kern und einer

Hülle von Elektronen bestehen. Der dänische Physiker Nils Bohr (1885–1962) hatte im Jahr 1913 ein solches Modell vorgeschlagen; man nannte es planetarisches Atommodell, weil in ihm die Elektronen um den Kern kreisen wie Planeten um die Sonne. Aus den experimentellen Daten für die Energiepakete, die z. B. ein Wasserstoffatom mit nur einem Elektron abstrahlen kann, konnte er auch die Radien und Energien einzelner Bahnen berechnen, und es zeigte sich, dass solche Bahnen nicht irgendwelche waren, sondern eine ganz bestimmte Eigenschaft hatten: Ihr Drehimpuls war ein Vielfaches des Wirkungsquantums, einer Fundamentalkonstante, die Max Planck im Jahre 1900 entdeckt hatte und deren Rolle für die Mechanik auf atomarer Ebene noch nicht klar war.

Nun drehte man den Spieß um, indem man postulierte, dass für die Elektronen nur solche Bahnen stabil sind, für die der Drehimpuls ein Vielfaches des Drehimpulses ist. Das war kein logisch korrekter Schluss, aber eine fruchtbare Hypothese. In der Folge wurde dieser Ansatz verfeinert und mit Erfolg auch auf Atome mit mehreren Elektronen angewandt. Die charakteristischen Eigenschaften der von den Atomen ausgehenden Strahlung konnte man auf diese Weise gut erklären. Eine „Atommechanik" war entstanden.

Aber es war klar, dass diese Theorie nicht der Weisheit letzter Schluss sein konnte. Die Kompliziertheit der Berechnungen ließ auch Zweifel an der langfristigen Brauchbarkeit aufkommen. Allerdings konnte das kein ernsthaftes Argument sein; viel schlimmer und kritischer war die Behauptung, dass die Elektronen auf ihren erlaubten Kreis- oder Ellipsenbahnen stabil sein sollten. Nach den Regeln der Elektrodynamik müssten sie Energie in Form elektromagnetischer Strahlung abgeben und damit bald in den Kern stürzen. Das Modell lebte also im Widerspruch zu bestens etablierten Gesetzen der Elektrodynamik. Wollte man auf den Erfolg des Atommodells nicht verzichten, musste man annehmen, dass auf atomarer Ebene Gesetze der Elektrodynamik nicht mehr gelten.

Die Atommechanik musste die Physiker nicht lange vor ein Rätsel stellen. Als die Ideen von Heisenberg und Schrödinger für eine sogenannte Quantenmechanik ihre ersten Folgen zeigten, wurde die Atommechanik sofort fallen gelassen. Man akzeptierte damit, dass die Erklärung der Phänomene auf atomarer Ebene ganz neue Begriffe und Arten von Gesetzmäßigkeiten verlangt und dass die Newton'sche Mechanik und auch die Elektrodynamik hier nicht mehr gültig sein können.

Aufdeckung von Grenzen des Gültigkeitsbereichs

Einer Theorie kann nicht nur zustoßen, dass sie, wie oben beschrieben, in Konkurrenz zu einer anderen Theorie gerät und dieser dabei früher oder später unterliegt. Wenn immer mehr Phänomene der Natur studiert werden, muss unweigerlich irgendwann die Situation eintreten, dass die Theorie zu versagen scheint, sei es, dass in ihrem Rahmen ein Phänomen nicht erklärbar ist, sei es, dass zur Erklärung eines Experiments zwei verschiedene Theorien zuständig werden, dabei aber deren Begriffe und Gesetzmäßigkeiten in Widerspruch geraten. Der Grund für solche Probleme kann dann sein, dass eine Grenze des Gültigkeitsbereichs überschritten ist. Ich will dafür drei prominente Beispiele anführen.

Lichtquanten

Anfang des 20. Jahrhunderts waren die Physiker auf ein Problem gestoßen, das sich hartnäckig einer Erklärung durch die Elektrodynamik widersetzte. Man experimentierte damals viel mit Kathodenstrahlen, d. h. Elektronenstrahlen, die man zunächst kennengelernt hatte, als man sie in Gasentladungsröhren, von der Kathode ausgehend, beobachtete. Inzwischen aber hatte man entdeckt, dass man auch durch Licht geeigneter Frequenz Elektronen aus einer Metalloberfläche herausschlagen und somit Elektronenstrahlen erzeugen kann. Bei diesem photoelektrischen Effekt gab es zwei bemerkenswerte Gesetzmäßigkeiten: Das Licht muss eine genügend hohe Frequenz haben, und die Energie der austretenden Elektronen war nicht abhängig von der Intensität des einfallenden Lichtes, wohl aber von seiner Farbe, also von der Frequenz. Im Rahmen der Elektrodynamik war diese Abhängigkeit von der Frequenz nicht zu verstehen, auch müsste die Intensität eine viel größere Rolle spielen.

Hier gab es also ebenfalls einen Widerspruch. Albert Einstein, der sich dieses Problems annahm, dachte aber nicht daran, die Elektrodynamik als Theorie in Zweifel zu ziehen; zu viele Erfolge hatte sie bei der Erklärung elektromagnetischer und optischer Phänomene gehabt. Zu mächtig war also die Elektrodynamik als Theorie geworden, zu groß der Gegenstandsbereich, in dem sie unangefochten wahre Aussagen machen konnte. Eine Erklärung der Effekte bei dieser Lichtverwandlung musste wohl außerhalb dieses Gültigkeitsbereichs der Elektrodynamik zu suchen sein.

Einsteins Lösung war revolutionär; so bezeichnete er sie selbst gegenüber seinem Freund Solovine: Das Licht, das in

der Elektrodynamik als eine elektromagnetische Welle bestimmter Frequenz angesehen wird, zeigt sich bei der Lichtverwandlung als ein Strom von „lokalisierten Energiequanten, welche nur als Ganze absorbiert und erzeugt werden
können" (Einstein 1905, S. 133), und jedes dieser Quanten hat eine Energie proportional der Frequenz. Hier hat
man also ein ganz anderes Bild vor Augen; statt einer Welle stößt nun ein Strom von Quanten, d. h. „Teilchen", auf
die Metalloberfläche, die eine Energie proportional zur Frequenz tragen, und damit ist plausibel, dass die Frequenz
die entscheidende Rolle bei dem Prozess spielt. Je höher sie
ist, umso höher ist die Energie der Lichtquanten und damit auch die Energie der herausgeschlagenen Elektronen.
Schließlich versteht man auch, dass die Frequenz und damit
die Energie genügend hoch sein müssen, damit das Herausschlagen der Elektronen überhaupt gelingen kann.

Die Plausibilität dieses Bildes allein aber hätte nicht genügt, um sich mit der Vorstellung der Quantenhaftigkeit
des Lichtes bei der Lichtverwandlung an die Öffentlichkeit
zu wagen. Eine Idee muss in der Physik immer auch mit
einer Schlussfolgerung verbunden werden, die quantitativ
überprüfbar ist. Einstein zeigte, wie sich aus dieser Idee eine
Gleichung für die Energie der herausgeschlagenen Elektronen in Abhängigkeit von der Frequenz des eingestrahlten
Lichtes ableiten lässt. Im Jahre 1916 wurde diese von dem
amerikanischen Physiker Millikan (1868–1953) bestätigt,
und 1922 erhielt Albert Einstein für seine Entdeckung des
Gesetzes des photoelektrischen Effekts den Nobelpreis.

Aus der Zeitspanne zwischen 1905 und 1916 mag man
ersehen, dass die Arbeit von Einstein zunächst kaum be-
achtet, mitunter gar als Jugendsünde abgetan wurde. Heute

wissen wir, dass Einstein wie Max Planck erste Anzeichen dafür gesehen hat, dass in atomaren Dimensionen ganz andere Gesetze und Bilder nötig werden. So wie man später für das Phänomen der Bewegung eine Quantenmechanik statt einer klassischen Mechanik entwickelte, brauchte man wohl erst eine „Quantenelektrodynamik", in der das Konzept eines Lichtquants möglich wurde.

Aber was soll das bedeuten, dass man bei zu Erklärung von Effekten in atomaren Dimensionen ganz andere Theorien benötigt als bei Phänomenen in unseren Alltagsdimensionen? Sollte es nicht eine einzige Theorie geben, die alle Dimensionen umspannt? Wo sollte denn sonst die Gültigkeit der einen Theorie aufhören und die der anderen anfangen? Einstein gibt auch hier schon eine Antwort: Die optischen Beobachtungen beziehen sich „nur auf zeitliche Mittelwerte, nicht auf Momentanwerte", bei den Erscheinungen der Lichtumwandlung geht es aber um „Momentanwerte" (Einstein 1905, S. 132). Danach ist die klassische Elektrodynamik eine „Quantenelektrodynamik für das Grobe", wobei das „Grobe" für zeitliche oder räumliche Mittel steht wie für eine Situation, in der nur das Verhalten einer sehr großen Anzahl von Lichtquanten interessiert.

Festzuhalten ist, dass die klassischen Theorien Mechanik und Elektrodynamik versagten, als man sie auf Phänomene auf atomaren Dimensionen anzuwenden versuchte. Andererseits gab es dabei aber keinen Anlass, sie fallen zu lassen. Sie behielten in der Welt der mittleren Dimensionen einen Gültigkeitsbereich, der außerordentlich groß war und für den es keine bessere Theorie gab, ja nicht einmal denkbar war und auch heute noch nicht zu sehen ist. Die Erforschung atomarer Prozesse führte dagegen zu neuen Theorien, die sich mit der Zeit auch als sehr stabil und weitreichend zeigten.

Plancks Behandlung der Hohlraumstrahlung

Um 1900 hatte man noch viel über die elektromagnetische Phänomene zu lernen, insbesondere über die elektromagnetische Strahlung, die man sich als ein Gemisch von elektromagnetischen Wellen vorstellen darf. Man hatte verstanden, dass von allen Körpern elektromagnetische Strahlung ausgeht, da jede beschleunigte Bewegung von elektrisch geladenen Objekten zur Abstrahlung von elektromagnetischen Wellen führt. Treffen diese Wellen andererseits auf einen Körper, so zerren sie an den elektrisch geladenen Objekten im Körper, erhöhen deren ungeordnete Bewegung und damit dessen Temperatur. Der wärmende Effekt der Sonnenstrahlen, der früher nur mithilfe der Caloricum-Theorie verstanden werden konnte, ließ sich nun einfacher und überzeugender als elektromagnetische Strahlung deuten.

Hier, wo Wärme und elektromagnetische Strahlung im Spiel ist, ahnt man schon, dass es Effekte geben muss, bei denen die Thermodynamik und die Elektrodynamik eine Rolle spielen und sich ins Gehege kommen können. In der Tat, das entscheidende Problem stellte sich bei der Hohlraumstrahlung. Eine kleine Öffnung in einem Hohlraum absorbiert praktisch alle Strahlung, die auf ihn trifft; sie kann damit als „schwarzer" Strahler gelten. Nach Erkenntnissen über das Verhältnis zwischen dem Emissions- und dem Absorptionsvermögen eines Körpers musste die Energie der von dieser Öffnung ausgehenden Strahlung eine Funktion allein von der Temperatur der Wände des Hohlraumes und der Frequenz sein, also eine Funktion, in der nur fundamentale Konstanten auftreten konnten. Max Planck stieß auf dieses Problem und brachte es in zwei Schritten zu einer Lösung, in der zum ersten Mal eine Konstante auftauchte, die später Planck'sches Wirkungsquantum genannt wurde und sich als fundamental für die gesamte Quantenphysik erweisen sollte.

Eine Lösung konnte natürlich nur erreicht werden, indem man Gesetze der Thermodynamik und der Elektrodynamik miteinander verband. Es gab elektrisch geladene Objekte in den Wänden, die Strahlung emittierten, und zwar in Abhängigkeit von der Temperatur der Wände. Aus Vorüberlegungen wusste Planck, dass er nur die Entropie der elektromagnetischen Strahlung bestimmen musste; es war ihm bekannt, wie sich daraus der gewünschte Ausdruck für die Energieverteilung der Strahlung ergab. „Entropie" aber ist ein Begriff der Thermodynamik, und deren Berechnung für ein thermodynamisches System ist nicht einfach, schon gar nicht für ein System, das aus elektromagnetischer Strahlung besteht.

Planck hatte im ersten Schritt schon über formale Argumente einen Ausdruck für die Entropie gefunden und damit auch eine Energieverteilung berechnen können, die sich im Vergleich mit experimentellen Beobachtungen als richtig erwiesen hatte. Man konnte diesen Ausdruck aber noch nicht „verstehen", d. h. ihn aus den Gesetzen der Elektrodynamik und Thermodynamik ableiten; man konnte diese Aussage über das Energiespektrum also noch nicht in das Begründungsnetz der Elektrodynamik und in das der Thermodynamik einfügen. Bis hierhin war die Aussage somit nur ein „phänomenologisches" Gesetz, ähnlich den Kepler'schen Gesetzen, bevor Newton sie aus seinen Axiomen und seinem Gravitationsgesetz abgeleitet hatte.

Die eigentliche Arbeit stand Max Planck also noch bevor. Er wandte nach vielen vergeblichen Versuchen dazu schließlich eine Methode an, die er bei dem österreichischen Physiker Ludwig Boltzmann gesehen, aber bisher nie sonderlich geschätzt hatte. Dabei diskretisiert man bestimmte Größen, d. h., für kontinuierlich veränderliche physikalische Größen lässt man zunächst nur diskrete Werte zu, also nur Vielfache einer Grundeinheit. Dann ist es in der Regel möglich, die Berechnungen durchzuführen; in dem Ergebnis macht man dann die Diskretisierung wieder rückgängig. Bei Planck war diese Größe die Energie. Er führte so Energiepakete der Größe $h\nu$ ein, wobei ν die Frequenz der zum Paket beitragenden Strahlung war und h eine Konstante, die die Diskretisierung bewirkt und im Ergebnis gegen null geschickt werden sollte, um die Diskretisierung rückgängig zu machen. Diese diskretisierte Form der Energie widersprach der Elektrodynamik, aber sie war ja auch nur als vorübergehende Annahme zur Erleichterung der Rechnung gedacht.

Zu Plancks Verwunderung erhielt er aber die richtige Formel schon im Rahmen der Diskretisierung. Diese musste also einen physikalischen Sinn haben. Am 14. Dezember 1900 trug Max Planck in einem Vortrag vor der Physikalischen Gesellschaft in Berlin die Hypothese vor, dass die Energie, die von den Wänden in den Hohlraum abgestrahlt wird, „als zusammengesetzt aus einer ganz bestimmten Anzahl endlicher gleicher Teile" (Planck 1900, S. 239) zu betrachten sei. Dieses Datum gilt heute als der Geburtstag der Quantenphysik.

Diese Hypothese, die in der Elektrodynamik keinerlei Unterstützung hatte, wurde nur zögerlich akzeptiert. Sie war zu ungewöhnlich und stand zunächst im Raum, ohne dass man daraus Konsequenzen ziehen konnte. Im Jahre 1905 gab es dann, wie vorher besprochen, einen weiteren, ähnlichen Hinweis durch die Arbeit Einsteins über den Photoeffekt. Bei der Formulierung der Atommechanik in den frühen 1920er Jahren hatte man dann schon akzeptiert, dass die Konstante, die zunächst nur eine vorübergehende Diskretisierung bewirken sollte, eine bedeutende Rolle in der Physik der Atome spielt. Mit der Entwicklung der Quantenmechanik wurde sie endgültig zu einer Fundamentalkonstanten und zum Signum für eine Quantentheorie.

Einsteins Weg zu den Relativitätstheorien
Themen der aktuellen Forschung in der Physik um 1900 waren neben der Elektrodynamik und der elektromagnetischen Strahlung insbesondere auch die Existenz und Eigenschaften des Äthers, jener feinstofflichen Substanz, die das ganze Universum ausfüllen und auch Träger der elektromagnetischen Wellen sein sollte. Versuche zur Bestimmung der Eigenschaften einer solchen Substanz bereiteten aber nur Probleme oder führten zu widersprüchlichen Ergebnissen. Experimente, die die Bewegung der Erde im Äther messen wollten, konnten keine Anzeichen für solch eine Bewegung erkennen.

Der Äther sollte nach den damaligen Vorstellungen im absoluten Raum Newtons ruhen. Dieser Begriff von einem absoluten Raum gehörte zu den Grundprämissen der Newton'schen Theorie, ebenso wie die Vorstellung von einem Inertialsystem, also einem Koordinatensystem, in dem jeder kräftefreie Körper sich geradlinig-gleichförmig bewegt und in dem erst eine Abweichung von dieser Bewegung einer Erklärung bedarf. Neben dem Inertialsystem, das den absoluten Raum markiert, mussten jene anderen Koordinatensysteme physikalisch gleichberechtigt sein, die sich wiederum geradlinig-gleichförmig relativ zum absoluten bewegen. Die Gesetze der Mechanik mussten in allen diesen die gleiche Gestalt haben. Ausgedrückt wurde das durch das galileische Relativitätsprinzip, und die Galilei-Transformationen beschrieben, wie sich die Koordinaten des einen Inertialsystems durch die Koordinaten des anderen ausdrücken lassen.

Die Gesetze der Elektrodynamik aber gehorchten nicht diesem Prinzip, dafür aber einem anderen Relativitätsprinzip. Der holländische Physiker Hendrik Antoon Lorentz (1853–1928) hatte im Jahre 1904 die Transformationsgleichungen gefunden, unter denen die Grundgleichungen der Elektrodynamik ihre Gestalt behalten. Es gab also zwei unterschiedliche Relativitätsprinzipien. Newtons Theorie der Bewegung und die Elektrodynamik standen im Widerspruch zueinander, wenn es um die Beziehung zweier Inertialsysteme ging.

Wie löst man solch ein Problem? Hat der Unterschied eine einfache Erklärung? Musste man die eine oder andere Theorie modifizieren oder gar beide? Versuche dieser Art führten aber nur in Sackgassen.

Albert Einstein entschied sich anzunehmen, dass die Bedeutung der Lorentz-Transformationen über den Zusammenhang mit den Maxwell-Gleichungen hinausging. Damit ging die Elektrodynamik ungeschoren aus dieser Kollision hervor, während die Theorie der Bewegung das Relativitätsprinzip der Elektrodynamik, auch bald Einstein'sches Relativitätsprinzip genannt, zu übernehmen hatte.

Einstein versuchte aber jetzt nicht einfach, die Bewegungslehre Newtons so zurecht zu stutzen, dass ihre Gesetze nun unter Lorentz-Transformationen ihre Form behalten. Er fand ein noch tiefer liegendes Prinzip, aus dem selbst die Lorentz-Transformationen abgeleitet werden konnten. Dieses lautete: Die Geschwindigkeit des Lichtes ist unabhängig vom Bewegungszustand des Beobachters. Hiermit konnte er erklären, warum alle Bemühungen, die Bewegung der Erde relativ zu einem Äther zu messen, ein Nullresultat liefern mussten, und vor allem konnte er aus diesem einen Prinzip ein ganzes Netzwerk von Aussagen für eine neue, sogenannte relativistische Theorie der Bewegung ableiten, in der das Einstein'sche Relativitätsprinzip gilt und die Newton'sche Theorie der Bewegung als Näherung für Geschwindigkeiten erscheint, die klein gegenüber der Lichtgeschwindigkeit sind.

Nun war klar, dass auch die Newton'sche Gravitationstheorie in eine Form gebracht werden musste, die mit dem Einstein'schen Relativitätsprinzip verträglich war. Das wurde allerdings eine Herkulesaufgabe. Nach zehn Jahren intensivster Arbeit konnte Einstein eine allgemeine Relativitätstheorie konzipieren, aus der die Newton'sche Gravitationstheorie als Näherung für kleine Geschwindigkeiten und schwache Gravitationsfelder folgt.

Vereinheitlichung mit anderen Theorien

In Abschn. 3.1 wurde berichtet, wie die Elektrodynamik durch Vereinheitlichung der Elektrostatik und der Magnetostatik entstanden ist und wie auch schon die Newton'sche Mechanik als eine vereinheitlichte Theorie, eine Theorie für alle Arten von Bewegungen, angesehen werden kann, denn die aristotelische Bewegungslehre kannte noch vier verschiedene Kategorien von Bewegungen mit ihren je eigenen Erklärungen. Ebenso wurde beschrieben, wie Theorien für alle fundamentalen Wechselwirkungen auf der atomaren Ebene erst formuliert werden konnten, als man eine einheitliche Theorie der elektromagnetischen und schwachen Wechselwirkung formulierte und dann aus dieser Theorie noch eine einheitliche Theorie der elektromagnetischen, schwachen und starken Wechselwirkung entwickelte. Dieses „Standardmodell" ist im Jahre 2012 endgültig durch den Nachweis der Existenz des Higgs-Teilchens etabliert worden. Die Idee der Vereinheitlichung von Theorien hat sich also als sehr fruchtbar erwiesen.

Die Standardtheorie hat als Gegenstandsbereich alle Phänomene der atomaren Ebene. Praktisch bedeutet das noch nicht, dass auch alle Phänomene auf atomarer Ebene exakt berechnet werden können: Die Energieniveaus eines Elektrons in einem Wasserstoffatom z. B. berechnet man noch besser im Rahmen der Quantenmechanik. Insofern ist die Standardtheorie noch gar nicht ausgearbeitet. Aber bei allen Experimenten, bei denen Quanten der Theorie aneinandergestreut und dabei die Eigenschaften der Endprodukte beobachtet werden, hat sich diese Theorie bisher bewährt.

Würde man diese Standardtheorie nun noch so erweitern können, dass auch Gravitation damit beschrieben würde, hätte man eine einzige, einheitliche Theorie für alle uns heute bekannten fundamentalen Wechselwirkungen. Man hätte ein einziges Prinzip, genauer einen einzigen Satz von

Prämissen, aus denen alle Aussagen über die bisher bekannten Kräfte der Natur folgen würden und alle Phänomene (im Prinzip) erklärbar wären. In der Tat wird bereits intensiv in dieser Richtung gearbeitet. Dieses Ziel der Physiker, eine „Quantengravitation" zu entwickeln, die manche auch „Theorie für alles" nennen, bewegt viele Gemüter der Physiker wie auch der Nichtphysiker.

Das Wort „alles" in dem Begriff „Theorie für alles" bezieht sich natürlich zunächst einmal auf alle fundamentalen Wechselwirkungen, wie man sie heute kennt. Wie gut man dann aber aus einem solchen Ansatz, mit dem nur ein grundsätzliches einheitliches Prinzip auf abstraktester Ebene vorgeschlagen würde, alle bisher gut etablierten Theorien als Spezialfall ableiten können wird, bliebe abzuwarten.

Dennoch führt diese Vision der Physiker zu großen Diskussionen; insbesondere manche Theologen sind alarmiert, wittern eine Konkurrenz und reden von Grenzüberschreitung. Aber letztlich ist diese Entwicklung folgerichtig und wird wohl irgendwann auch zu einem Ziel führen. Dabei kann dieses durchaus einige Überraschungen bereithalten.

Ich will hier darlegen, dass die Vereinheitlichung von Theorien eine natürliche Entwicklung darstellt und dass es wahrscheinlich das Schicksal aller lebensfähigen Theorien ist, irgendwann Teil eines Ganzen zu werden. Dieses Ganze wäre ein sehr großes Begründungsnetz.

Zerschneidet man ein Netz bzw. ein Webstück, so entstehen Teilstücke, die an den Rändern immer irgendwelche löse Fäden zeigen, die dann mehr oder weniger geschickt vernäht werden müssen. Würde man nun eine „Theorie für alles" kennen und aus dieser Sektoren für bestimmte Wechselwirkungen isolieren und als abgeschlossene Theorie formulieren wollen, so würde es bei diesen Teiltheorien auch so etwas wie „lose Fäden" geben. Bestimmte Begriffe und Einsichten aus der gesamten Theorie stehen nicht mehr zur Verfügung, deshalb muss einiges anders formuliert und manches einfach noch postuliert werden. Diese Teiltheorien werden also alle irgendwelche Unstimmigkeiten haben.

In dieser Sichtweise sind Unstimmigkeiten einer Theorie nicht unbedingt als Anfechtungen zu sehen, die zu einer Schwächung der Theorie im Konkurrenzkampf mit anderen führen muss. Sie können auch ein Hinweis auf eine übergeordnete Theorie sein, in deren Rahmen diese Unstimmigkeiten verschwinden. In der Tat kennt man in der Geschichte der Physik einige prominente Beispiele, in der sich Ungereimtheiten einer Theorie nach Etablierung einer übergeordneten Theorie auflösten.

Der Newton'sche Ansatz für eine Gravitationskraft, eine Fernwirkungskraft, die instantan über beliebige Distanzen wirken soll, stellt solch eine Ungereimtheit dar. Newton selbst sah diese Annahme als eine Absurdität an. Die Newton'sche Mechanik besaß aber noch einen zweiten „losen Faden", nämlich die stilschweigende Annahme, dass die träge Masse eines Körpers immer gleich der schweren Masse ist. Erst mehr als 200 Jahre später konnte man verstehen, dass es zu diesen beiden Unstimmigkeiten kommen muss, wenn man noch nicht die Einsichten der Einstein'schen Gravitationstheorie, der allgemeinen Relativitätstheorie, hat.

Ein zweites Beispiel dieser Art betrifft die Rolle der Eichfelder in der Elektrodynamik. Die beobachtbaren elektrischen und magnetischen Felder lassen sich alle durch solche Eichfelder ausdrücken, allerdings sind diese durch die beobachtbaren Felder nicht eindeutig festgelegt. Es gibt eine frei wählbare Eichbedingung, mit der man eine Eichung festlegen kann, sowie Eichtransformationen, die von einer Eichung zu einer anderen führen, aber die Maxwell-Gleichungen invariant lassen. Man spricht so von einer Eichsymmetrie der Elektrodynamik.

Die Eichfelder erscheinen in der Maxwell'schen Elektrodynamik zunächst noch als mathematische Größen ohne direkte physikalische Bedeutung. Bei der Entwicklung der Quantenelektrodynamik entdeckte man aber, dass die Eichfelder eine „tragende Rolle" bei der Formulierung der Grundannahmen der Theorien spielen und dass sie die Quanten der elektromagnetischen Wechselwirkung, die Photonen, repräsentieren. Die Quantenelektrodynamik wurde so zu einer „Eichfeldtheorie" und in dieser Form zum Vorbild für die weiteren Quantenfeldtheorien und schließlich auch für die Standardtheorie, die vereinheitlichte Theorie der elektromagnetischen, schwachen und starken Wechselwirkung.

So wie die Gleichheit von träger und schwerer Masse in der Newton'schen Mechanik später zu einem wesentlichen Baustein der Grundannahmen der Einstein'schen Gravitationstheorie geworden ist, avancierte also das Konzept eines Eichfeldes zum Konstruktionsprinzip der Quantenfeldtheorien.

Selbst in der statistischen Mechanik, einer Theorie für komplexe Systeme wie Gase und Fluide, findet man rückblickend Hinweise auf eine übergeordnete Theorie. Wenn man die Atome bzw. Moleküle des Gases als Teilchen betrachtet, die der klassischen Mechanik gehorchen, so ergibt sich bei der Berechnung der Entropie ein Problem, das man nach dem US-amerikanischen Physiker Josiah Williard Gibbs (1839–1903) auch Gibbs'sches Paradoxon nennt. Damit der erhaltene Ausdruck für die Entropie ein unverzichtbares Kriterium erfüllt, muss man annehmen, dass die Atome bzw. Moleküle prinzipiell ununterscheidbar sind. Das ist eine Eigenschaft, die man bei klassischen Teilchen, also materiellen Körpern aus unserer Erfahrungswelt, nicht kennt, sich nicht einmal vorstellen kann. Wir wissen heute, dass diese Eigenschaft aber gerade in der Quantenmechanik für ein System von Quanten gleicher Art gilt. In einer statistischen „Quantenmechanik", in der man die Konstituenten als Quanten behandelt und somit die Gesetze der Quantenmechanik berücksichtigt, hat das Gibbs'sche Paradoxon also eine einfache Lösung.

Auch die heute viel diskutierten Theorien, wie die Standardtheorie und die Gravitationstheorie, sind nicht frei von Unstimmigkeiten und somit eine starke Motivation für Physiker, eine übergeordnete Theorie zu entwickeln. Ob es dabei gleich zu einer „Theorie für alles" kommt oder ob erst für eine oder beide Theorien eine andere Form gewonnen werden muss, ist noch nicht abzusehen. Sicher ist nur, dass die Entwicklung zu immer umfassenderen Theorien weitergeht.

3.7 Thomas Kuhns Interpretation des Wandels physikalischer Theorien

Wissenschaftstheorie kann man nicht ohne ein Studium der Wissenschaft und ihrer Geschichte betreiben. Diese Einsicht hat früh schon Pierre Duhem (Duhem 1998), Thomas Kuhn (1922–1996) hat sich mit dieser gegen den prominenten Philosophen Karl Popper (1902–1994) abgesetzt, der sich in der „Methodenlehre" nur für Überlegungen logischer Art interessierte (Popper 1989). Leider aber hat Kuhn dabei aus einigen geschichtlichen Vorgängen, hauptsächlich in der Physik und Chemie, Schlüsse gezogen, die sich bald als höchst vorschnell und unausgewogen erwiesen. Dennoch hat sein Werk *Die Struktur wissenschaftlicher Revolutionen* große Resonanz gefunden (Kuhn 1967), und zwar vorwiegend bei Geisteswissenschaftlern. Viele nahmen die Aussagen Kuhns für bare Münze und bildeten sich auf dieser Basis ein Urteil über die Vorgehensweise einer empirischen Wissenschaft.

Thomas Kuhn hatte sich während seiner Doktorarbeit in Physik im Jahr 1947 auch mit dem Werk *Physik* des Aristoteles befasst und wird sich zunächst, wie auch heute wohl jeder Physikstudent, darüber gewundert haben, welche Erklärungen Aristoteles für die Phänomene der Natur bereit hatte. Aber irgendwann hatte er ein Aha-Erlebnis: Er verstand Aristoteles. Aus dessen Sicht ergab alles einen Sinn. Dieses Erlebnis muss ihn nachhaltig beeinflusst haben (Kuhn 2012). Er widmete sich nach seiner Promotion im Jahre 1949 nicht nur ganz der Wissenschaftsgeschichte und -philosophie, sondern verarbeitete das Erlebnis auch in seinem oben erwähnten Werk. In diesem entwickelte er den Begriff des Paradigmas für eine Gesamtheit von Denkgewohnheiten in einer Wissenschaft zu einer gegebenen Zeit und bezeichnete allen Wandel in der Geschichte der Naturwissenschaften, insbesondere der Physik, als Paradigmenwechsel bzw. als wissenschaftliche Revolutionen, wobei eine „Wahrheit" durch eine andere ersetzt würde. Nach ihm war also aristotelische Physik, „im Rahmen ihrer eigenen Voraussetzungen verstanden, einfach verschieden von der Newton'schen Physik, dieser aber nicht unterlegen" (zit. nach Horgan 2000). Es komme also nur auf die Sichtweise an.

Diese Deutung der Geschichte wurde von vielen, die die Physik nicht kannten, begierig aufgegriffen, und noch heute spukt in vielen Köpfen die Meinung, dass in der Physik durch neue Einsichten regelmäßig Theorien gestürzt und Weltbilder erschüttert werden. „Große Geister wie Newton oder Einstein werfen alles über den Haufen – wieder bis zum Beweis des Gegenteils", heißt es da typischerweise.

Diese Sichtweise – Geschichte der Physik als Abfolge von Revolutionen und gleichwertigen, aber andersartigen Theorien – kann für einen Physiker eigentlich nur eine völlige Verkennung darstellen, die sich vielleicht durch eine zu frühe Festlegung auf ein Bild ergibt, für das man nun alles zurechtbiegt.

Man kann die Irrtümer Kuhns im Wesentlichen auf drei falsche Einschätzungen zurückführen:

1. Er stellt den fundamentalen Wandel, der sich durch die „neue Wissenschaft" von Galilei ergeben hat, auf eine gleiche Stufe mit dem Wandel bei einer späteren Entstehung einer neuen Theorie der Physik. Dabei stellt der Wandel von Aristoteles zu Galilei und Newton ein säkulares Ereignis dar; es ist die Entdeckung, dass mit der Mathematik als Sprache nun präzise nachprüfbare Aussagen in der Naturforschung möglich werden. Das war die Voraussetzung dafür, dass mit weiteren solchen Aussagen, wie etwa den Kepler'schen Gesetzen, ein Begründungsnetz im axiomatisch-deduktiven Stil entwickelt werden konnte, was dann auch durch Newton realisiert wurde.

Dieser Wandel war somit wirklich eine wissenschaftliche Revolution, bei der die Naturphilosophie durch eine Naturwissenschaft abgelöst wurde, also ein Bündel von unzusammenhängenden Annahmen in vager verbaler Form durch eine logische Ordnung eines Netzes mathematisch formulierter Aussagen.

Der Wandel von der Newton'schen Mechanik zu den Relativitätstheorien z. B. ist dagegen nur ein Wandel innerhalb des methodischen Rahmens, der durch die axiomatisch-deduktive Methode bestimmt ist. Hier kann man nicht von einer Revolution sprechen, denn die Newton'sche Mechanik ist mit diesem Wandel keineswegs untergegangen; sie erweist sich jetzt nur als Näherung für Geschwindigkeiten, die klein gegenüber der Lichtgeschwindigkeit im Vakuum sind. In Honerkamp (2015, S. 141 ff.) habe ich diesen Unterschied so beschrieben: Kuhn wollte „alle Umbrüche in der Physik auf den einen großen Paradigmenwechsel, auf die Galilei-Wende, trimmen. Bei dieser war es wirklich so, dass das, was ,vorher Enten waren, nachher Kaninchen sind' (Kuhn 1967, S. 151), und die alte Sicht bzw. Methode ist in keiner Situation mehr gültig oder nützlich. Bei der durch die Relativitätstheorie herbeigeführten Wende hat man aber nur gelernt, ,dass Enten auch fliegen können'", es aber auch nur unter gewissen Umständen tun.

2. Kuhn unterschätzt die Bedeutung und Rolle der Mathematik in der Physik. Dies tut er nicht nur bei dem Wandel von Aristoteles zu Galilei und Newton, indem er die konstituierende Rolle der Mathematik für die neue Methode übersieht, sondern auch bei der Betrachtung der Phasen der Wissenschaft, in der eine neue entstehende Theorie

ausgearbeitet wird, indem also ihre Erklärungskraft an allen möglichen Phänomenen erprobt wird. Er spricht bei diesen Phasen vom „Rätsellösen", so als ob eine Theorie irgendwann für so etwas fertig vorliegen würde. In Abschn. 3.5 habe ich ausgeführt, welche Rolle die Mathematik auch in dieser Phase für die weitere Ausgestaltung und Rezeption einer Theorie spielt. Sie liefert Inspiration zu Weiterentwicklungen und zeigt Probleme für die Interpretation auf. Insofern ist sie entscheidender Motor für die Dynamik einer Theorie.

3. Kuhn behauptet, dass eine neu entstandene Theorie inkommensurabel mit einer vorherigen ist, dass z. B. die spezielle Relativitätstheorie nur in der Erkenntnis akzeptiert werden könne, dass die von Newton falsch ist (Kuhn 1967, S. 136). Er glaubt, das u. a. daran festmachen zu können, dass der Begriff der Masse in den beiden Theorien doch ganz verschieden sei. In der Newton'schen Mechanik gibt es die Annahme, dass die Masse eines Körpers stets erhalten bleibt und dass sich die Massen zweier Körper addieren, wenn man diese als Konstituenten in einem System auffasst. In der Relativitätstheorie ist die Masse als Energieform zu sehen, beschrieben durch die Formel $E = mc^2$. Sie kann auch in andere Formen von Energie übergehen, – in Bindungsenergie oder Strahlungsenergie –, und die Additivität der Massen gilt nicht mehr. Ebenso ist die Abhängigkeit der Bewegungsenergie von der Masse eine ganz andere. Statt aber hier von einem ganz anderen Begriff zu reden, kann man einfach feststellen, dass man durch die spezielle Relativitätstheorie nur neue Eigenschaften der Masse kennengelernt hat, jene, die im Gültigkeitsbereich der Newton'schen Mechanik gar nicht beobachtet werden können.

Für Kuhn sollen also Begriffe ein für allemal feste Eigenschaften haben. Das ist eine durch nichts zu begründende Annahme. Er hat nicht verstanden, dass Begriffe in einer Wissenschaft in der Regel auch einem Wandel unterliegen. Begriffe müssen nur so exakt sein müssen, wie es die Problemsituation erfordert und ein Schritt in die Richtung auf größere Präzision muss dann gemacht werden, wenn eine neue Problemsituation das erfordert (Abschn. 2.1, Popper 1994a). Genau das ist bei dem Begriff der Masse geschehen.

In Kuhn'scher Sicht zielt die Physik auf letztgültige ontologische Wahrheiten, die aber gar nicht zu erlangen sind. Ich muss hier an die beiden Ebenen der Physik erinnern, die Ebene der Begriffe und die der Relationen. Nur die Relationen, formuliert in den Aussagen, sind die Invarianten eines Wissensgebiets; die Begriffe können sich wandeln und sich sogar ganz unserer alltäglichen Vorstellung entziehen (Abschn. 3.5).

Der französische Mathematiker und Physiker Henri Poincaré (1854–1912) formuliert das in seinem Buch *Wissenschaft und Hypothese* (Poincaré 1904, S. 162) so: „[...] die wirklichen Objekte wird die Natur uns ewig verbergen; die wahren Beziehungen zwischen diesen wirklichen Objekten sind das einzig Tatsächliche, welches wir erreichen können." Der Philosoph John Worall hat diese Erkenntnis im Jahre 1989 zur Grundlage einer neuen Position in der Erkenntnistheorie, dem Strukturenrealismus, gemacht. Er schreibt sinngemäß: „Unsere wissenschaftlichen Theorien ermöglichen uns keine gegenständlichen, sondern einen strukturalen Zugang zur Welt" (Worrall 1989). Der Physiker und Nobelpreisträger Steven Weinberg (geb. 1933), der in dem Essay „The Revolution that Didn't Happen"

Kuhns Buch einer scharfen Kritik unterzieht, schreibt darin: „There is a ‚hard‘ part of modern physical theories [...]
that usually consists of the equations themselves, together
with some understandings about what the symbols mean
[...]. Then there is a ‚soft‘ part; it is the vision of reality that
we use to explain to ourselves why the equations work. The
soft part does change; [...]"(Weinberg 1998).

Zu solchen Urteilen, wie sie Kuhn geäußert hat, kann
man nur kommen, wenn man ignoriert, dass es einen Gültigkeitsbereich einer Theorie gibt und somit implizit immer davon ausgeht, dass eine Theorie einen unendlichen
Gültigkeitsbereich haben muss. Dann ist aber jede Theorie
falsch.

3.8   Geschichte physikalischer Theorien und der kritische Rationalismus

Die Entwicklung der Physik in den letzten 400 Jahren hat
gezeigt, dass es ein höchst fruchtbarer Ansatz ist, sich bei
der Erforschung der Natur zunächst auf einen beschränk-
ten Gegenstandsbereich zu konzentrieren und für diesen die
als wahr erkannten Aussagen in Form eines axiomatisch-deduktiven Systems zu ordnen. So standen am Anfang Galileis
Studium des freien Falls und Newtons Theorie der Bewegung, dann wurden immer weitere Phänomene der Natur
entdeckt und im Rahmen einzelner Theorien verstanden,
und heute kennen wir eine einzige Theorie für alle Phänomene auf der Ebene der Quanten und in der modernen Kosmologie eine historische Rekonstruktion der Geschichte des
gesamten Universums, die Milliarden von Jahren zurück-

reicht. Die Gesetzmäßigkeiten, die dabei formuliert wurden, stellen ein verlässliches Wissen dar.

Diese Strategie, Wissen zu schaffen, haben sich auch andere Naturwissenschaften zu eigen gemacht. Man spricht deshalb auch manchmal von der naturwissenschaftliche Methode. Sie verdrängte sehr schnell die Naturphilosophie, in der man zu Aussagen über grundlegende Eigenschaften der Natur nur durch Intuition, Evidenzgefühl oder Berufung auf übernatürliche Instanzen gelangen zu können glaubte. Die Methode scheint aber nur in empirischen Theorien nutzbar zu sein, denn nur hier kann man nachprüfbare Aussagen machen und so einen Kanon von wahren Aussagen sammeln und in eine logische Ordnung bringen.

Die Möglichkeit, Aussagen einer Theorie auf ihre Wahrheit hin objektiv zu überprüfen, ist aber nicht das einzige bedeutsame Merkmal dieser Methode. Bemerkenswert ist ja auch die Tatsache, dass die physikalischen Theorien durch die ständigen Prüfungen und durch die Einbeziehung neuer Erfahrungen immer „besser" geworden sind, d. h., ihr Gültigkeitsbereich wurde immer größer. Offenheit für Kritik und Bereitschaft zum Wandel einer Theorie ist also offensichtlich ein Motor für neue Erkenntnisse.

Was „besser" ist, lässt sich in der Physik und wohl auch in anderen Naturwissenschaften relativ leicht bzw. irgendwann entscheiden. In Gebieten, die keiner Empirie zugänglich sind, bedarf es dazu wesentlich mehr Arbeit, und häufig wird es wohl auch Fälle geben, in denen man sich nicht einigen kann, was das „Bessere" ist.

Es liegt aber nahe, dass Offenheit für Kritik und Bereitschaft für eine Anerkennung „besserer" Argumente die Suche nach Erkenntnissen auch auf nichtempirischen Feldern fördern kann. Im kritischen Rationalismus, den Karl Popper und Hans Albert (geb. 1921) als Wissenschaftstheoretiker und Philosophen begründet haben, wurde diese Haltung zur Kritik zum allgemeinen Konzept für die Gewinnung von Erkenntnis erhoben.

Die Grundsätze dieser philosophischen Position, wie sie Hans Albert (1982) formuliert, lesen sich, als wären sie von einem Physiker geschrieben: Man geht zunächst von einem kritischen Realismus aus. Realismus bedeutet dabei, dass man die Welt als ein Gegenüber sieht, das sich unabhängig von uns verhält. Der Realismus hat aber „kritisch" zu sein, weil wir die Zusammenhänge der Natur meistens nicht unmittelbar erkennen können. Nicht umsonst bedarf es großer Erfahrung, um bei Experimenten Gesetzmäßigkeiten von zufälligen Umstanden trennen zu können. Jeder Naturwissenschaftler ist also im Grunde ein kritischer Realist. Hinzu kommt aber nun eine bestimmte Haltung zu den gewonnenen Ergebnissen, die Einsicht, dass sich der Mensch immer irren und damit jede noch so gut begründete Ansicht von neuen Erfahrungen oder Argumenten eingeholt werden kann. Unverzichtbar gehört dann auch der methodische Rationalismus dazu – eine Form des Rationalismus, die die Prüfung der Erkenntnisse zur Methode macht und stets zu hinterfragen bereit ist, ob es nicht noch eine bessere Antwort gibt.

Genau auf diese Weise entstanden in der Geschichte der Physik die Theorien. Aber diese Haltung, eine prinzipielle Fehlbarkeit anzuerkennen und Konkurrenz unter Antworten auf eine Frage zu akzeptieren oder gar zu suchen, ist nicht nur die naturwissenschaftliche Methode, sondern die wissenschaftliche Methode schlechthin. Pragmatischer und rationaler zugleich kann man sich wohl nicht verhalten.

4

Begründungsnetze in der Rechtswissenschaft

Die in Kap. 3 ausgeführten Überlegungen zur Systematik der physikalischen Theorien lassen erkennen, dass physikalische Theorien in transparentester Form die Idee eines aristotelischen Begründungsnetzwerks verkörpern, und zwar in idealer Form, sodass man sie sogar als axiomatisch-deduktive Systeme ansehen kann. Überdies lässt sich hier die Frage nach der Bestimmung der Axiome bzw. Grundannahmen in einer Weise beantworten, die Aristoteles nicht vorhersehen konnte: Aus Aussagen, die wahr sind im Sinne der Übereinstimmung mit den Tatsachen, werden durch Induktion abstraktere und allgemeinere Prinzipien oder Grundannahmen gebildet, die sich dadurch rechtfertigen müssen, dass sich aus ihnen wiederum die wahren Aussagen logisch ableiten lassen. In solchen Prämissen findet somit die Wahrheit der Aussagen über nachprüfbare Fakten ihre konzentrierteste Form. Aus diesen lassen sich dann auch neue Aussagen und damit Voraussagen gewinnen. Nicht ohne Grund wird die Physik als ein Idealbild einer Wissenschaft angesehen, und die frühen Bemühungen um eine Wissenschaftstheorie haben sich vorwiegend an der Physik abgearbeitet.

Ohne eine Bindung an Tatsachen bleibt ein aristotelisches Begründungsnetzwerk ein rein gedankliches Konstrukt. Dieses kann durch die logische Strenge der Deduk-

© Springer-Verlag Berlin Heidelberg 2017
J. Honerkamp, *Die Idee der Wissenschaft*, DOI 10.1007/978-3-662-50514-4_4

tionen beeindrucken oder durch die Fülle von interessanten oder nützlichen Aussagen, die aus den Axiomen folgen. Die Euklid'sche Geometrie und weitere mathematische Theorien sind dafür gute Beispiele. Das gedankliche Konstrukt kann aber auch ein reines Hirngespinst sein, das nichts mit der Realität zu tun haben muss; es kann der Fiktion oder gar der Esoterik zuzurechnen sein.

Die Tatsache, dass man, von Grundannahmen ausgehend, weitere Aussagen durch mehr oder weniger überzeugende Argumente gewinnt, macht ein Wissensgebiet zwar zu einem Begründungsnetzwerk; dieses würden wir aber nicht allein schon deshalb eine Wissenschaft nennen. Neben der Überzeugungskraft der Ableitungen spielt auch die Qualität der Aussagen eine Rolle, und dafür ist die Möglichkeit, ihre Wahrheit, d. h. ihre Übereinstimmung mit Tatsachen, festzustellen, ein besonders einfaches Kriterium. Ja, viele wollen darin sogar eine notwendige Bedingung dafür sehen, dass ein Begründungsnetzwerk auch eine Wissenschaft genannt werden kann.

In empirischen Wissensgebieten ist die Wahrheit von Aussagen im Prinzip durch den „Blick auf die Tatsachen" immer nachprüfbar. Insofern ist die wichtigste Voraussetzung für die Entwicklung einer Wissenschaft gegeben, und so gibt es auch keinen Zweifel an der Wissenschaftlichkeit der Chemie, Biologie und anderen Naturwissenschaften, auch wenn in diesen die Theoriebildung und Mathematisierung längst nicht so weit fortgeschritten sind und auch nicht den Stellenwert haben, wie es in der Physik der Fall ist. Die Physik kann diese Klarheit und Transparenz ja nur zeigen, weil sie sich mit den fundamentalen und „einfachsten" Dingen dieser Welt abgibt. Die Objekte der Chemie und

Biologie sind viel komplexer, allgemeine Prinzipien sind schwerer zu entdecken und für das Verständnis der meisten Phänomene nicht vorrangig. Natürlich gibt es auch hier Begründungsnetzwerke, die zu einer Anzahl von wahren Aussagen führen, aber deren Gültigkeitsbereiche sind bei Weitem nicht so groß wie etwa bei den fundamentalen Theorien der Physik.

Wenn also die Prüfbarkeit auf Wahrheit durch die Frage nach der Übereinstimmung mit Tatsachen für die Wissenschaftlichkeit eines Gebiets schon „die halbe Miete" ist, muss man sich fragen, wie es denn um die Wissensgebiete steht, die nicht empirisch arbeiten können. In ihrem Gegenstandsbereich finden sich nicht vorwiegend Tatsachen. Hier kommen die Wissensgebiete ins Blickfeld, die man in Deutschland „Geisteswissenschaften" nennt. Diese Aufteilung in Natur- und Geisteswissenschaften betont den Unterschied im Gegenstandsbereich. Glücklicher scheint mir aber die Aufteilung in „Sciences" und „Humanities", wie sie im angloamerikanischen Bereich gepflegt wird. Unter „Sciences" versteht man dort heute die Natur-, Sozial- und Formalwissenschaften. „Humanities" ist dann der Oberbegriff für akademische Disziplinen, die die kulturellen Aktivitäten der Menschen studieren. Der Unterschied in der Aufteilung ist nicht groß, aber man lernt aus dieser Benennung, dass man nicht jede interessante und für die Menschheit bedeutsame kulturelle Aktivität gleich mit einem Etikett wie „Wissenschaft" versehen muss.

Zu den ältesten kulturellen Aktivitäten kann man wohl die Entwicklung von Rechtswesen und Religionen zählen.

Die Bedeutsamkeit eines Rechtswesens ist für jeden einsichtig. Wollen Menschen einer Gruppe eine Chance haben, friedlich zusammenzuleben, müssen sie bestimmte Verhaltensregeln verabreden und dabei festlegen, wie dafür zu sorgen ist, dass diese auch eingehalten werden. Das geht offensichtlich nur, wenn man Regelverletzungen mit Sanktionen bestraft. Es muss also eine gesellschaftliche Instanz geben, die Regeln setzt, Regelverletzungen erkennt und mit Sanktionen verknüpft. So kennen wir eine Gerichtsbarkeit schon in frühester Zeit.

Ebenso alt und mit der Evolution des Menschen entstanden sind die Religionen, der Versuch sich auf die Phänomene dieser Welt einen Reim zu machen und Geschichten zu erfinden, auszuschmücken und zu tradieren, mit denen die Wechselfälle des Lebens gedeutet und „verstanden" werden können.

Im Laufe der letzten Jahrtausende sind diese Wissensgebiete kultiviert und systematisiert worden und nehmen heute auch mehr oder weniger die Form von Begründungsnetzwerken an. So ist es interessant zu fragen, wie es um diese steht, in welcher Form es Gemeinsamkeiten bzw. Unterschiede gibt zu den Begründungsnetzwerken der Physik bzw. der Gebiete, die man als „Sciences" bezeichnen könnte. Die Tatsache, dass die „Humanities" sich im Gegensatz zu den „Sciences" auf etwas Menschengemachtes beziehen, wird dabei für die größten Unterschiede verantwortlich sein. Ins Auge fällt sofort eine große Variabilität der Systeme. In der Tat kennen wir eine Fülle von Rechtssystemen, philosophischen Systemen und Religionen. Unvermeidbar spielen hier kulturell und historisch entstandene Wertvorstellungen eine große Rolle.

Der zweite Unterschied ist der, dass die Grundannahmen und Begründungen in den „Humanities" in der Regel nicht in logischer oder mathematischer Sprache formuliert werden können. Auf verbaler Ebene kann man ja keineswegs entsprechend präzise und logisch kontrollierbar argumentieren. So wird sofort ein Gefälle hinsichtlich der Überzeugungskraft der Begründungen zu erwarten sein.

In diesem Kapitel will ich mich zunächst mit der Rechtswissenschaft bzw. Jurisprudenz befassen. Der Begriff „Jurisprudenz" ist älter, andererseits impliziert er nicht gleich einen Anspruch darauf, für eine Wissenschaft zu stehen; er wäre also in diesem Kontext zunächst der angemessenere. Ungeachtet dessen sollen hier aber beide Begriffe als Synonyme benutzt werden. Ich werde wieder untersuchen, von welcher Art die Elemente eines aristotelischen Begründungsnetzes, also die Begriffe, die Prämissen, die Aussagen und die Begründungen in der Jurisprudenz sein können und z. B. in existierenden Rechtstheorien sind. Von der Warte eines Außenstehenden aus werden sicherlich nicht alle Aspekte angemessen gewürdigt und im rechten Verhältnis zueinander gesehen, andererseits kann solch ein Blick, wenn er denn vor dem Hintergrund einer anderen Wissenschaft ausgeht, manche Facetten und Eigenarten entdecken, die dem Insider wegen unvermeidlicher Gewöhnungen vielleicht verborgen bleiben. Dabei will ich mich diesen Elementen nicht nur betrachtend nähern. Ich möchte auch gleich versuchen, sie im Rahmen der Denkgewohnheiten und der Sprache eines Physikers zu formulieren, um ihre Eignung für ein aristotelisches Begründungsnetz besser abschätzen zu können. Dennoch sollte aber auch ein Nichtjurist dieses Kapitel als einen Einblick in die Jurisprudenz erkennen können.

4.1 Versuche einer Axiomatisierung in der Jurisprudenz

Schon seit der griechischen Antike gibt es die Vorstellung, dass die Gesetze für das Zusammenleben der Menschen durch ein Prinzip begründet werden muss. Dieses konnte sich aus damaliger Sicht nur aus der Natur des Menschen ergeben. Im christlichen Mittelalter war damit die Vorstellung von einem göttlichen Recht eng verwoben; erst im Zeitalter der Aufklärung begann man, die Natur des Menschen auch auf säkularer Ebene wahr zu nehmen. Der Holländer Hugo Grotius (1583–1645) und der Engländer Thomas Hobbes (1588–1679) sind hier zu nennen (Abschn. 4.4).

Noch aber ging man von den jeweiligen Prinzipien aus nicht ins Detail; erst Samuel von Pufendorf (1632–1694) leitet in seinem achtbändigen Werk *De iure naturae et gentium* aus der Prämisse, dass alle Menschen von Natur aus gleich sind, weitere Aussagen ab und entwickelt so eine Vertragslehre, behandelt Eigentum und Erbrecht, Strafrecht und Völkerrecht.

Auch von dem Philosophen Christian Wolff (1679–1754), der ab 1699 in Jena auch Mathematik und Physik studiert hatte, kennen wir eine Schrift (*Institutiones Iuris Naturae et Gentium,* 1750), in der er, von einer bestimmten Auffassung von der Natur des Menschen ausgehend, konkrete Rechtsnormen ableitet.

Neben Pufendorf und Wolff ist Johann Gottlieb Heineccius (1681–1741) zu nennen. Auch er stellt Axiome auf und folgert daraus Rechtssätze, ganz im Sinne von Aristoteles, auf den er sich explizit bezieht. Roderich von Stintzing (1880, S. 361 ff.) schreibt später über ihn: „Die von ihm in seinen

Compendien und Vorlesungen angewendete Methode wird zum Unterschiede von der neben ihm von dem Philosophen Chr. Wolf aufgebrachten ‚demonstrativen', die ‚axiomatische' genannt. Während jene jeden auch den simpelsten und selbstverständlichen Fundamentalsatz durch Syllogismen feststellen und jeden Folgesatz in syllogistischer Form beweisen zu müssen glaubt, wodurch sie in die geschmackloseste Breite geräth, nimmt H. im positiven Rechte für jede Lehre gewisse sie beherrschende Principien als gegeben, stellt diese an die Spitze und entwickelt aus denselben theils analytisch, theils deducirend die ganze Lehre als ein natürlich zusammenhängendes Ganze. Indeß hat sich H. seine Geltung nicht ohne Kämpfe erworben. An seine „Elementa" knüpfte sich 1729 eine litterarische Fehde über die Methode, die bis zum J. 1735 zwischen seinen Gegnern und Anhängern ohne seine persönliche Betheiligung geführt wurde (vgl. Nettelbladt, Hallische Beiträge, I. 562)."

Man ist nicht überrascht, wenn man feststellt, dass diese Versuche einer Axiomatisierung in der Zeit begannen, als die Euklid'sche Geometrie als Vorbild für eine Axiomatisierung eines Wissensgebiets die Gelehrten Europas faszinierte. Das Werk Pufendorfs erschien 1672, Spinozas Werk *Ethik, nach geometrischer Methode dargestellt*, im Jahre 1677, Newtons Werk, in dem er die Mechanik axiomatisch begründete, im Jahre 1687. Wolff und Heineccius wirkten etwas später, in einer Zeit, in der die Newton'sche Theorie Vorbild für alle Wissenschaften wurde und das Weltbild bestimmte.

Wie im Zitat über das Werk von Heineccius bemerkt, war die Idee, das Rechtswesen zu axiomatisieren, umstritten. Man konnte es offensichtlich übertreiben, wie

Christian Wolff es wohl getan hatte. Denn es gibt immer viele Probleme im Rechtswesen, die nur rein pragmatisch oder gewohnheitsmäßig behandelt werden können, z. B. die Frage, wie viele Zeugen man bei der Errichtung eines Testaments haben sollte, mit welchen Worten bestimmte Rechtshandlungen kanonisch begleitet werden sollten oder wie heutzutage z. B. die Frage, auf welcher Straßenseite die Autos in der Regel fahren sollen. Solche Fragen kann man so oder so entscheiden, und die Antworten können natürlich nicht Teil eines Begründungsnetzwerks, sondern höchstens demonstriert bzw. gelehrt werden. Da nun die Menge solcher Aussagen in jedem Rechtswesen relativ groß ist und da man stets das geltende Recht und die Anwendung dieses Rechts im Auge hatte, maßen viele einer Axiomatisierung bzw. Systematisierung noch keinen großen Stellenwert zu. Man hielt sie wohl aus praktischen oder didaktischen Gründen für nützlich, betrachtete sie aber nur als eine von mehreren Methoden der Jurisprudenz, die noch eher als Rechtsgelehrtheit verstanden wurde und noch nicht Juris-Scientia, Rechtswissenschaft, sein wollte. Die Enzyklopädie von August Friedrich Schott (1744–1792) führt so u. a. die „fragende", die „demonstrative" und schließlich die „scientifische" Methode auf. Ein Gespür dafür, dass man zwischen Theorie und Praxis zu unterscheiden hat, hatte sich noch nicht entwickelt (Schröder 1979, S. 145).

Der Einfluss Immanuel Kants

Mit dem Wirken des Philosophen Immanuel Kant (1724–1804) sollte sich das ändern. Dieser hatte sich in seinen jungen Jahren mit der Naturphilosophie beschäftigt, später mit der Newton'schen Theorie und sieht von da an in dieser das Vorbild für alle Wissenschaft. Die Metaphysik will er zu einer ähnlich strengen Wissenschaft machen. In der Vorrede zu seinem Werk *Metaphysische Anfangsgründe der Naturwissenschaft* (Kant 1786) präzisiert er den Begriff „Wissenschaft": „Eine jede Lehre, wenn sie ein System, d.i. ein nach Prinzipien geordnetes Ganze der Erkenntnis sein soll, heißt Wissenschaft." Er war überzeugt, dass die menschliche Vernunft „ihrer Natur nach architektonisch" sei und somit „alle Erkenntnisse als gehörig zu einem möglichen System" betrachtet werden müssen (Kant 1924, S. 557). Wissenschaft ohne Systembildung könne es nicht geben.

Das war nicht neu, aber mit seinen weiteren Ausführungen zu diesem Begriff und vor dem Hintergrund seiner „Kritik der reinen Vernunft" wertete das den Begriff der Wissenschaft in allen „Humanities" auf. Die Frage, wie die Rechtsgelehrtheit zu einer Rechtswissenschaft und wie für diese, statt lediglich einer Lehrbuchordnung, eine innere architektonische Struktur entwickelt werden könne, erhielt neue Aktualität, und Kants Ausführungen zeigten dazu die Kriterien auf.

Die Jurisprudenz blieb also nicht unberührt von diesen Ausführungen Kants. Der Rechtsgelehrte Anselm von Feuerbach (1775–1833), der Vater des Philosophen und Religionskritikers Ludwig Feuerbach, widmete sich insbesondere dem Strafrecht und machte sich die Systematisierung dieses Faches zur Aufgabe: Wolle die Strafrechtslehre eine Wissenschaft sein, so müsse sie durch die „Richtigkeit, genaue Bestimmtheit, scharfe Präzision, lichtvolle Klarheit der rechtlichen Begriffe" den „inneren Zusammenhang der Rechtssätze" erhellen und den gesamten Rechtsstoff zu „einem organisierten, mit sich selbst in allen seinen Teilen zusammenstimmenden Ganzen" bilden (zit. nach Pawlik 2012, S. 4). Weitere Rechtsgelehrte wie Heinrich Luden oder Albert Berner (1818–1907) formulierten ähnliche Ideen. Zu nennen wären außerdem Adolf Merkel (1836–1896) und Karl Binding (1841–1920), die auch das Strafrecht ohne eine Systematisierung inklusive der Formulierung allgemeiner Prinzipien nicht als eine Wissenschaft ansehen mochten.

Allerdings wurden die naturrechtlichen Axiome damals schon nicht mehr als evident und akzeptabel angesehen. Mit Beginn des 19. Jahrhunderts war man sich immer bewusster geworden, dass es recht unterschiedliche Vorstellungen von der Natur des Menschen bei anderen Völkern und anderen Zeiten geben kann. Die Idee des positiv setzbaren Rechts hatte längst an Bedeutung gewonnen. Dieses schien auch eher für eine Systematisierung geeignet zu sein.

Ein anderer Zugang zu möglichen Axiomen war von Friedrich Carl von Savigny (1779–1861) vorbereitet worden. Er hatte eine „Historische Rechtsschule" begründet, in der man aus den historisch entstandenen Rechtsbegriffen und Rechtssätzen induktiv zu abstrakteren Prinzipien emporzusteigen versuchte.

Hier haben wir also eine Idee für die Genese der Grundannahmen explizit vor Augen, die in der Physik bei der Entwicklung physikalischer Theorien in der Regel realisiert ist (Abschn. 3.4). An die Stelle historisch entstandener Rechtssätze treten dort Aussagen über physikalische Phänomene. Hier wie dort stellen die Grundannahmen keine evidenten Einsichten dar, sondern fassen wahre physikalische Aussagen bzw. historisch entstandene Rechtssätze in gedanklicher

Verdichtung auf abstrakterer Ebene zusammen. Sie erhalten damit die Fähigkeit, neue Gesetze, ob physikalischer oder rechtlicher Art, zu generieren. Diese Form der Gewinnung von Grundannahmen ist besonders gut an eine Vorstellung von einer positiven Rechtssetzung angepasst, hat aber gegenüber der Physik ein großes Problem: Während man sich in der Physik auf Aussagen stützen kann, die erwiesenermaßen mit den Tatsachen übereinstimmen und somit wahr sind, sind Normen nur von Menschen gesetzt. Wesentlich ist auch, dass in der Physik die Beziehung zwischen Grundannahmen und nachprüfbaren Aussagen aufgrund der mathematischen Sprache viel strenger formuliert werden kann, als es die bisher immer noch unscharfe Sprache der Jurisprudenz zulässt.

Savignys bedeutendster Schüler und sein Nachfolger auf dem Berliner Lehrstuhl, Georg Friedrich Puchta (1798–1846), erkannte die Bedeutung eines axiomatisch-deduktiven Systems, verirrte sich aber bei dem Versuch, diese Idee in der Jurisprudenz weiterzuverfolgen, indem er den Knoten des Begründungsnetzes nicht Aussagen, sondern Begriffe zuordnete, aus denen dann Rechtssätze folgen sollten (Abschn. 4.3). Dieser Ansatz, später von Rudolf von Jhering (1818–1892) abwertend „Begriffsjurisprudenz" genannt, sorgte für viel Verwirrung und veranlasste bis in die 1880er Jahre eine große Anzahl von Streitschriften (z. B. Haferkamp 2004), die heute zur Rechtsgeschichte gehören.

Das Begründungsnetz von Hans Kelsen

Eine interessante Variante der Struktur eines Begründungsnetzes hat der Rechtswissenschaftler Hans Kelsen (1881–

1973) in seinem Werk *Reine Rechtslehre* (Kelsen 2008) entwickelt. Danach ist der Gegenstand der Rechtswissenschaft das gegebene gesetzte Recht. Sie hat sich allein mit dieser Struktur zu beschäftigen und nicht z. B. mit Fragen, aus welchen Motiven die Gesetze zustande gekommen sind oder worauf man bei zukünftigen Gesetzen zu achten habe, schon gar nicht mit Prinzipien, aus denen irgendwelche Rechtssätze folgen könnten. Mit solchen Aspekten hätten sich höchstens Rechtsphilosophen, Rechtssoziologen oder Rechtshistoriker zu befassen. Die Rechtswissenschaft aber hat das geltende Recht so zu sehen, wie die Naturwissenschaftler die Welt sehen: als ein Phänomen, das man von außen zu betrachten und nicht zu bewerten oder zu gestalten hat. Auch der Physiker fragt ja nicht danach, wie die Naturgesetze entstanden sind oder wie man sie besser machen könnte. Kelsens Position ist also in der Tat Rechtspositivismus pur, rein von aller „Ideologie", wie er es nennt.

Kelsen hat zur Zeit, in der er seine Gedanken zu seiner reinen Rechtslehre entwickelte, in Wien gelebt und hatte lose Kontakte zu dem sogenannten Wiener Kreis um Schlick, Neurath und Carnap. Diese hatten sich auf die Fahnen geschrieben, die Philosophie von allen vagen und „ideologischen" Begriffen zu befreien und als Grundlage nur empirische Aussagen und die Regeln des logischen Schließens anzuerkennen. Vermutlich wurde Kelsen von diesem Denken inspiriert und glaubte in der „Reinigung" der Jurisprudenz von allen Werturteilen und Zwecküberlegungen eine Schärfung des wissenschaftlichen Charakters zu sehen (vgl. auch Stadler 2001). Auch sein lebenslanges Ringen um eine Logik der Normen ist wohl aus den Kontakten mit dem logischen Empirismus zu erklären.

Kelsen legt den Fokus seiner Überlegungen allein auf die Struktur einer Rechtsordnung. So beschreibt er diese in *Reine Rechtslehre* auch als ein Begründungsnetz, aber in ganz anderer Weise. Ein möglicher logischer oder inhaltlicher Zusammenhang der Rechtssätze bzw. Normen wäre hier nicht relevant, vielmehr: Die einzelnen Normen „müssen durch einen besonderen Setzungsakt – der kein Denk-, sondern ein Willensakt ist – erzeugt werden" (Kelsen 2008, S. 75). Der Zusammenhang ergibt sich also hier durch Erzeugung bzw. Ermächtigung. Eine Rechtsnorm erzeugt durch ein geregeltes Verfahren eine andere Rechtsnorm und konstituiert damit ihre Geltung. So ergeben sich verschiedene Stufen von Rechtsnormen, die Normen höherer Stufen erzeugen die Normen niedrigerer Schichten. Diese Kaskade von Ermächtigungen muss natürlich irgendwann angefangen haben. Kelsen spricht deshalb von einer Grundnorm, die irgendwann einmal postuliert worden ist; diese kann aber heute nicht weiter hinterfragt werden. Bestimmend ist also nur das Erzeugungsverfahren der Normen, inhaltlich kann dieser Zusammenhang auf verschiedene Weise ausgefüllt werden.

Die Kelsen'sche reine Rechtslehre ist hier insofern von Interesse, weil sie zeigt, was für eine Rechtswissenschaft übrig bleibt, wenn man konsequent auf jeden überpositiven Gedanken verzichten will. In der Ausgrenzung aller solcher Überlegungen glaubte Kelsen, ein höheres Maß an Wissenschaftlichkeit zu erlangen, und spricht von einer Ausdifferenzierung, wie sie bei Reifung von Wissenschaften immer geschähe. Die gesamte Rechtswissenschaft würde zu einer sozialen Technik, wie Kelsen es selbst nennt, zu einer Kunde darüber, wie man Gesetze gleich welchen Inhalts in Geltung setzt und eventuell auftretende Fehler, die bei einem solchen Verfahren geschehen können, korrigiert.

Normen haben aber nicht nur die Eigenschaft zu gelten oder nicht, sie haben vor allem einen Inhalt. Man kann die Aversion von Kelsen gegenüber geistiger Akrobatik mit vagen philosophischen Begriffen teilen und sich trotzdem mit den Inhalten beschäftigen, aber nicht mit den „Inhalt der Inhalte", sondern mit der Möglichkeit ihrer Vernetzung. Dann steht man schon vor der Frage nach der Architektur des Rechtssystems und dem Zusammenhang der Bausteine. Die Ermächtigung ist eine Möglichkeit der Stiftung eines Zusammenhangs. Aber auch eine Begründung teleologischer Art, ja sogar eine Setzung lediglich aufgrund eines Gefühls der Konsequenz stellt eine solche dar. Wissenschaft lebt von Begründungen, von Denkakten.

Natürlich bleibt es nicht aus, dass bei solchen strukturellen Überlegungen auch der materielle Inhalt der Rechtssätze in den Blick gerät. Will man ein Denkgebäude nach einer vorgegebenen Struktur errichten, so kommt man nicht umhin, die Bausteine mit Bedeutung zu beladen. Warum sollte es nicht auch eine genuine Aufgabe einer Rechtswissenschaft sein, den Sinn einer Norm zu hinterfragen oder auch selbstständig Prinzipien für die Entwicklung von Normen zu formulieren? Kelsen scheint der Meinung zu sein, nur durch Ausschluss von allen ideologieverdächtigen Überlegungen könne die Jurisprudenz eine Wissenschaft werden. Diese Art von Sachlichkeit, die für die empirischen Wissenschaften selbstverständlich ist, müsse auch in einem Gebiet der Geisteswissenschaften zu fordern sein, damit man sie wirklich Wissenschaften nennen dürfe. Dabei treibt er den „Geist" gerade aus der Disziplin heraus, einen Geist, der für solche Gebiete menschlichen Nachdenkens gerade das Eigentliche, Spezifische und Interessante ist. Die Gefahr, dass es ein „Ungeist" sein könne, und die Tatsache, dass es einen solchen auch schon gegeben hat, rechtfertigen ja nicht diese Abstinenz. Schließlich beschäftigt man sich in der Physik auch nicht nur mit der Struktur des axiomatisch-deduktiven Systems. Erst die Aussagen und die Axiome machen die physikalischen Theorien aus.

Die Idee des axiomatisch-deduktiven Systems in heutiger Zeit

Zu bemerken ist, dass die Frage nach der Systematisierung bzw. Wissenschaftlichkeit der Rechtsdogmatik in vielen Ländern wie in Frankreich und den angloamerikanischen Staaten keine große Rolle gespielt hat und auch heute kaum ein Thema ist. Dabei könnte das Vorbild Euklids und der Newton'schen Theorie doch überall gewirkt haben. Vermutlich liegt es an der Rezeption dieser Theorie und ihrer Methode durch deutsche Philosophen wie Leibniz, Wolff und Kant, die wie ein „Brandbeschleuniger" die Idee der Axiomatisierung in die Philosophie und damit in die Rechtsphilosophie des deutschsprachigen Raumes brachte. Allerdings wirkte dieser „Beschleuniger" nicht nachhaltig, sodass heute – um im Bild zu bleiben – der Brand „nur schwelt". Viele haben angesichts der Größe der Aufgabe längst resigniert, insbesondere aber weil sie glaubten, es ging um die Axiomatisierung des geltenden Rechts, das ja stets durch die parlamentarische Arbeit verändert und ergänzt wird, mehr beeinflusst durch Lobbytätigkeiten als durch die Suche noch Kohärenz.

Einen Verzicht auf eine Suche nach Systematisierung kann es aber in einer Welt, die durch Wissenschaft geprägt ist und in der immer mehr Bürger wissenschaftliche Maßstäbe kennen und schätzen gelernt haben, nicht geben. Ein Gefühl der Willkür und der Ohnmacht gegenüber staatlichen Eingriffen wäre Gift für eine Demokratie.

Aus neuerer Zeit ist das Werk *Rechtsdogmatik als Wissenschaft* von Jan C. Schuhr (2006) zu nennen. Hier stehen die Theorien der Mathematik und Physik besonders deutlich als Vorbild im Hintergrund. Er kommt zu dem Schluss, dass die Rechtswissenschaft axiomatisch-deduktive Theorien bilden kann; ihre Tätigkeit drückt sich dabei in der Ausarbeitung und Überprüfung solcher rechtlicher Theorien aus. Ihr Gegenstand ist also nicht das geltende Recht. Im Idealfall enthält das geltende Recht aber eine Realisierung rechtlicher Theorien.

Er unterwirft sich allerdings dem Diktum, dass die Aussagen einer Wissenschaft die Eigenschaft haben müssen, wahr oder falsch sein zu können. Um diese Eigenschaft rechtlichen Aussagen zubilligen zu können und damit die Möglichkeit zu haben, die Wissenschaftlichkeit der Jurisprudenz zu retten, führt er einen neuen Wahrheitsbegriff ein. Auch wenn mich diese Lösung nicht überzeugt, finden sich in seinem Werk die bisher konkretesten und grundlegendsten Überlegungen zum Thema der Axiomatisierung der Rechtsdogmatik sowie zu der Frage, ob diese als Wissenschaft im üblichen Sinne anzusehen ist.

Das Strafrecht scheint besonders geeignet dafür zu sein, einem Gebiet der Jurisprudenz den Charakter eines axiomatisch-deduktiven Systems zu geben. Joachim Hruschka (geb. 1935) beklagt, dass in den Lehrbüchern des Strafrechts der

„allgemeine Teil an vielen Stellen zu einer bloßen Ansammlung von zufällig aufgegriffenen und damit isolierten Einzelfällen" wird (Hruschka 1988), der volle Begriff einer Straftat nicht transparent gemacht wird und wichtige Aspekte wie die Irrtumsproblematik erst in einem ganz anderen Kontext behandelt werden. Er versucht dagegen, in einem systematisch konstruierten Satz von Rechtsfällen inklusive ihrer Lösung alle Aspekte darzulegen, die im Zusammenhang mit einer Straftat vorkommen können, und dabei Zusammenhänge und übergreifende Prinzipien aufzuzeigen.

Auch in *Das Unrecht des Bürgers* von Michael Pawlik (geb. 1965) klingt die Idee eines axiomatisch-deduktiven Systems an. Er sieht sein Werk als „Beitrag zur Begründung eines wissenschaftlichen Systems des Criminal-Rechts" (Pawlik 2012, S. 23). Er stellt das Axiom auf, dass ein jeder Bürger eines Staates die Pflicht hat, „an der Aufrechterhaltung des bestehenden Zustandes rechtlich verfasster Freiheitlichkeit" mitzuwirken. Ein Verbrechen ist dann eine Verletzung dieser Pflicht; es ist das Unrecht des Bürgers. Natürlich muss der Staat einen Widerstand gegen diese Pflichtverletzung aufbauen, er muss diese mit Kosten für den Täter verbinden. Das Ableisten der Strafe stellt die Begleichung der Kosten dar und wirkt als Vergeltung; durch die Strafandrohung werden die Kosten in Aussicht gestellt, sie kann die Funktion der Prävention haben. Pawlik zeigt auch auf, wie der Inhalt der Mitwirkungspflicht in konkreten Situationen genau geklärt werden kann und welche Voraussetzungen gelten müssen, damit das reale Verhalten des Täters als Pflichtverletzung anzusehen ist.

So arbeiten dennoch einige Rechtsdogmatiker an Entwürfen für eine Systematik bestimmter Rechtsgebiete. Aus der Geschichte der Wissenschaften hat man gelernt, dass man nicht den großen Wurf anstreben, sondern zunächst kleinere, eher überschaubare Gebiete ins Visier nehmen sollte. Hätte die Physik versucht, gleich eine vollständige Theorie selbst auch nur der makroskopischen Welt zu entwerfen, wäre sie wohl kläglich gescheitert und im Nebel der Naturphilosophie verharrt.

Schaut man aber heute in Lehrbüchern über Rechtsphilosophie nach Kapiteln über systematisches Denken in der Jurisprudenz, so wird keine Möglichkeit gesehen, eine Rechtstheorie nach dem Muster eines axiomatischdeduktiven Systems formulieren zu können, und damit wird auch die Frage, in welcher Form die Jurisprudenz ein Begründungsnetz ist, erst gar nicht gestellt. Eine typische Redeweise ist: „Das juristische Denken erschöpft sich nicht in logischen Deduktionen" (Zippelius 2007, S. 193). Als ob sich das physikalische Denken in der Mathematik erschöpfen würde. Die Einführung der Mathematik als Sprache der Physik durch Galilei war aber bahnbrechend für die gesamte Naturforschung (Abschn. 3.1).

In der Jurisprudenz wird bei solchen Diskussionen stets die Latte unnötig hoch gehängt. Man verlangt z. B., dass die Anzahl der Axiome sehr gering sein soll oder dass es eine vollständige Systematisierung geben muss. Dann aber wird mitunter auch davon gesprochen, dass das logisch-systematische Denken dafür „zu sorgen hat, dass sich die einzelnen Rechtssätze widerspruchsfrei zueinander fügen", dass eine teleologische Transparenz herrschen sollte; und es gibt viele andere richtige Anmerkungen zu dem Thema der Systematik (Zippelius 2007, S. 193), aber diese wirken eher alle als Appelle. Eine Rechtstheorie, die das Muster einer axiomatisch-deduktiven Theorie an die Gegebenheiten der Jurisprudenz anpasst, ist damit noch nicht Sicht. Sie sollte nicht unbedingt auf nur wenige Axiome oder Grundannahmen setzen, auch andere Beziehungen zwischen Rechtssätzen zulassen als nur logische im Sinne der Wahrheitswertinterpretation und nicht darauf aus sein, auch die letzten Verordnungen oder Erlasse noch in das System einzupassen.

4.2 Der Gegenstand einer Jurisprudenz

Geltendes Recht als Gegenstand einer Jurisprudenz?

Man könnte zunächst meinen, dass man das geltende Recht einer Gesellschaft als Gegenstand eines Begründungsnetzwerks ansehen kann. Dieses liegt ja vor, zwar nicht in wirklich „gegenständlicher" Form, aber in den Gedanken der Menschen und vollständig in codifizierter Form in den Texten wie dem Grundgesetz oder dem Bürgerlichen Gesetzbuch (BGB). Als solches kann es analysiert, interpretiert und auf Widersprüche abgeklopft werden. Man verschafft sich dadurch ein Wissen über einen von Menschen erdachten Gegenstand. Sätze in der Jurisprudenz sind dann Sätze über Normen und keine Normsätze, d. h. keine Sollenssätze.

Bei genauerer Betrachtung kann diese Sicht auf ein Rechtssystem aber nicht befriedigen. Zwar ist wohl in der Tat ein großer Teil der Arbeit von Rechtswissenschaftlern dem geltendem Recht gewidmet, und das mit Recht. Aber dieses allein nur im Fokus der wissenschaftlichen Neugier zu halten, scheint doch eine arge Beschränkung zu sein. Auch das Studium des geltenden Rechts anderer Gesellschaften im Vergleich mit dem des eigenen Staates zu studieren, macht die Sache nicht besser.

Zudem führt es in die Irre, geltendes Recht als Theorie anzusehen. Es ist ja historisch entstanden und wird ständig ergänzt und angepasst durch die gesetzgeberische Instanz des Staates. Der Jurist Julius von Kirchmann warf in seinem Vortrag, den er 1848 in der Juristischen Gesellschaft zu Berlin gehalten hat, dem Gesetzgeber „Schwanken und verunsichertes Experimentieren" vor und konstatierte: „Drei berichtigende Worte des Gesetzgebers und ganze Bibliotheken werden zu Makulatur" (Kirchmann 1848). Dass dabei eine in sich konsistente Begründungsstruktur entsteht bzw. beibehalten wird, ist nicht zu erwarten (vgl. auch Schuhr 2006, S. 39 ff.).

Der Gegenstand einer Rechtswissenschaft kann nur auf einer tieferen, abstrakten Ebene liegen. Das geltende Recht kann nur eine mehr oder weniger unvollkommene Realisierung bzw. Anwendung einer abstrakteren rechtlichen Theorie sein, wobei Realisierung hier „in Geltung setzen" heißt. Der Gegenstand einer Rechtswissenschaft ist eben das Recht selbst, und ihre Aufgabe ist es u. a. auch, rechtliche Theorien zu formulieren, auszubauen und zu kritisieren (vgl. auch Schuhr 2006). Für jemanden, der wie Schuhr mit mathematischen und physikalischen Theorien etwas vertraut ist, ist diese Trennung von Rechtstheorien und geltendem Recht naheliegend.

Das Recht als Gegenstand einer Jurisprudenz

Was ist nun das Recht selbst? Es ist eine gedanklich konstruierte Menge von Rechtssätzen, also Normen bzw. Sollenssätzen, die sich auf das menschliche Handeln beziehen. Eine rechtliche Theorie beschränkt sich in der Regel auf einen bestimmten Ausschnitt des menschlichen Handelns und stellt ein System von Rechtssätzen dar, so wie eine mathematische Theorie ein System von Aussagen über bestimmte mathematische Strukturen ist. So wie es in der Mathematik verschiedene Strukturen gibt, können auch verschiedene rechtliche Theorien konstruiert werden. Rechtliche Theorien sind für die Welt des „Sollens" zuständig, so wie es physikalische (allgemein naturwissenschaftliche) Theorien für die Welt des „Seins" sind. Der große Unterschied ist allerdings, dass es nur eine einzige Welt des „Seins" gibt, die uns vorgegeben ist, während verschiedene Welten des „Sollens" von uns konstruiert werden können.

Der Unterschied zu einer empirischen Wissenschaft ist also der, dass man in der Jurisprudenz nicht etwas Vorgegebenes untersucht und darüber Theorien entwickelt, sondern dass man hier mit einer Theorie etwas gestaltet und damit vorgibt.

Der Unterschied wird auch deutlich, wenn man fragt: Was will man denn studieren? In den Naturwissenschaften ist es die Natur, und man will Regelmäßigkeiten in der Natur sowie ihre Beziehungen zueinander entdecken. Mit einem Rechtssystem will den Menschen Rechte einräumen und Pflichten bezüglich ihres Handelns auflegen, damit diese alle so gut wie möglich gemäß bestimmter Wertvorstellungen in einer Gemeinschaft zusammenleben können.

Rechtliche Theorien beziehen sich dann auf das Verhalten in bestimmten Lebensbereichen, so wie sich physikalische Theorien aus dem Studium eines Kreises bestimmter Phänomene ergeben. Eine Rechtsordnung ist dann eine Gesamtheit von rechtlichen Theorien. Ein Privatrecht hat das Zusammenleben der Rechtssubjekte, also der natürlichen und juristischen Personen, zu regeln. Man kann darunter auch solche Spezialitäten wie Handelsrecht oder Arbeitsrecht bilden. Ein Öffentliches Recht widmet sich den Beziehungen zwischen Rechtssubjekten und den Trägern staatlicher bzw. öffentlicher Gewalt. Ein Verfassungsrecht setzt Regeln für Bildung und Aufgaben der Staatsorgane. Ein Strafrecht schließlich bestimmt die Strafen, die über ein Rechtssubjekt verhängt werden, wenn es bestimmte Gebote nicht befolgt oder Verbote übertritt. Dabei gibt es auch Überlappungen bei Handlungen, für die mehrere Rechtstheorien zuständig sind.

Mit der Zuordnung, dass der Gegenstand einer rechtlichen Theorie ein zu gestaltendes Recht ist, hat man auch gleich ein Problem gelöst: Manche Rechtstheoretiker zählen nämlich zum aristotelischen Wissenschaftsbegriff auch noch die Unveränderlichkeit des Gegenstands und berufen sich dabei auf die Aussage von Aristoteles: „Der Gegenstand wissenschaftlicher Erkenntnis hat also den Charakter der Notwendigkeit" (Neumann 2011a, S. 387). Die Existenz eines Rechts hat in der Tat den Charakter der Notwendigkeit, und das wird immer so sein, solange Menschen miteinander zurechtkommen müssen.

4.3   Begriffe

In jedem Wissensgebiet gibt es eine Anzahl von speziellen Begriffen, die teils explizit definiert, teils aus der Umgangssprache entnommen und präzisiert werden oder im Laufe der Zeit auf andere Weise ihre Bedeutung erlangt haben (Abschn. 2.1). In der Jurisprudenz werden die Begriffe oft in Form von Gesetzen oder innerhalb von Gesetzen eingeführt, z. B. in §§ 13, 14 BGB; 90 ff. BGB. Deshalb spricht man von Bestimmungen oder Legaldefinitionen. Mit der Wendung „im Sinne des Gesetzes" kann auch einem umgangssprachlichen Begriff eine präzisere Bedeutung gegeben werden; es können mitunter aber auch Dinge im Hinblick auf rechtliche Beziehungen unter einem Begriff subsumiert werden, die in der Umgangssprache begrifflich unterschieden werden. So sind z. B. Früchte im Sinne des Gesetzes §99 auch Erträge, die durch eine Sache oder ein Recht vermöge eines Rechtsverhältnisses zustande kommen.

Ich will mich im Folgenden mit einigen besonders zentralen Begriffen der Jurisprudenz beschäftigen.

Rechtliche Begriffe als Modelle

Begriffe in einer Wissenschaft werden oft als Modelle von wirklichen Dingen konstruiert. Am Beispiel des Begriffs eines materiellen Körpers in der klassischen Mechanik kann man das besonders anschaulich darstellen (Abschn. 3.2). Solch ein Körper kann höchst verschiedene Eigenschaften besitzen, u. a. eine Masse, eine Ausdehnung und damit eine bestimmte Form. Je nach Problemstellung sind aber manche Eigenschaften nicht relevant. Die Bahn eines Planeten

um die Sonne z. B. wird im Rahmen des Gravitationsgesetzes nur durch die Masse des Planeten bestimmt; seine
Ausdehnung und seine Rotation spielen dagegen keine Rolle. Damit genügt es für die Berechnung seiner Bahn, einen
Planeten durch ein Objekt zu modellieren, das eine Masse besitzt, aber keine Ausdehnung hat. Man nennt dieses
Modell Punktteilchen.

Will man andererseits z. B. auf der Erde die Effekte des
Umlaufs um die Sonne beschreiben, so werden natürlich
weitere Eigenschaften der Erde relevant: ihre Ausdehnung,
ihre Rotation und die Neigung der Rotationsachse. Diese
müssen mit ins Modell aufgenommen werden. Aber es gibt
dann immer noch Eigenschaften der Erde, die man weiterhin vernachlässigen kann, wie etwa den inneren Aufbau, die
genaue Topografie (Abweichung von der Kugelgestalt) und
ihr Magnetfeld.

Modelle sind also Skizzen (oder Idealisierungen) von
wirklichen Dingen, in denen nur solche charakteristischen
Züge berücksichtigt werden, die für eine Problemstellung
relevant sind. Sie sind gedankliche Konstruktionen, für die
es in der Wirklichkeit kein Gegenstück gibt oder nicht einmal geben kann. Durch diese Beschränkung auf die jeweils
relevanten Merkmale eines Dinges wird erst Theoriebildung
möglich.

Ähnlich sind manche rechtlichen Begriffe auch als Modelle zu sehen. Schuhr (2006) gibt dem Begriff des Modells
in der Rechtswissenschaft breiten Raum und sieht in dessen
Nützlichkeit eine zentrale Gemeinsamkeit von Natur- und
Rechtswissenschaft (vgl. auch Rüthers et al. 2015).

So ist der Begriff „Rechtssubjekt" ein Modell eines Menschen, in dem dieser als ein Subjekt mit Handlungsmöglich-

keiten, Rechten und Pflichten gesehen wird, die im Rahmen einer rechtlichen Theorie eine Rolle spielen sollen. Im Strafrecht wird dem Rechtssubjekt z. B. eine Schuldfähigkeit zugesprochen, im Handelsrecht spielen ganz andere Fähigkeiten eine Rolle.

Man kann auch Rechtssubjekte konstruieren, die nicht Modelle von einzelnen Menschen, also natürlichen Personen, sind. Organisationen wie Genossenschaften, GmbHs oder Aktiengesellschaften, sogar Staaten sind Rechtssubjekte mit einer eigenen Rechtsfähigkeit, die ihnen durch eine Rechtsordnung zu verleihen ist. Sie können dann durch eigene Organe rechtlich relevant handeln, haben Rechte und Pflichten. Dieses Beispiel zeigt, dass im Begriff des Rechtssubjekts lediglich eine bestimmte rechtlich relevante Einflussmöglichkeit modelliert wird, unabhängig davon, welcher Agent in Wirklichkeit dahintersteht, ob ein Mensch oder eine Organisation. Aus der Physik kennt man solche Erweiterungen eines Modells auch, z. B. im Begriff des Quasiteilchens.

Ein anderer zentraler Begriff in einer Rechtstheorie ist der „Tatbestand". Hier können verschiedene Modelle dazu dienen, eine reale Tat so abzubilden, dass nur die rechtlich relevanten Aspekte als Tatbestandsmerkmale eingefangen werden. Solche Aspekte, die bei einem Modell für eine Tat berücksichtigt werden müssen, sind z. B. Vorsatz, Fahrlässigkeit, Irrtum über Tatbestände oder Rechtmäßigkeit. Trotz Berücksichtigung vieler solcher Aspekte bleibt ein Tatbestand immer nur ein Modell, eine Skizze einer realen Tat bzw. eines in der Wirklichkeit stattfindenden Sachverhalts.

Einem geschehenen realen Sachverhalt einen oder gar mehrere Tatbestände zuzuordnen, ist eine typische Aufgabe eines Juristen in der Rechtsanwendung. Verschiedene Tatbestände, also Modelle für Sachverhalte, zu definieren und gegeneinander abzugrenzen, ist dagegen Aufgabe eines Rechtstheoretikers.

Ein weiterer zentraler Begriff scheint das „Recht" zu sein. Wir werden noch sehen, dass der Begriff „ein Recht auf etwas haben" präziser definierbar ist.

In zweiter Linie, aber durchaus auch prominent, stehen dann Begriffe wie „Eigentum", „Freizügigkeit", „Ehe" und „Familie". Man sieht in der Rechtswissenschaft besonders deutlich, wie Begriffe der Alltagswelt durch Präzisierung zu Fachbegriffen werden, und diese bedeutet fast immer auch eine Modellierung. Weitere Beispiele findet man in Schuhr (2006, S. 128 ff.).

Begriffsjurisprudenz: Ein falscher Begriff vom Begriff

Begriffe sind also „Denkwerkzeuge"; sie werden von Menschen gemacht. Wir haben das bei der Bildung des Begriffs „Rechtssubjekt" deutlich gesehen. Begriffe können weder falsch noch wahr sein, wohl aber mehr oder weniger nützlich oder klar (Abschn. 2.1). Eine Analyse von Begriffen kann nur analytische Wahrheiten aufdecken, also ein Wissen, das in den Begriffen schon enthalten ist, von den Begriffsbildnern dort „hineingesteckt" worden ist.

Georg Friedrich Puchta wollte aber in Begriffen mehr sehen. Er übernahm Anfang des 19. Jahrhunderts die induktiv-deduktive Methode seines Lehrers Savigny und entwickelte damit das, was man später despektierlich Begriffsjurisprudenz nannte (Abschn. 4.1). Bei dieser bilden Begriffe, nicht Aussagen, die Knoten eines Begründungsnetzes. Er spricht von einer Begriffspyramide, die man gewinnt, indem man aus einzelnen Rechtssätzen das Gemeinsame abstrahiert und dadurch aufsteigend zu Begriffen von wachsender Allgemeinheit geführt wird. Von den höchsten, abstraktesten Begriffen soll man dann streng logisch zu immer konkreteren und der Praxis näheren Begriffen herabsteigen können. Eine klare Trennung von Begriffen und Aussagen fehlt also. Das führt zu höchst absurden Konsequenzen, die dann auch insbesondere von Rudolf von Jhering (1980) weidlich ausgeschlachtet wurden.

Ein besonders treffendes Beispiel gibt Arthur Kaufmann (1923–2001): „Kennzeichnend für die Begriffsjurisprudenz [...] ist die Deduktion von Rechtssätzen aus bloßen Begriffen; z. B. wird aus dem Begriff ‚Juristische Person‘ die Folge abgeleitet, dass die juristische Person, weil ‚Person‘, beleidigungsfähig und strafempfänglich sei. Die Begriffe dienen als Erkenntnisquelle" (Kaufmann 2011, S. 116). In der Begriffsjurisprudenz ist also nicht verstanden worden, worauf sich eine Axiomatisierung beziehen kann: auf Aussagen und nicht auf Begriffe.

In der Begriffsjurisprudenz zeigt sich besonders schön, wie man „einen falschen Begriff vom Begriff des Begriffs" haben kann. Der Begriff „juristische Person" ist zunächst ein Modell, in dem man nur bestimmte rechtlich relevante Eigenschaften eines Menschen berücksichtigt. Man kann sich durch dieses Modell noch dazu inspirieren lassen, auch bestimmte Gesellschaften von Menschen unter diesem Begriff zu subsumieren, und so den heute üblichen Begriff „juristische Person" kreieren. Man hat diese Erweiterung offensichtlich so konstruiert, dass sie den gewünschten Zweck erfüllt.

Die Begriffsjurisprudenz aber ignoriert die Abstrahierung bei der Modellierung und folgert so, dass eine juristische Person auch beleidigungsfähig ist, weil es eine Person ist. Die Fähigkeit, beleidigt zu werden, ist aber gar nicht in dem Modell enthalten. Es müsste ja erst untersucht werden, ob das Modell bei Hinzunahme dieser Eigenschaft sinnvoll bleibt. Man kann nicht erst etwas nach bestimmten Gesichtspunkten konstruieren, dann diese Beschränkung auf diese Gesichtspunkte vergessen und sich schließlich zu einer Folgerung verleiten lassen. Es ist der gleiche Fehlschluss, dem man erliegt, wenn man einen Sachverhalt durch ein Bild veranschaulicht und irgendwelche bisher nicht in Betracht gezogene Aspekte des Bildes benutzt, um etwas Weitergehendes über den Sachverhalt zu folgern.

Ohne eine Hinzunahme der Beleidigungsfähigkeit in das Modell der Person erinnert diese Verirrung der Begriffsjurisprudenz an den Fehlschluss der vier Terme (*quaternio terminorum*; Abschn. 2.4): „Eine Person kann beleidigt werden. Eine Gesellschaft ist eine juristische Person. Also: Eine Gesellschaft kann beleidigt werden." Der Kundige erkennt hier die Begriffsverschiebung von der „Person" aus Fleisch und Blut auf ein Modell einer Person, das für Belange einer Wissenschaft konstruiert wird.

Präskriptive Formulierungen

Vorschriften für das Verhalten werden in den codifizierten Gesetzen auf vielfältige Weise formuliert. Gesetze müssen aber kein Stück Literatur sein, sie müssen vor allem eindeutig formuliert und leicht lesbar sein, d. h., man sollte auch immer den gleichen Ausdruck verwenden, wenn man das Gleiche meint.

Für Ausdrücke des Sollens ist das sehr einfach zu realisieren. In der Logik der Normen haben sich dafür Begriffe entwickelt, die aus der Umgangssprache bekannt sind und bei einem Leser keinen Zweifel an ihrer Bedeutung zulassen. Es sind die Begriffe „Es ist geboten" und „Es ist verboten" sowie ihre Negationen. Wie wir bald sehen, reichen eigentlich schon der Begriff „Es ist geboten" und die Negationen, die dabei auftreten können. Eine Handlung kann geboten, verboten und weder geboten noch verboten (keine Vorschrift = nichtpflichtig, frei von Pflichten) sein. In Abb. 4.1 sind diese drei Möglichkeiten dargestellt. In einem codifizierten Text werden natürlich nur Gebote und Verbote ausgesprochen, aber in einer rechtlichen Theorie ist der nichtpflichtige Fall zunächst immer auch erwähnenswert.

Man sieht an dem Bild auch leicht Folgendes: Ist eine Handlung nicht geboten, so kann sie entweder verboten oder nichtpflichtig sein; ist sie nicht verboten, so ist sie ent-

Abb. 4.1 Die drei Möglichkeiten einer Vorschrift für eine Handlung

weder geboten oder nichtpflichtig, in der Umgangssprache auch als „erlaubt" bezeichnet.

Manchmal wird in der juristischen Literatur über die Formulierung „Es ist alles erlaubt, was nicht gesetzlich verboten ist" diskutiert. Dabei wird erwähnt, dass dieser Satz von mehreren Seiten infrage gestellt wird, und die Einwände dagegen werden diskutiert. Das ist völlig unnötig, denn „erlaubt" wird in diesem Satz allgemein gefasst und nicht auch gesetzlich aufgefasst wie „verboten". In der Tat kann man in einer Gemeinschaft mit einem Moralcodex leben, in dem manches nicht erlaubt, was gesetzlich nicht verboten ist. An dieser Stelle zeigt sich wieder, welche Verwirrung man stiftet, wenn man implizit eine Bedeutungsverschiebung vornimmt und in die Falle des Fehlschlusses der vier Terme läuft. Die Formulierung „Es ist alles gesetzlich erlaubt, was nicht gesetzlich verboten ist" ist dagegen überflüssig, denn sie spricht nur aus, was man nach allgemeinem Sprachgebrauch unter „erlaubt" verstehen will.

Führt man für „es ist geboten" die Abkürzung G ein und bezeichnet man mit p das Ausführen einer Handlung p, so bedeute das Symbol Gp: Es ist geboten, die Handlung p auszuführen. Man braucht nun nur noch ein einziges weiteres Symbol aus der Aussagenlogik, nämlich die Negation ¬, um alle Vorschriften mit einer kurzen Symbolfolge eindeutig darzustellen:

- Gp: Es ist geboten, die Handlung p auszuführen.
- ¬Gp: Es ist nicht geboten, die Handlung p auszuführen.
- G¬p: Es ist geboten, die Handlung p nicht auszuführen, d. h., es ist verboten, die Handlung p auszuführen.
- ¬G¬p: Es ist nicht verboten, die Handlung p auszuführen. Es ist also erlaubt, die Handlung p auszuführen.

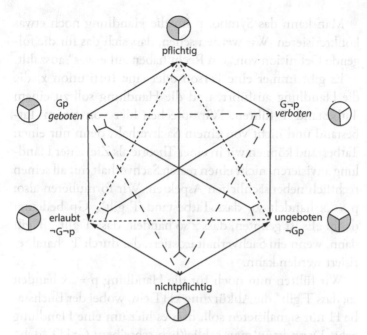

Abb. 4.2 Das deontische Sechseck. → = Implikation (was geboten ist, ist auch erlaubt), ⋈ = Kontravalenz bzw. kontradiktorischer Gegensatz (z. B. was nicht verboten ist, ist erlaubt), — — — — = Exklusion bzw. konträrer Gegensatz (z. B. Gebotensein und Verbotensein schließen sich aus), - - - - = Disjunktion oder subkonträrer Gegensatz (die Falschheit des einen impliziert die Wahrheit des anderen). (Nach Joerden 2010).

Will man ausdrücken, dass es keine Vorschrift für p gibt, so kann man sagen: Es ist weder geboten noch verboten, p auszuführen (nichtpflichtiger Fall: ¬Gp und ¬G¬p bzw. ¬Gp ∧ ¬G¬p).

Mit zwei Symbolen bzw. Abkürzungen kann man also alle Möglichkeiten für eine Vorschrift formulieren. In Abb. 4.2 sind diese mit ihren Beziehungen zu einander in dem sogenannten deontischen Sechseck dargestellt.

Man kann das Symbol p für die Handlung noch etwas konkretisieren. Wir werden sehen, dass sich das für die folgende Definition von „ein Recht haben auf etwas" auszahlt.

Es gibt immer eine Person oder eine Institution x, die die Handlung ausführt, und die Handlung soll zu einem Tatbestand T führen. Wir sprechen hier von einem Tatbestand und nicht von einem Sachverhalt, denn nur einen Tatbestand können wir in einer Theorie als Ziel einer Handlung anvisieren, nicht einen realen Sachverhalt mit all seinen rechtlich nebensächlichen Aspekten. Wir formulieren also: p = „x handelt so, dass Tatbestand T gilt", Gp bedeutet dann: „Es ist geboten, dass x so handelt, dass T gilt." T gilt dann, wenn ein Sachverhalt existiert, der durch T charakterisiert werden kann.

Wir führen nun noch für die Handlung p = „x handelt so, dass T gilt" die Abkürzung xHT ein, wobei der Buchstabe H nur signalisieren soll, dass es hier um eine Handlung geht. Dann kann man schließlich schreiben: GxHT, d. h., „Es ist geboten, dass x so handelt, dass T gilt." Wir können das auch kurz in Form von „x muss auf T hinwirken" sagen; im Zweifel gilt aber immer die ausführlichere Version. Die Symbolfolge G¬xHT bedeutet dann auch: „x darf nicht auf T hinwirken."

Der Begriff „Recht haben auf etwas" bei Stig Kanger

Gedankliche Arbeit an Begriffen kann zwar keine neuen Erkenntnisse befördern, wohl aber eine Klärung in verschiedener Hinsicht. Man kann sich um eine Abgrenzung gegenüber Nachbarbegriffen bemühen, nützliche Idealisierungen in Form von Modellen entwickeln oder aber auch verschiedene Bedeutungen klarstellen. Schließlich kann man noch die Vagheit eines Begriffs thematisieren, indem man so etwas wie „Begriffskern" und „Begriffshof" einführt.

Eine besonders vorbildhafte Begriffsklärung hat der schwedische Philosoph und Logiker Stig Kanger (1924–1988) für den Begriff „ein Recht haben auf etwas" erreicht, indem er zeigen konnte, dass es für diesen so zentralen Begriff genau 26 unterschiedliche Bedeutungen gibt. Ich möchte das hier vorstellen und beziehe mich dabei im Folgenden auf Morscher (2004a, 2009, S. 201–232).

„Recht haben" wird als eine dreistellige Relation zwischen einer Partei x, einer Partei y und einem Tatbestand T(x,y) angesehen: „x hat gegenüber y ein Recht auf T(x,y)." Dabei bedeuten die Argumente x,y im Symbol T(x,y), dass bei dem Tatbestand T Rechtsinhaber x und Rechtsadressat y eine Rolle spielen können. Nach Stig Kanger kann man nun das Recht von x gegenüber y dadurch erschöpfend beschreiben, indem man die Pflichten von x und y im Hinblick auf einen Tatbestand T und auf den Tatbestand ¬T (Nicht-T) formuliert, z. B. in der Form „Es ist geboten, dass x (oder y) so handelt, dass T(x,y) gilt".

Mit den oben eingeführten Abkürzungen kann man die Kanger'sche Formulierung auch als GxHT(x,y) schreiben. Geht es um ein Verbot für y, schreibt man G¬yHT(x,y). Es wird sich zeigen, dass die Abkürzungen nicht nur für die Gewinnung einer Übersicht von großem Nutzen sind, sondern auch als Symbole in einem Kalkül gedeutet werden können. Mit diesem kann man dann logische Verknüpfungen und

Schlüsse für deskriptive, präskriptive und handlungsbezogene Sätze beschreiben.

Will man in dieser Form z. B. ausdrücken, dass x ein Recht auf Leben gegenüber y, einem Arzt, hat, so würde man, mit $T(x,y) \equiv Lx := $ „x bleibt am Leben", schreiben: GyHLx, d. h., „Es ist geboten, dass y so handelt, dass x am Leben bleibt". Also: y muss darauf hinwirken, dass Lx gilt. Der Rechtsinhaber x hat somit einen Anspruch an y auf Lebenserhaltung. „Anspruch" ist also ein Rechtstyp. Er ist einer von vier Grundtypen (vgl. auch Legaldefinition in §194, Abs. 1 BGB).

Wir wollen die weiteren Grundtypen kennenlernen: Man kann z. B. formulieren: G¬yH¬Lx, d. h., „Es ist geboten, dass y nicht so handelt, dass x nicht am Leben bleibt". Der Rechtsadressat y darf also nicht darauf hinwirken, dass x stirbt. Der Rechtsinhaber x genießt durch das Tötungsverbot für y ein Recht vom Typ „Immunität" gegenüber y. Man kann einsehen, dass aus dem „Anspruch" die „Immunität" folgt, aber nicht aus der „Immunität" der „Anspruch".

Ehe wir dieses Beispiel weiterverfolgen, wollen wir den Vorteil der symbolischen Schreibweise für einen Rechtstyp hervorheben. Offensichtlich kann man, von GyHT durch Negation von G,y oder T, neue Rechtstypen definieren. Das ginge auch in rein verbaler Form, in der symbolischen Schreibweise, die ja eigentlich nur eine abkürzende ist, lassen sich aber die verschiedenen Möglichkeiten besser überblicken.

Es zeigt sich, dass solch ein Überblick am besten gelingt, wenn man neben den beiden schon definierten Grundtypen „Anspruch" und „Immunität", die sich an das Rechtssubjekt y richten, noch zwei weitere Grundtypen für Handlungen von x einführt: „Freiheit" und „Befugnis". Die vier Grundtypen sind also:

Die an Rechtsadressaten y gerichteten Gebote

1. Anspruch: $GyHT(x,y)$; es ist geboten, dass y so handelt, dass $T(x,y)$,
2. Immunität: $G\neg yH\neg T(x,y)$; es ist verboten, dass y so handelt, dass $\neg T(x,y)$,

und die Nicht-Gebote $\neg G$ für den Rechtsinhaber x

3. Freiheit: $\neg GxH\neg T(x,y)$; es ist nicht geboten, dass x so handelt, dass $\neg T(x,y)$,
4. Befugnis: $\neg G\neg xHT(x,y)$; es ist nicht verboten, dass x so handelt, dass $T(x,y)$.

Durch eine Negation bzw. nochmalige Negation des Tatbestands erhält man vier weitere Typen, die Contra-Typen, und durch die Negation bzw. nochmalige Negation der Gebotsvorschrift erhält man aus den acht Typen acht weitere Typen, die Non-Typen. So ergibt sich z. B. die Contra-Freiheit, $\neg GxHT(x,y)$, und die Non-Contra-Freiheit, $GxHT(x,y)$ (nicht zu verwechseln mit Anspruch, $GyHT(x,y)$).

Insgesamt gibt es somit 16 einfache Rechtstypen. Man könnte meinen, dass man weitere 16 einfache Rechtstypen bilden kann, indem man auch noch jeweils die Handlungsvorschrift negiert. Die Möglichkeit dieser Negation wird aber schon in der Liste der Grundtypen genutzt. Das führt also zu nichts Neuem; so ist $G\neg yH\neg T(x,y)$ der Immunitätstyp und $GyH\neg T(x,y)$ der Contra-Anspruchstyp.

Verknüpfungen solcher einfachen Rechtstypen durch ein logisches „und" sind nicht immer widerspruchsfrei. Bei genauer Analyse bleiben aber, wie Kanger gezeigt hat, insgesamt 26 sogenannte Vollrechtstypen mit unterschiedlichen Interpretationen, d. h. Vorschriften für das Handeln von x und y in Bezug auf T und auf ¬T, übrig. Diese Menge ist vollständig und disjunkt, d. h., bei gegebenem Tatbestand gibt es für alle möglichen Interpretationen eines Rechts einen Vollrechtstyp, und alle Vollrechtstypen unterscheiden sich in der Interpretation des Begriffs „ein Recht auf etwas haben".

Kangers Frau, Helle Kanger, hat in diesem Begriffsrahmen die Deklaration der Menschenrechte von 1948 analysiert (Kanger und Kanger 1972). Diese Normen liegen also nicht nur in der Umgangssprache eines jeden Landes vor, sondern auch in der universellen Sprache der Logik.

Beispiel: Das Recht auf Leben

Eine Formulierung für das Recht auf Leben könnte nach der Kanger'schen Methode wie folgt aussehen:

- Nennung des Tatbestands: $T(x,y)$ = „x bleibt am Leben".
- Nennung der Rechtspartner: 1) ein jeder Grundrechtsträger x, Rechtsinhaber, 2) Staat y.
- Pflichten für Rechtspartner x: Keine Pflicht für T, keine Pflicht für ¬T.
- Pflichten für Rechtspartner y: Verbot für T, Verbot für ¬T.

Auf diese Weise wird also genau und vollständig beschrieben, welche Rechte bzw. Pflichten die Rechtspartner haben. Verbindet man ein Verbot mit der Zahl −1, ein Gebot mit der Zahl 1 und eine Nichtpflichtigkeit mit 0, so kann man dieses Recht auch durch die vier Zahlen kennzeichnen, den Code (0,0; −1,−1), wobei das erste Paar von Zahlen für das Handeln von x, das zweite für das Handeln von y steht. Das ist das Grundgerüst dieses Rechts. Es ist sogar für eine digitale Datenerfassung in einer Datenbank gut geeignet.

Im Einzelnen: Dem Staat ist es verboten, auf T hinzuwirken. Der Staat ist kein Arzt und hat auch keine Sorgepflicht für den Einzelnen. (Ihm ist allerdings geboten, öffentliche Gefährdungen des Lebens zu beseitigen.) Auf ¬T hinzuwirken, ist dem Staat sicherlich verboten. Damit ist ein Abwehrrecht gegen staatlich organisierten Mord formuliert. Der Bürger x andererseits hat ein Selbstbestimmungsrecht im Hinblick auf T, d. h., es ist ihm weder geboten noch verboten, auf T bzw. auf ¬T hinzuwirken. Es liegt also ein negatives Abwehrrecht vor (genauer: Typ 5 nach Kanger).

Betrachten wir nun einen Schwerstkranken x und einen Arzt y als Rechtspartner:

- Nennung des Tatbestands: T(x,y) = „x bleibt am Leben".
- Nennung der Rechtspartner: 1) ein Schwerstkranker x, Rechtsinhaber, 2) ein Arzt y.

Nun gibt es sechs unterschiedliche Interpretationen des Rechts auf Leben, die sich darin unterscheiden, dass den Rechtspartnern verschiedene Handlungsvorschriften zugeordnet sind:

1. Sei x davon überzeugt, dass er und auch der Arzt y alles dafür tun müssen, dass T eintritt:

   - Pflichten für x: Gebot für T, Verbot für ¬T.
   - Pflichten für y: Gebot für T, Verbot für ¬T.

   Es liegt das Recht der Form (1,−1; 1,−1) vor (Kanger-Typ 3).

2. Es sei nun x nicht mehr geboten, sich am Leben zu halten, aber auch nicht verboten:

   - Pflichten für x: Keine Pflichten für T, Verbot für ¬T.
   - Pflichten für y: Gebot für T, Verbot für ¬T.

   Es liegt das Recht der Form (0,−1; 1,−1) vor (Kanger-Typ 6).

3. Nun sei auch noch der Arzt y von irgendwelchen Pflichten in Bezug auf T entbunden:

   - Pflichten für x: Keine Pflichten für T, Verbot für ¬T.
   - Pflichten für y: Keine Pflichten für T, Verbot für ¬T.

   Es liegt das Recht der Form (0,−1; 0,−1) vor (Kanger-Typ 4).

4. Dem Arzt y sind nun lebenserhaltende Maßnehmen verboten.

   - Pflichten für x: Keine Pflichten für T, Verbot für ¬T.
   - Pflichten für y: Verbot für T, Verbot für ¬T.

   Es liegt das Recht der Form (0,−1; −1,−1) vor (Kanger-Typ 8).

5. Nun ist es auch x nicht mehr verboten, auf ¬T hinzuwirken (Suizid erlaubt). Verboten sind dem Arzt y lebenserhaltende Maßnehmen:

- Pflichten für x: Keine Pflichten für T, keine Pflichten für ¬T.
- Pflichten für y: Verbot für T, Verbot für ¬T.

Es liegt das Recht der Form $(0,0; -1,-1)$ vor (Kanger-Typ 5).

6. Es ist nun auch y nicht mehr verboten, auf ¬T hinzuwirken (aktive Sterbehilfe). Verboten sind y lebenserhaltende Maßnehmen:

- Pflichten für x: Keine Pflichten für T, keine Pflichten für ¬T.
- Pflichten für y: Verbot für T, keine Pflichten für ¬T.

Es liegt das Recht der Form $(0,0; -1,0)$ vor (Kanger-Typ 16).

An diesem Beispiel sieht man sehr gut, was ein Tatbestand in der Kanger'schen Definition ist. Es ist zunächst das, worauf der Rechtsinhaber x ein Recht gegenüber dem Rechtsadressaten y nach diesem Gesetz hat. Hier ist es also „Der Rechtsinhaber bleibt am Leben". Es bleibt ein Spielraum für das Handeln, sodass unterschiedliche Wertvorstellungen zum Tragen kommen können. Die klare Übersicht über die verschiedenen Wege zu diesem Recht ist aber von großem Wert für eine Diskussion darüber, welche dieser Interpretationen in einer Rechtstheorie als gültig angesehen

werden soll. Der Gesetzgeber gibt dann vor, wie die Rechtspartner handeln sollen bzw. können, und zwar in Bezug auf
das, worauf der Rechtsinhaber ein Recht hat wie auf die Negation davon.

In Morscher (2004b) wird in der gleichen Form „das
Recht auf Arbeit", „das Recht auf Eigentum" und „das
Recht auf Privatheit" präzisiert, indem herausgearbeitet
wird, durch welche der 26 Vollrechtstypen diese beschrieben werden können.

Die Bedeutung der Kanger'schen Begriffsklärung

Was ist nun so bedeutsam an dieser Art einer Begriffsklärung? Man kann als Antwort darauf fünf Punkte anführen:

1. Kanger gibt zunächst eine wohl bestimmte Konstellation
   für ein Rechtsverhältnis vor:

   - zwei Rechtspartner,
   - Handlungen, die von jeweils einem der Partner ausge-
     hen, und
   - einen Tatbestand, der das Recht des Rechtsinhabers
     definiert.

   Ziel des Gesetzgebers ist es, dass die Rechtspartner in einer bestimmten Weise handeln und er benutzt die Gebote bzw. Verbote als Mittel dazu. In den Gesetzen des
   Privatrechts sind bei einer solchen Konstellation sowohl x
   wie y natürliche Personen die Rechtssubjekte. Beim Öffentlichen Recht ist dann x oder y ein Träger staatlicher

bzw. öffentlicher Gewalt, während im Verfassungsrecht dezidiert x wie y staatliche Organe sind. Im Strafrecht ist schließlich der Rechtsinhaber x der Staat, der die Strafe gegen einen Bürger verhängt, wenn dieser sich rechtswidrig verhalten hat.

2. Es gibt eine klare Trennung von der Konstellation der Rechtspartner, der Formulierung der Rechten und Pflichten sowie von der Beschreibung des Tatbestands. Diese Konstellation von zwei Rechtspartnern ist der einfachste Fall. Ähnlich lassen sich natürlich Fälle beschreiben, in denen mehr als zwei Rechtspartner involviert sind. In der Physik hat man auch zunächst nur Zweiteilchenprobleme behandelt.

3. Kanger findet aufgrund seiner Systematik vier Grundtypen des Rechts: Anspruch, Immunität, Freiheit, Befugnis. Anspruch und Freiheit werden auch in der Literatur der Jurisprudenz als subjektives Recht explizit eingeführt. Die Begriffe „Befugnis" und „Immunität" werden eher in anderen Zusammenhängen gebraucht. Offensichtlich bilden aber diese Grundtypen die Basis für alle weiteren Rechtstypen. Die staatsrechtliche Statuslehre definiert auch vier Rechtstypen:

- Der Status negativus entspricht der Immunität $(G \neg yH \ldots$; es ist verboten, dass der Staat y so handelt, dass $\ldots$); diese wird auch oft als Abwehrrecht gegen den Staat bezeichnet.

- Der Status positivus entspricht dem Anspruch $(GyH \ldots$; es ist geboten, das der Staat y so handelt, dass $\ldots$); diese wird als Schutz-, Leistungs- und Teilhaberecht bezeichnet, zu dem der Staat verpflichtet ist.

- Der Status activus entspricht der Befugnis ($\neg G\neg xH$ ...; es ist erlaubt, das der Bürger x so handelt, dass ...); diese ist das Teilnahme- und Gestaltungsrecht innerhalb der staatlichen Organisation.
- Der Status passivus entspricht der Non-Freiheit (GxH ...; es ist geboten, dass der Bürger x so handelt, dass ...); das sind die Pflichten des Bürgers gegenüber dem Staat (z. B. Steuern, Wehrpflicht, Ordnungspflichten).

Der Tatbestand $T(x,y)$ ist immer als Zustand oder als Handlung in einem Lebensbereich zu beschreiben; er entspricht dem „Rechtstatbestand" in der üblichen juristischen Literatur. Der entsprechende Lebensbereich wird auch oft Schutzbereich oder Geltungsbereich genannt.

4. Bei Kanger sieht man aber nicht nur diese vier Grundtypen sondern auch deren Contra- und Non-Versionen, und erst bestimmte Kombinationen von diesen allen ergeben einen Vollrechtstyp, der einem vollständig formuliertem „Recht haben auf etwas" entspricht. Mit jeder Festlegung auf einen der Vollrechtstypen ist für jeden Rechtspartner klar, welche Handlung ihm geboten, verboten oder erlaubt ist. Dass erlaubte Handlungen nicht explizit in codifizierter Form erwähnt werden müssen, ist hier nicht von Belang. Auch das Argument, dass man bei Gesetzen einen gewissen Spielraum gewähren sollte, sticht nicht, denn man sollte diesen Spielraum wenigstens kennen (s. obiges Beispiel des Rechts auf Leben). Die 26 Vollrechtstypen kann man im Hinblick auf die Pflichten des Rechtsadressaten wie folgt einteilen:

- Sechs allgemeine Abwehrrechte: Bei diesen gilt: Der Staat y darf nicht auf T und auch nicht auf ¬T hinwirken, Code (−1,−1) bezüglich y. Der Staat hat sich also bezüglich T herauszuhalten. Die Typen unterscheiden sich jeweils darin, wie x sich zu verhalten hat (Kanger-Typen 2, 5, 8, 15, 20, 24). In folgenden Beispielen immer: x = Bürger, y = Staat.

  Beispiel: T = „x bekennt sich zu einer bestimmten Weltanschauung, Art. Nr. 4, Abs. 1 GG".

- Zehn positive bzw. negative Abwehrrechte: Bei den fünf positiven gilt: Der Staat y darf nicht auf T hinwirken, muss sich aber bezüglich ¬T neutral verhalten (nichtpflichtig) (Code (−1,0), Kanger-Typen 10, 12, 16, 23, 25). Bei den fünf negativen sind T und ¬T vertauscht, (Code (0,−1), Kanger-Typen 4, 9, 17, 19, 21).

  Beispiel: T = „x leistet gegen sein Gewissen Kriegsdienst, siehe Art. 4, Abs. 3 GG".

- Sechs Leistungsrechte: Bei den drei positiven gilt: Der Staat y muss auf T hinwirken, darf aber nicht auf ¬T hinwirken (Code (1,−1), Kanger-Typen 3, 6, 7).

  Beispiel: T = „Einer Mutter wird Schutz gewährt, Art. 6, Abs. 4 GG".

  Bei den drei negativen sind T und ¬T vertauscht (Code (−1,1), Kanger-Typen 11, 13, 14).

- Vier nichtpflichtige Typen (1, 18, 22, 26). Bei diesen gilt: Der Staat ist sowohl bezüglich T als auch ¬T neutral (nichtpflichtig) (Code (0,0), Kanger-Typen 1, 18, 22, 26).

  Beispiel: T = „x reicht nach Art. 17 GG eine Petition ein".

5. Die Formulierung der verschiedenen Bedeutungen eines Rechts in der Sprache der Logik ermöglicht eine klare Übersicht darüber, ob eine bestimmte Interpretation vollständig definiert ist und wie sie sich gegen andere Interpretationen abgrenzt. In komplexeren Situationen ist der „gesunde Hausverstand" bald am Ende. Formales Schließen im Rahmen eines Kalküls sichert stets die logische Korrektheit. Die formale Schreibweise einer Norm ist übrigens auch ein Schritt in Richtung der Idee einer Mathesis universalis (Abschn. 1.3). Wie weit man da gehen kann, ist noch nicht abzusehen.

6. In dieser Begriffsklärung werden zentrale Begriffe der Jurisprudenz miteinander verknüpft: Es wird gezeigt, was eine Norm ist und welche Rolle die Rechtssubjekte x und y darin spielen. Das entspricht der Situation, in der ein Physiker erklärt, was eine physikalische Gleichung ist und welche Rolle z. B. bestimmte Punktteilchen darin spielen. Im ersten Fall besteht die Rolle darin, dass ein Rechtssubjekt ein Recht gegenüber dem anderen Rechtssubjekt hat, im Fall der Physik darin, dass die beiden Teilchen miteinander wechselwirken. In beiden Fällen ist es also eine Art Wechselwirkung. So wie man eine physikalische Wechselwirkung der beiden Teilchen in Form einer mathematischen Gleichung formulieren kann, lässt sich nun mit Kanger eine rechtliche Wechselwirkung der Rechtssubjekte in Form eines logischen Ausdrucks darstellen: hier also Punktteilchen und Aussagen über die Wechselwirkung in Form mathematischer Gleichungen, dort Rechtssubjekte und Aussagen über die Rechtsbeziehung in logischer Sprache.

In den Beispielen werden nun bestimmte Normen in dieser Form formuliert, also z. B. verschiedene Positionen für ein Recht auf Leben aus der Menge der 26 Vollrechtstypen. In einer Rechtstheorie wird man natürlich nur einen Vollrechtstyp bei gegebenem Tatbestand für „gültig" erklären. Wenn man sich für einen solchen entschieden hat, diesem also die Bewertung „gültig" zugeordnet hat, sind die anderen „nicht gültig". So kann in einer physikalischen Theorie auch nur eine bestimmte Grundgleichung für eine Wechselwirkung der Teilchen in einer physikalischen Theorie „wahr" sein. Alle anderen Aussagen widersprechen dann dieser Gleichung.

Die Parallele kann noch weitergezogen werden. In Abschn. 3.5 wurde gezeigt, welche Anregung die mathematische Sprache für weitere Hypothesen geben kann. Jeder Kalkül, ob mathematischer oder logischer, eröffnet eben ein größeres Blickfeld. So hat die abkürzende Schreibweise der Gebote, die sich in Abschn. 4.5 auch als Schreibweise einer Logik entpuppt, bei Kanger auch dazu geführt, dass man leicht alle möglichen Bedeutungen, die Contra- und Non-Contra-Versionen, eines „ein Recht haben auf etwas" überblicken und die konsistenten Kombinationen heraussuchen konnte.

Zum Schluss dieses Abschnitts noch eine Bemerkung: Man beachte, dass sich die Klärung auf „ein Recht haben auf etwas" erstreckt und nicht einfach auf ein „Recht" schlechthin. Und es werden auch gleich die Protagonisten x und y, d. h. ein Rechtsinhaber und ein Rechtsadressat genannt sowie ein Tatbestand T, auf den x ein Recht hat. Schließlich bezieht sich der Inhalt der Norm auf eine konkreten Zustand oder eine konkrete Handlung, nicht auf einen Bereich bzw. allgemeinen Schutzbereich. Somit sind die Normen für den Bürger auch besser verständlich. Substantive wie „Gerechtigkeit" oder „Geist" in der Welt der gedanklichen Konstruktionen sind notorisch vage und verführen zu nicht endenden Präzisierungsversuchen (vgl. Abschn. 2.1). Viel einfacher ist es, mit beobachtbaren Fähigkeiten bzw. Handlungen zu argumentieren, wie „denken", „handeln" oder „gebieten". In den Zehn Geboten heißt es ja auch: „Du sollst nicht begehren Deines Nächsten Weib" oder „Du sollst nicht stehlen" (vgl. auch Neumann 2011a, S. 393).

4.4 Normen

Naturrecht und positives Recht

Verhaltensvorschriften in Form von Prinzipien gab es schon, als man anfing, über das Recht nachzudenken. Da nach Aristoteles die Dinge der Welt ihre eigenen Ziele in sich tragen, kann man nach ihm das „rechte Recht" aus der Natur entnehmen, insbesondere aus der Natur des Menschen. Konkreter wurde die stoische Philosophie; für sie war der Gedanke eines universellen Prinzips zentral. Dieses war die Vernunft (Logos), die selbst in der Materie wirkt. So haben alle Dinge an der Vernunft teil; am stärksten zeigt sich diese bei den Menschen. Hier entsteht also auch schon die Idee, dass alle Menschen als gleich zu betrachten sind, insofern sie auch von der Vernunft Gebrauch machen. Die Sklaverei konnte dennoch gerechtfertigt werden, da die Sklaven „die Vernunft nur besaßen, aber nicht gebrauchten". Bei „rechtem Gebrauch" ist so die wahre Natur des Menschen zu erkennen und das Prinzip abzuleiten, nach dem man sich zu verhalten hat.

Aus diesen Ideen entwickelte später Marcus Tullius Cicero (106–43 v. Chr.) seine Rechtsphilosophie *De legibus*, die als Ursprung des Naturrechts gilt (Scattola 1999). Daraus folgt dann das menschliche Gesetz, da das Vernunftprinzip nicht nur die äußere Natur und die gesamte Weltordnung bestimmt, sondern auch die Seele des Menschen.

Durch Augustinus und Thomas von Aquin wurde später aus der Weltvernunft der christliche Gott, das Naturrecht somit religiös begründet; es wurde zum göttlichen Recht. Noch heute nimmt die römisch-katholische Kirche für sich in Anspruch, das Naturrecht authentisch auslegen zu können, weil sie sich im Besitz der Wahrheit über die Schöpfungsordnung wähnt. Das zeigt sich heute insbesondere in ihrem Eherecht.

Hugo Grotius (1583–1645) und Samuel von Pufendorf (1632–1694) haben mit dem aufkommenden Zeitalter der Aufklärung das Naturrecht säkular begründet. Grotius (1583–1645) erachtete das von ihm beschriebene Recht auch als dann gültig, „wenn man höchst frevelhafterweise annähme, es gäbe keinen Gott oder er würde sich um die Dinge der Menschen nicht kümmern" (nach Wesel 2010, S. 392). Thomas Hobbes (1588–1679) befasste sich auf der Basis des Naturrechts hauptsächlich mit Begründungen für die Allmacht des Staates und schloss daraus, dass „Die Machtvollkommenheit und nicht irgendeine Wahrheit bestimmt, was Gesetz ist" (nach Wesel 2010, S. 397).

Kant (1797) sieht in seiner Schrift „Metaphysische Anfangsgründe der Rechtslehre" (Teil der *Metaphysik der Sit-*

ten) nicht die Natur als fähig dazu, Gesetze zu begründen. Er setzt auf die praktische Vernunft und rückt den Frieden und die Freiheit beim menschlichen Zusammenleben in den Mittelpunkt. Das Ziel des Rechts ist nach ihm, „die Willkür des einen mit der Willkür des anderen nach einem allgemeinen Gesetz der Freiheit in Einklang zu bringen". Sein kategorischer Imperativ „Handle nur nach derjenigen Maxime, durch die du zugleich wollen kannst, dass sie ein allgemeines Gesetz werde" hat den gleichen Hintergrund: Alle Menschen haben die gleichen Rechte und Pflichten. Ziel und Zweck der Normen muss sein, dass dieses Prinzip verwirklicht wird.

Im 19. Jahrhundert gewann der Rechtspositivismus an Bedeutung, d. h. die Vorstellung, dass das Recht nicht aus der Natur des Menschen genügend klar entdeckt werden kann und deshalb von Menschen gesetzt werden muss (*positum* = gesetzt). Heute bestehen die Gesetzessammlungen in den westlichen Ländern vorwiegend aus positivem Recht.

Diese Vorherrschaft des positiven Rechts heißt aber nicht, dass man durch keinerlei Wertvorstellungen bei der Formulierung von Gesetzen beeinflusst ist und dass Prinzipien überflüssig werden. Schaut man z. B. in das Grundgesetz, so sieht man fast hinter jedem Gesetz eine Wertvorstellung und das Ziel, dieser zu genügen. Der teleologische Charakter ist somit fast immer vorhanden und durch grundsätzliche Wertvorstellungen begründet. Diese können zum Teil mit denen des Naturrechts übereinstimmen. Das heißt aber nicht, dass man eine Art Naturrecht durch die Hintertür wieder einführen muss (z. B. BVerfGE 10, 59). Indem man die Prinzipien nun als gesetzt betrachtet, entledigt man sich nur einiger Pseudobegründungen. Zu Zeiten von Aristoteles oder des frühen Mittelalters hätte man vielleicht gesagt: „Dem Weisen sind die Prinzipien unmittelbar einsichtig." Heute versuchen wir durch Überzeugungsarbeit, Zustimmung zu erlangen.

Bei einem positiven Recht, das nicht von irgendwelchen grundsätzlichen Wertvorstellungen ausginge, wäre man der Willkür des Gesetzgebers überlassen; das Rechtsgefühl, das jeder Mensch mehr oder weniger hat, könnte missachtet werden. Auch in der Praxis verlangt fast jeder Fall neben der Berücksichtigung des gegebenen Rechts eine Auslegung nach „richterlichen Ermessen". Jeder Richter muss also einen inneren Kompass haben, Prinzipien oder Einstellungen, die ihm mehr oder weniger klar bewusst sind. Rechtssicherheit und das Streben nach einer möglichst einheitlichen Rechtsprechung verlangen aber, dass solche Prinzipien bewusst gemacht und, wenn nötig, gegeneinander abgewogen werden.

Grundrechte

In einer Rechtstheorie sind die Grundannahmen oder ersten Prinzipien als Grundrechte zu bezeichnen. Die Grundrechte der deutschen Verfassung können in der Tat als erste Prinzipien der gesamten Rechtsordnung sowie deren erste Folgerungen bzw. Konkretisierungen angesehen werden.

Art. 1. ist so etwas wie eine Überschrift oder das „tragende Konstruktionsprinzip" der ganzen Gesetzgebung: die Verpflichtung zur Achtung und zum Schutz der Würde des Menschen, ein Bekenntnis zu den Menschenrechten und eine Aussage über die Funktion der folgenden Grundrechte in §§ 2–19: „Die nachfolgenden Grundrechte binden Gesetzgebung, vollziehende Gewalt und Rechtsprechung als unmittelbar geltendes Recht." Eine Änderung dieser Grundsätze von Art. 1 wird in der Gesetzgebung des Bundes in Art. 79, Abs. 3 untersagt.

Die Art. 1 nachfolgenden Prinzipien sind als nächste Schicht von Prinzipien bzw. Grundrechten zu sehen, die die elementaren Verfassungsgrundsätze ausmachen. Damit stellen die Grundrechte und die weiteren Gesetze des Grundgesetzes den inneren Kern der gesamten Rechtsordnung dar. Dass diese Gesetze in ihrer Gesamtheit wirklich ein Netz darstellen sollen, wird z. B. in BVerfGE 1, 14 [32 f.] klargestellt: „Eine einzelne Verfassungsbestimmung kann nicht isoliert betrachtet und allein aus sich heraus ausgelegt werden. Sie steht in einem Sinnzusammenhang mit den übrigen Vorschriften der Verfassung, die eine innere Einheit darstellt. Aus dem Gesamtinhalt der Verfassung ergeben sich gewisse verfassungsrechtliche Grundsätze und Grundentscheidungen, denen die einzelnen Verfassungsbestimmungen untergeordnet sind." Und weiter heißt es dort etwas später: „Daraus ergibt sich: Jede Verfassungsbestimmung muss so ausgelegt werden, dass sie mit jenen elementaren Verfassungsgrundsätzen des Verfassungsgebers vereinbar ist."

Das Grundgesetz kann also als ein Beispiel für eine zentrale rechtliche Theorie innerhalb einer Rechtsordnung angesehen werden und die Grundrechte wiederum als der zentrale Kern einer jeden solchen Theorie. Die Bedeutung der Grundrechte wird immer wieder betont, z. B. wird ihnen eine Drittwirkung (Ausdehnung auf ein Rechtsverhältnis zwischen Bürgern) zugesprochen, und zwar unmittelbarer Art, d. h. durch ein Gesetz (Art. 9, Abs. 3, Satz 2), oder mittelbarer Art, indem sie bei Fragen der Auslegung und Interpretation unbestimmter Rechte zurate gezogen werden müssen.

Somit kann man ohne Zweifel davon ausgehen, dass eine jede rechtliche Theorie ein Begründungsnetz sein kann. Die Grundrechte sind schon so etwas wie Axiome, die einerseits in Art. 1 noch einmal auf abstrakterer Ebene zusammengefasst werden, andererseits auf alle folgenden Vorschriften ausstrahlen sollen. In allen weiteren Vorschriften müssen also die Prinzipien der Grundrechte berücksichtigt werden, so z. B. die Gleichheit aller Menschen vor dem Gesetz, die Freiheit auf freie Entfaltung der Persönlichkeit oder die Freiheit von Fremdbestimmung.

Auch in Gesetzestexten, die sich einem speziellen Lebensbereich zuwenden, wie im Bürgerlichen Gesetzbuch (BGB) oder im Strafgesetzbuch(StGB) findet man rechtliche Grundsätze wie etwa „Keine Strafe ohne Gesetz". Diese und auch spezielle Begriffsbestimmungen sind oft in einem „Allgemeinen Teil" versammelt, z. B. im StGB in dem Kapitel „Grundlagen der Strafbarkeit".

Zu untersuchen wird allerdings sein, wie sich diese Art von Prinzipien von denen in der Physik unterscheiden und von welcher Art der Begründungsfluss sein kann, der von den ersten Prinzipien ausgehen kann.

Prinzipien, Schranken und Regeln

Grundlage aller Gesetze und Entscheidungen sind also die Prinzipien der Grundrechte. Es gibt auch andere übergeordnete Prinzipien, die in Gesetzen nicht explizit erscheinen, aber für die Verfassung des Staates bestimmend sind, z. B. das Autonomieprinzip (die grundsätzliche Freiheit von

Fremdbestimmung), das Prinzip der Rechtsstaatlichkeit, das Sozialstaatsprinzip, das Subsidiaritätsprinzip oder auch einfach das Verhältnismäßigkeitsprinzip.

Dass ein Prinzip aber nicht immer grenzenlos sein kann, lässt schon die Maxime von Immanuel Kant vermuten, nach der das Ziel des Rechts ist, „die Willkür des einen mit der Willkür des anderen nach einem allgemeinen Gesetz der Freiheit in Einklang zu bringen" (Kant 1797). Es wird also Prinzipien geben, die zwar „im Prinzip" bzw. „im Grunde" gelten, aber unter bestimmten Umständen eingeschränkt werden können.

In Art. 2 Abs. 1 des Grundgesetzes (GG) werden gleich drei solcher Schranken erwähnt (Schrankentrias): Jeder hat danach das Recht auf freie Entfaltung seiner Persönlichkeit, „soweit er nicht die Rechte anderer verletzt und nicht gegen die verfassungsmäßige Ordnung oder das Sittengesetz verstößt".

Nach Art. 2, Abs. 2 ist die Freiheit der Person unverletzlich. Aber im nächsten Satz heißt es: „In diese Rechte darf nur auf Grund eines Gesetzes eingegriffen werden." Hier wird also eine verfassungsmäßige Schranke, ein Gesetzesvorbehalt, eingerichtet. In Art. 104 ist dann formuliert, unter welchen Umständen der Staat das Recht hat, die Freiheit einer Person zu entziehen, und welche Rechtsgarantien diese Person dabei besitzt, d. h. auch, welche Schranken dem Staat wiederum dabei auferlegt sind. Solche Schranken für Einschränkungen von Grundrechten (Schranken-Schranken) sind in Art. 19 formuliert.

Auch in weniger prominenten Gesetzestexten findet man Prinzipien, z. B. wichtige Ermächtigungen und Pflichten des Staates wie in §152 der Strafprozessordnung (StPO):

(1) Zur Erhebung der öffentlichen Klage ist die Staatsanwaltschaft berufen.

(2) Sie ist, soweit nicht gesetzlich ein anderes bestimmt ist, verpflichtet, wegen aller verfolgbaren Straftaten einzuschreiten, sofern zureichende tatsächliche Anhaltspunkte vorliegen.

Diese Rechtssätze entspringen dem Legalitätsprinzip. Andererseits gibt es das sogenannte Opportunitätsprinzip, das die juristische Handlungsfreiheit sichert, indem es bei bestimmten Fällen die Verpflichtung der Strafverfolgung ins Ermessen der zuständigen Behörde setzt (vgl. z. B. §153 StPO).

Hier kollidiert bzw. konkurriert das Legalitätsprinzip mit dem Opportunitätsprinzip; das erste kann unter Umständen nicht zum Zuge kommen; die Entscheidung, ob die Umstände das rechtfertigen, liegt im Ermessen einer Behörde.

Prinzipien stellen aber immer „Optimierungsgebote" dar, also Normen, die nach Möglichkeit in hohen Maße realisiert sein sollen. Oft stehen sie, mittelbar oder unmittelbar, in einem „Spannungsverhältnis" zu anderen Prinzipien. Bei einer Kollision und bei Berücksichtigung einer Schranke bedarf es sorgfältiger Abwägung bei der Gewichtung der Prinzipien. Das Bundesverfassungsgericht ist hauptsächlich mit solchen Güterabwägungen beschäftigt.

Grundannahmen und Prinzipien in der Welt des Sollens sind somit von ganz anderer Natur als in der Welt des Seins. In letzterer nämlich gelten sie innerhalb eines Gültigkeitsbereichs der Theorie strikt. Dieser ganz andere Charakter der

Grundannahmen in der Jurisprudenz hat natürlich Folgen für das gesamte Gefüge einer Rechtstheorie.

Man kann nicht erwarten, dass aus den Grundannahmen letztlich alle weiteren präskriptiven Rechtssätze strikt ableitbar sind. Bildlich gesprochen, müssen sich verschiedene rechtliche Prinzipien, die für einen Sachverhalt relevant sind, auf einen Kompromiss einigen, während die physikalischen Prinzipien bzw. Grundannahmen „durchregieren" – Demokratie versus Diktatur in der Welt der Prinzipien also. Das entspricht dem Charakter eines demokratischen Rechtsstaates einerseits und der Eigenart der Natur andererseits.

Prinzipien sind von Regeln zu unterscheiden. Regeln sind Normen, die aus rein pragmatischen Gründen aufgestellt werden, also auf Entscheidungen basieren, die so oder so gefällt werden können und damit auf Prinzipien nicht zurückführbar sind. Sie regeln u. a. die Organisation der Staatsorgane, Behörden und Gerichte. Auch für die Entscheidung z. B., auf welcher Straßenseite man in der Regel mit dem Auto zu fahren hat, kann man schwerlich andere als pragmatische Gründe zurate ziehen. Oft sind in solchen Fällen historische oder politische Argumente maßgebend.

So wie Prinzipien kollidieren können, kann es auch vorkommen, dass Regeln miteinander in Konflikt geraten. Nach Alexy (1986) zeigt sich in der Art der Auflösung dieser Widersprüche der Unterschied zwischen Prinzipien und Regeln besonders deutlich.

Kann eine Regel mit anderen in Konflikt geraten, so müssen entsprechende Ausnahmeklauseln formuliert werden. Sind Ausnahmeregeln nicht formuliert, so muss im Falle eines Konflikts eine Regel für ungültig erklärt werden, oder es muss bestimmt werden, welche Regel Vorrang genießen soll. Nach welcher Regel das dann zu geschehen hat, muss wiederum geregelt werden. Besonders häufig kann ein Konflikt entstehen, wenn Gesetze von verschiedenen Gesetzgebern zur Anwendung gelangen können, die den gleichen Lebensbereich betreffen. „Bundesrecht bricht Landesrecht" ist dann z. B. eine Regelung.

Auch Regeln schränken das Spektrum von Handlungen der Menschen und ihrer Institutionen ein. Man kann deshalb, im weitesten Sinne, Vorhersagen machen, natürlich nur unter der Voraussetzung, dass rechtmäßig gehandelt wird. Das Zusammenleben wird somit durch die „Leitplanken" der Gebote und Verbote berechenbarer, und daraus entstehende Richtlinien erleichtern das Vorgehen z. B. bei der Organisation von Institutionen. Eine Rechtssicherheit regt auch die Mitarbeit des Bürgers am Gemeinwesen an.

Die Leitplanken sind es aber nicht alleine; die Offenlegung des Zwecks einer Norm und die Vernetzung der Aussagen durch einsichtige Begründungen geben dem Bürger auch die Chance, die Rechtssätze, die ihn betreffen, in einem großen Zusammenhang zu sehen und damit zu „verstehen". Er sieht sich nicht prinzipiell einer Willkür ausgesetzt.

Die Rechtssicherheit verlangt neben der Akzeptanz durch „Verstehen" aber auch eine Sanktionierung von Gesetzesüberschreitungen, also eine Vorkehrung für eine angemessene Wirkung der Prinzipien. Geschieht beides nicht genügend, wird sich die Lebenspraxis immer weiter von den Gesetzesvorgaben entfernen; Rechtsunsicherheit und eine „doppelte Moral" machen sich breit. Das kann so weit gehen, dass die vorgegebenen Gesetze bzw. Prämissen nicht mehr ernst genommen werden, wie man es z. B. von den Geboten der katholischen Kirche für das Sexualleben kennt.

Dieses Beispiel zeigt aber auch, dass Prämissen eine Geschichte haben; sie können veralten und der Lebenspraxis sowie den Einstellungen zum Leben fremd werden. Schaut man zurück, so entdeckt man viele Prämissen in früheren Rechtsordnungen, die man heute nicht mehr akzeptieren würde.

Wahrheit bei Normen?

Prinzipien und Normen kann man keinen Wahrheitswert zuordnen. Wahrheit bedeutet Übereinstimmung mit den Tatsachen, aber es gibt bei Normen keine Tatsachen. Man kann es zwar eine Tatsache nennen, wenn die Geltung einer Norm von einem Gesetzgeber verfügt wird, aber es gibt keine Tatsache in der Welt des „Seins", die mit der Aussage einer Norm in irgendeiner Art von Übereinstimmung gebracht werden kann. Für manche Wissenschaftstheoretiker in der Jurisprudenz stellt diese Situation erst einmal ein Problem dar. Logische Schlussfolgerungen schienen für viele notwendig mit einem Wahrheitswert der betrachteten Aussagen verknüpft zu sein. Die Logik könne somit höchstens in der Rechtsanwendung eine Rolle spielen (z. B. Neumann 2011b).

Das Problem würde sich noch verschärfen, wenn man mit Karl Popper argumentieren würde, dass Aussagen einer wissenschaftlichen Theorie falsifizierbar sein müssen. Wo es keine wahren Aussagen gibt, kann man auch nichts falsifizieren. Die Jurisprudenz würde damit von vornherein nicht dem Kreis der Wissenschaften angehören.

Manche Autoren versuchen deshalb, vorschreibenden Sätzen dennoch so etwas wie einen Wahrheitswert zuzuschreiben: Die vorschreibenden Sätze können z. B. unserem Rechtsgefühl entsprechen oder nicht. Manche Rechtsphilosophen wie Eike von Savigny (1967) oder Jan Schuhr (2006) versuchen, aus diesem Rechtsgefühl eine Kontrollinstanz zu machen, um eine Parallele zu den Tatsachen in empirischen Wissenschaften sehen zu können.

Eike von Savigny (1967, S. 7) stellt folgende Behauptung auf: „Das Rechtsgefühl (Werteevidenz, ethische Evidenz oder Intuition) teilt alle Eigenschaften der Beobachtungsevidenz, welche für die Rolle der Beobachtungsevidenz in den empirischen Wissenschaften wesentlich sind." Unter Beobachtungsevidenz versteht er „Einigung auf Argumente durch unwillkürliche Zustimmung", wie man es auch für die ethische Intuition und das Rechtsgefühl kennt. Insofern kann er sagen: „Die Irrationalität der Wertgefühle, die Erklärbarkeit ihrer Entstehung und ihre Bezweifelbarkeit werden von der Beobachtungsevidenz geteilt und bedeuten daher wegen der akzeptierten Erkenntnisrolle der Beobachtungsevidenz kein Argument gegen die Erkenntnisrolle der Wertgefühle" (Savigny 1967, S. 12).

Nun ist zwar nicht ausgeschlossen, dass die Wahrheit einer Aussage in einer empirischen Untersuchung „durch unwillkürliche Zustimmung" eingesehen werden kann, aber Zustimmung erfolgt heutzutage meistens erst nach akribischer statistischer Auswertung von Daten verschiedener Arbeitsgruppen und langen unabhängig voneinander geführten Diskussion über mögliche Fehlerquellen in der Argumentation. Und wie oft hat sich „unwillkürliche Zustimmung" als voreilig erwiesen? Werteevidenz und richtig verstandene Beobachtungsevidenz liegen hinsichtlich Sicherheit der Erkenntnis meilenweit auseinander.

Schuhr (2006) führt einen anderen erweiterten Wahrheitsbegriff ein: Eine Prämisse ist dann wahr, wenn sie mit der Meinung aller übereinstimmt. Er führt dabei als Argument u. a. unseren Sprachgebrauch an: Wenn wir eine Sollensaussage hören, die wir für selbstverständlich halten, sind wir geneigt zu sagen: „Ja, das ist wahr." Ich finde aber auch diesen Versuch, das Rechtsgefühl als Kontrollinstanz zu mobilisieren, als zu bemüht und nicht nachhaltig überzeugend.

Ulrich Klug (1913–1993) sieht auch „die Wahrheitsfrage bei Normen sinnvoll" gestellt, weil der jeweilige Normengeber die Normen als Sätze formuliert, die „darüber etwas aussagen, ob es wahr oder falsch ist, dass etwas geboten, verboten oder erlaubt ist" (Klug 1982, S. 201 ff.). Dann wäre also der Normengeber ein „Wahrmacher". Überlegt er es sich anders, könnte das, was vordem wahr ist, nun falsch werden. Der Normengeber ist also in Wirklichkeit nur ein „Gültigmacher". Man verwechselt hier wohl „wahr" und „falsch" mit „gültig" bzw. „nicht gültig".

Aussagenlogik mit Geltungsinterpretation

Die Tatsache, dass man so leicht bzw. unbewusst „wahr" und „gültig" fast synonym gebraucht, lässt vielleicht ahnen, dass die ausschließliche Belegung einer Aussage mit einem Wahrheitswert eine zu enge Sicht auf die Logik ist. Die Aussagenlogik lässt in der Tat jede dichotome Belegung einer Aussage zu, also statt „wahr" und „nicht wahr" z. B. auch „gültig" und „nicht gültig" (Abschn. 2.4).

Die Logik ist also nicht nur von Wahrheitswerten ein verlässlicher „Transporteur", sondern auch von anderen binären Eigenschaften, die man Aussagen zuordnen kann, z. B. „Geltung" und „Nichtgeltung" oder lediglich 1 und 0, wobei offen bleiben mag, was 1 und 0 bedeuten sollen. Alle Begriffe der Aussagenlogik, z. B. die Negation $\neg$ und Verknüpfungen wie $\wedge$ und $\rightarrow$, können unabhängig von solcher Interpretation definiert werden (Abschn. 2.4).

Insofern sind Versuche, Normen im Hinblick auf die Logik einen Wahrheitswert zuzubilligen, wie sie von Eike von Savigny oder Jan Schuhr gemacht worden sind, völlig unnötig. Alle Schlussfolgerungen sind unabhängig davon, ob man den Aussagen einen Wahrheitswert oder einen Geltungswert zuordnet. Da es uns um Rechtstheorien geht, soll „gültig" hier heißen: hypothetisch gültig. Die Axiome werden hypothetisch als „gültig" gesetzt; logisch abgeleitete Normen sind dann auch in dem Sinne gültig. In der Lebenswelt gültig wären sie, wenn die Rechtstheorie als Ganzes von einem Gesetzgeber in Geltung gesetzt würde.

Schauen wir uns in der Geltungsinterpretation den Modus ponens an (Abschn. 2.4). In der Umgangssprache würden wir wie folgt formulieren: Wenn die Norm A gilt und wenn stets dann, wenn A gilt, auch die Norm B gilt, so folgt, dass B gilt. Das ist eine Schlussfolgerung, die jeder sofort einsieht, ohne von einem Wahrheitswert reden zu müssen. In der Aussagenlogik schreiben wir diese als A, $A \rightarrow B \Rightarrow B$. Hier sei daran erinnert, dass das Symbol $\rightarrow$ für eine Verknüpfung zweier Aussagen in Form von „stets wenn ... dann" steht, also ein Symbol der Aussagenlogik ist. Das Symbol $\Rightarrow$ ist dagegen eine Abkürzung für die umgangssprachliche Redewendung „so folgt" und zeigt einen logischen Schluss an (Abschn. 2.4). Die Aussagen vor dem $\Rightarrow$-Zeichen, A, A $\rightarrow$ B, sind die Prämissen, B ist die Konklusion.

Bei der Konstruktion einer Rechtstheorie werden also bestimmte Normen als „gültig" gesetzt, z. B.: „Es ist verboten, dass der Arzt y so handelt, dass der Patient x nicht am Leben bleibt." Die Negationen solcher Normen sind dann „nicht gültig" gesetzt.

In einer Rechtstheorie hat man es nun immer sowohl mit deskriptiven Aussagen, die wahr oder falsch sein können, als auch mit präskriptiven Aussagen, also Normsätzen, die hypothetisch gültig oder nicht gültig sein sollen, zu tun. Mit dem Wert 1 für „wahr" bei deskriptiven Aussagen und für „hypothetisch gültig" bei präskriptiven Aussagen (sowie dem Wert 0 für die entsprechenden Negationen) hat man eine einheitliche Bewertung, die für die Konstruktion der Aussagenlogik für Aussagen wie für Normen ausreicht. Die Unterschiedlichkeit der Interpretation mag zunächst irritieren; die logische Struktur, die die Schlussfolgerungsmöglichkeiten bestimmt, ist aber die gleiche – ja, man kann sie sogar als dieselbe ansehen. Wer die Wertzuweisungen von 1 und 0 als zu abstrakt empfindet, kann dafür das Paar z. B. „sinnvoll" bzw. „nicht sinnvoll" einführen. Dann sei eine „sinnvolle" Aussage wahr, wenn sie deskriptiv, und hypothetisch gültig, wenn sie präskriptiv ist.

Das Problem der Formulierung von Gesetzen

Schaut man sich die Gesetze in bestehenden Gesetzestexten wie im GG oder BGB an, so stellt man allerdings fest, dass die Ziele bzw. Prinzipien, die zu dem Gesetz geführt haben, meistens nur zu erahnen sind und dass die Gesetze überdies oft nicht eindeutig formuliert und mitunter unverständlich sind. Das ist aber kein Phänomen der heutigen Zeit. Friedrich der Große hat schon 1780 kritisiert, dass die Gesetze „[...] größtentheils in einer Sprache geschrieben sind, welche diejenigen nicht verstehen, denen sie doch zu ihrer Richtschnur dienen sollen. Eben so ungereimt ist es, wenn man [...] Gesetze duldet, die durch ihre Dunkelheit und Zweydeutigkeit zu weitläuftigen Disputen der Rechtsgelehrtn Anlaß geben" (zit. nach BMJV 2015).

Treffender kann man es wohl nicht sagen. Auch heute noch hört man eine solche Kritik. Berüchtigt ist z. B. § 13 StGB:

(1) Wer es unterläßt, einen Erfolg abzuwenden, der zum Tatbestand eines Strafgesetzes gehört, ist nach diesem Gesetz nur dann strafbar, wenn er rechtlich dafür einzustehen hat, daß der Erfolg nicht eintritt, und wenn das Unterlassen der Verwirklichung des gesetzlichen Tatbestandes durch ein Tun entspricht.

Oder § 166 BGB:

(1) Soweit die rechtlichen Folgen einer Willenserklärung durch Willensmängel oder durch die Kenntnis oder das Kennenmüssen gewisser Umstände beeinflusst werden, kommt nicht die Person des Vertretenen, sondern die des Vertreters in Betracht.

Viele Gesetze in unseren Gesetzestexten sind eben noch aus alter Zeit und nicht nur schwer verständlich, sondern auch in der Sprache früherer Zeiten formuliert. Pathos geht oft vor Klarheit. Man fühlt sich an die Klage erinnert, die Goethe im *Faust* seinen Mephisto sagen lässt: „Es erben sich Gesetz und Rechte wie eine ew'ge Krankheit fort." Dies gilt heute zumindest noch für ihre Formulierungen.

Aber man darf auf Besserung hoffen. Im Jahre 1966 wurde mit Unterstützung des damaligen Präsidenten des Deutschen Bundestages, Eugen Gerstenmaier, ein *„Redaktionsstab der Gesellschaft für deutsche Sprache beim Deutschen Bundestag"* eingerichtet. Das Gesetzgebungsverfahren wird also heute durch eine Sprachberatung begleitet. Nach § 46 der Gemeinsamen Geschäftsordnung der Bundesministerien ist neben einer rechtssystematischen auch eine rechtsförmliche Prüfung vorgesehen: „Gesetzentwürfe sind grundsätzlich dem Redaktionsstab Rechtssprache zur Prüfung auf ihre sprachliche Richtigkeit und Verständlichkeit zuzuleiten." Es geht um „logische Textstrukturen, eindeutige Regelungen, einen übersichtlichen Satzbau, knappe und kohärente Formulierungen, eine einheitliche Terminologie, aussagekräftige Überschriften und eine treffende Wortwahl" (Roßmann 2014).

In dem *Handbuch für Rechtsförmlichkeit* des Bundesministeriums für Justiz und Verbraucherschutz ist eine große Anzahl von „Empfehlungen für das Formulieren von Rechtsvorschriften" aufgeführt. Diesen entnimmt man aber, dass nicht daran gedacht wird, eine „logische Textstruktur" entsprechend der Terminologie der modernen Logik zu empfehlen. Die Arbeit der Rechtslogiker wird total ignoriert. Im Einzelnen stellt man fest:

1. Das Partikel „oder" wird in der juristischen Fachsprache als „exklusives oder" verstanden, wie §439 BGB zeigt:

(1) Der Käufer kann als Nacherfüllung nach seiner Wahl die Beseitigung des Mangels oder die Lieferung einer mangelfreien Sache verlangen.

Will man das disjunktive „oder" zugrunde legen, muss man es explizit sagen, wie dies z. B. in § 3, Abs. 1 der Anlage 2 zu § 21 Luftverkehrs-Ordnung (LuftVO) geschieht:

Die folgenden, entweder gemeinsam oder einzeln gegebenen Signale bedeuten, dass ein Luftfahrzeug sich in einer schwierigen Lage befindet, die es zur Landung zwingt, jedoch keine sofortige Hilfeleistung erfordert: 1. wiederholtes Ein- und Ausschalten der Landescheinwerfer; 2. wiederholtes Ein- und Ausschalten der Positionslichter ...

Oder in § 12 des Miethöhegesetzes (MHG):

Der Erhöhungssatz ermäßigt sich [...] bei Wohnraum, bei dem die Zentralheizung oder das Bad oder beide Ausstattungsmerkmale fehlen.

Einfacher wäre es, mit dem Partikel „oder" immer das disjunktive „oder" zu meinen, wie in der Aussagenlogik auch, und im Falle des exklusiven „oder" mit der Klausel „entweder ... oder" zu arbeiten. Dass man diese auch benutzt, zeigt sich ja im obigen §3.

2. Bei der Bedingungsformel „wenn … dann" ist wohl immer das hinreichende „wenn" gemeint. In §56 f, Abs. 1, Satz 1, Nummer 1 des StGB heißt es:

Das Gericht widerruft die Strafaussetzung, wenn der Verurteilte 1. in der Bewährungszeit eine Straftat begeht und dadurch zeigt, dass die Erwartung, die der Strafaussetzung zugrunde lag, sich nicht erfüllt hat, […] 2. […]

Die Einsetzung eines „stets wenn" statt eines einfachen „wenn" würde das Gesetz für den Außenstehenden noch klarer werden lassen. Es könnte ja auch „nur wenn" oder „genau dann … wenn" gemeint sein. Der Unterschied zwischen einer notwendigen und hinreichenden Bedingung wird eben im Syllogismus nicht thematisiert.

3. Häufig wird der imperative Präsens benutzt wie z. B. „Die zuständige Behörde erteilt …, übersendet …". Das ist wohl ein Relikt aus dem Obrigkeitsdenken. Eine Sollensvorschrift sollte immer auch als eine solche formuliert werden. Allenfalls für die allerersten, unverhandelbaren Prinzipien ist vielleicht der hoheitliche imperative Präsens angebracht, z. B. „Die Würde des Menschen ist unantastbar".

Nun könnte man das alles für Quisquilien halten. Aber zusammen mit dem Duktus, in dem die meisten Gesetze formuliert sind, zeigt sich, dass man keinerlei einheitliche Terminologie für Normen und bedingte Folgerungen entwickelt hat und offensichtlich die „logische Textstruktur" ignoriert, die die zuständige Wissenschaft, die moderne Logik, seit mehr als einem Jahrhundert bereit stellt.

4.5   Begründungsformen

In Abschn. 2.4 wurden vier Begründungsformen vorgestellt, die in akademischen Disziplinen eine Rolle spielen. Es waren dies die Berufung auf eine Autorität, die teleologische Begründung, der Analogieschluss und schließlich die logische Begründung. Zu untersuchen ist nun, welche Rolle diese in der Jurisprudenz spielen. Die Berufung auf eine Autorität können wir gleich ausschließen, denn wir wollen ja das Recht als solches betrachten und uns nicht auf eine gegebene Rechtsordnung, eine herrschende Meinung in ihr oder auf andere Autoritäten berufen. Zunächst will ich mich aber mit der Implikation beschäftigen, weil sie das Zentrum einer jeden Begründung ist.

Die Bedeutung der Implikation für eine Theorie

Wenn es um Begründungen gehen soll, dann wollen wir ein Recht aus einem anderen folgern, z. B. in der Form „Es gelte B, weil A gilt" oder durch die Wendung „wenn A, dann B".

Zunächst muss man daran erinnern, dass diese Wendung nicht eindeutig ist: In der Aussagenlogik unterscheidet man genauer zwischen der Implikation „stets wenn A, dann B" $(A \rightarrow B)$ und der Replikation „nur wenn A, dann B" $(A \leftarrow B)$, also zwischen einer hinreichenden und einer notwendigen Bedingung (Abschn. 2.4). Wir wollen im Folgenden die Wendung „wenn A, dann B" immer als Implikation verstehen, also als $A \rightarrow B$.

Gesetzmäßigkeiten lassen sich als Implikationen ausdrücken. In der Physik entdecken wir Gesetzmäßigkeiten als strikte Regelmäßigkeiten und sprechen von einer Kausalität, von einem Naturgesetz: Stets wenn durch einen Draht ein Strom fließt (A = „Es fließt ein Strom durch einen Draht"), existiert ein Magnetfeld in der Umgebung des Drahtes (B = „Es existiert ein Magnetfeld in der Umgebung des Drahtes"). Es gilt also A → B. Wir können das prüfen, indem wir A realisieren (A wahr machen) und feststellen, dass B wahr ist. In der Theorie folgern wir das mit dem Modus ponens: Aus den wahren Prämissen A und A → B kann man im Rahmen der Aussagenlogik ableiten: B ist wahr. Natürlich redet normalerweise kein Physiker hier vom Modus ponens; die Überlegung vollzieht er automatisch, mit dem Hausverstand.

In gleicher Weise werden auch in der Jurisprudenz Implikationen A → B formuliert. Nur werden sie hier nicht gefunden, sondern gesetzt.

Schauen wir uns einige Beispiele an:

- Wenn eine Person einer anderen eine bewegliche Sache in der Absicht abnimmt, sich die Sache anzueignen, dann wird sie mit einer Freiheitsstrafe bis zu fünf Jahren oder mit Geldstrafe bestraft.
- Wenn alle Menschen vor dem Gesetz gleich sind, dann darf niemand wegen seines Geschlechts, seiner Abstammung [...] bevorzugt oder benachteiligt werden.
- Wenn ein Untertan den König beleidigt, dann wird er auf unbestimmte Zeit in den Kerker geworfen.

Hier wären alle „wenn" durch ein „stets wenn" zu ersetzen. Ein „nur wenn" wäre nicht richtig, da die Konklusion ja auch unter anderen Umständen gelten können soll.

Wichtig ist hier: Man kann alle möglichen Implikationen „setzen", wenn man nur die Macht dazu hat – solche Implikationen, die uns heute höchst unzivilisiert erscheinen, aber auch solche, die uns logisch vorkommen, wie beim zweiten Beispiel. Aber als logisch kann man diese Folgerung nicht bezeichnen, höchstens als konsequent, d. h., wir halten diese Folgerung heutzutage für inhaltlich richtig. Bis 1977 galt aber noch im BGB: „Will eine Frau ein Arbeitsverhältnis eingehen, so muss sie eine Erlaubnis ihres Mannes haben." Ob das den Kommentatoren des Gesetzes damals logisch vorkam?

Bei der Implikation spielt sich die Setzung des Rechts ab; hier entsteht das positive Recht. Das hat noch nichts mit Logik zu tun, es ist ja nur eine Verknüpfung von Aussagen, und unsere Wertvorstellungen entscheiden, wie sinnvoll diese Verknüpfungen für folgende logische Schlüsse sind. Bei solcher Überlegung unterstellen wir nämlich unbewusst, dass A wahr ist, und prüfen mit dem Modus ponens, ob wir auch B als wahr akzeptieren: $A \rightarrow B, A \Rightarrow B$.

Wenn ein Prinzip A im Laufe der Zeit „veralten" würde und nicht mehr als Rechtssatz in einer rechtlichen Theorie erschiene, so wäre hier auch der Modus-ponens-Schluss nicht mehr gültig, da es dann an einer wahren Prämisse fehlte. Die Implikation würde überflüssig, weil sie in einer Theorie nie aktiviert werden könnte.

Auch bei den Syllogismen, die alle Juristen in ihrer Ausbildung als eherne logische Schlussfolgerungen kennenlernen, spielen Implikationen die zentrale Rolle, obwohl man das auf den ersten Blick nicht sieht. Diese stecken in einer Prämisse, z. B. in „Alle Menschen sind sterblich". In der Sprache der Prädikatenlogik wird das deutlich (Abschn. 2.4): $\Lambda x \ (M(x) \rightarrow s(x))$, d. h.: „Für alle x gilt: Stets wenn x ein Mensch ist (d. h. M(x)), dann ist x sterblich (d. h. s(x)).“ Mit der zweiten Prämisse M(a), d. h., a (Sokrates) ist ein Mensch, folgt dann per Modus ponens der Schluss s(a), d. h., a ist sterblich.

Die Verknüpfung $A \rightarrow B$ muss also als sinnvolle Implikation akzeptiert werden, wenn sie überhaupt eine Chance auf Gültigkeit in einer Rechtstheorie haben will. Im Fall der Jurisprudenz heißt das konkret: Man betrachte zwei Normen A und B, die man als gültig ansehen möchte. Dann kann man, wenn man will, als weitere Aussage die Implikation einführen und diese als sinnvoll, also als hypothetisch gültig, akzeptieren. Damit hat man einen Zusammenhang zwischen A und B gestiftet, nämlich den, der besagt, dass stets wenn A gültig ist, auch B gültig ist. Überdies hat die Implikation eine ganz bestimmte Wahrheitstafel (Abschn. 2.4), die damit auch akzeptiert wird.

In der Physik kann man nicht so frei Implikationen stiften und selbst entscheiden, ob sie als sinnvoll akzeptiert werden können. Da steht die berühmte Widerständigkeit der Natur dagegen. Ich kann zwar formulieren: A = „Es fließt ein Strom durch einen Draht“, B = „In der Umgebung des Drahtes ist es neblig“. Das Experiment, in dem man A realisiert und B prüft, zeigt, dass nicht stets B der Fall ist. Dann ist also A wahr und B falsch und damit die Implikation falsch (Abschn. 2.4). Die Natur entscheidet hier darüber, ob die Implikation sinnvoll bzw. wahr ist.

Die Freiheit, im positiven Recht so unverblümt Implikationen stiften zu können, verblüfft einen Physiker zunächst (manche Nichtphysiker werden vielleicht nichts anderes kennen). Das positive Recht ist aber immerhin ein Fortschritt gegenüber dem Naturrecht. Dort wird ja behauptet, dass Implikationen für das Verhalten der Menschen z. B. aus seiner Natur ableitbar seien. Damit wird die Setzung nur auf ein undurchsichtiges Feld verschoben und dem Diskurs über sinnvolle Setzungen der zivilen Gesellschaft entzogen.

Implikation versus logischer Schluss

Der Modus ponens ist der einfachste logische Schluss, der auch jedem sofort einleuchtet. Er ist aber nicht deshalb ein korrekter logischer Schluss, weil er einem sofort einleuchtet.

Ein gültiger logischer Schluss $P \Rightarrow B$ liegt genau dann vor, wenn die Implikation $P \rightarrow B$ eine Tautologie, d. h. in jedem Fall wahr bzw. gültig ist (Abschn. 2.4). Hierbei ist P nicht ein einfacher Satz, der unabhängig von B wahr oder falsch sein kann, sondern die Verknüpfung aller Prämissen durch ein logisches „und". Beim Modus ponens ist z. B. $P = A \wedge (A \rightarrow B)$, und man sieht leicht, dass $(A \wedge (A \rightarrow B)) \rightarrow B$ eine Tautologie ist, d. h. für alle Wahrheitswerte von A bzw. B den Wahrheitswert „wahr" besitzt. Man sieht auch explizit, dass die Aussage B schon in den Prämissen auftaucht. Wie sollte sonst auf B geschlossen werden können?

Die Tatsache, dass die Aussage B bereits in der Implikation auftaucht, führt manche zu der Ansicht, dass ein solcher logischer Schluss zirkulär sei (Neumann 1986, S. 19 ff.). Die Aussage B ist aber selbst nicht unter den Prämissen vorhanden, lediglich die Verknüpfung $A \rightarrow B$. Die Konklusion B kann ja nicht plötzlich aus dem Nichts erscheinen, ihre Möglichkeit muss man über eine inhaltliche Überlegung einführen, indem man z. B. die Verknüpfung $A \rightarrow B$

als sinnvoll akzeptiert. Könnte denn der prominenteste logische Schluss der Aussagenlogik zirkulär sein, wobei diese doch auch Grundlage fast der gesamten Mathematik ist?

Hier sieht man übrigens den Vorteil der symbolischen Schreibweise; sie führt zu einer größeren Übersicht und verhindert gleichzeitig, auf dieser Ebene inhaltliche Überlegungen in die Diskussion einzubringen.

Die Forderung, dass die Implikation $P \rightarrow B$ eine Tautologie ist, ist das einzige Kriterium für einen gültigen logischen Schluss $P \Rightarrow B$. Leider wird auch in der juristischen Fachliteratur oft ein Schluss als falsch bezeichnet, wenn er dem Hausverstand nicht einleuchtet. Er kann trotzdem korrekt sein; dann ist es meistens eine Implikation, die in den Prämissen P vorkommt, gegen die sich der Hausverstand wehrt.

Als Beispiel für einen korrekten logischen Schluss, der dem Hausverstand nicht einleuchtet, sei der Modus ponens mit den beiden Prämissen „Herr X ist älter als 100 Jahre" und „Wenn jemand älter als 100 Jahre ist, dann ist es geboten, ihn mit dem Tode zu bestrafen". Der korrekte logische Schluss lautet dann: „Herr X ist mit dem Tode zu bestrafen." Er erscheint uns als unsinnig, weil schon die Implikation unsinnig ist. Er ist also formal korrekt, inhaltlich aber unsinnig. Das ist ja gerade der „Witz" der Logik, dass sie Gesetze des Denkens unabhängig von der Bedeutung der Sätze formuliert und diese Gesetze zu einem konsistenten axiomatisch-deduktiven System zusammenführt.

Als Beispiel für einen nicht (!) korrekten logischen Schluss, der dem Hausverstand nicht einleuchtet, sei folgende Argumentation vorgestellt: Kein Mensch darf lügen, x ist ein Mensch $\Rightarrow$ x lügt nicht.

Hier sieht auch jeder sofort ein, dass die Konklusion aufgrund der Prämissen nicht berechtigt ist. Das zeigt man auch leicht formal: Schreiben wir dazu die Argumentation ein wenig um. Sei

A' = Es ist geboten, dass ein Mensch nicht lügt,
B = x ist ein Mensch,
C = x lügt nicht,

dann ist die Argumentation darstellbar als: A', $B \Rightarrow C$, was offensichtlich keinen korrekten logischen Schluss darstellt, denn $A' \wedge B \rightarrow C$ kann keine Tautologie sein.

Beide hier betrachteten Schlüsse leuchten also dem Hausverstand nicht ein, der erste ist aber logisch korrekt, der zweite nicht.

Das erste Beispiel führt in der juristischen Literatur zur Behauptung, dass die „Verwendung des Implikators zur Darstellung der konditionalen Struktur der Rechtsnorm unangemessen sei" (Neumann 2011b, S. 305). Das Beispiel zeigt aber nur, dass eine Implikation nicht immer als sinnvoll bzw. angemessen im Rahmen einer Theorie zu akzeptieren ist. In einer Gesellschaft, in der niemand älter als 100 Jahre ist, spielt es keine Rolle, ob man die hier in Rede stehende Implikation als sinnvoll betrachtet. Es fehlt dann in jedem Fall im Modus ponens A, $A \rightarrow B \Rightarrow B$ an einer wahren Prämisse A: Es gibt keinen Herrn X, der älter als 100 Jahre ist. Ein eindeutiger logischer Schluss ist dann nicht möglich.

Das zweite Beispiel soll in einem Lehrbuch über Rechtstheorie deutlich machen, dass „sich aus Sollenssätzen auf logische Weise keine Aussage über Tatsachen ableiten lassen" (Rüthers et al. 2015, S. 129). Es wird dort weiterhin sogar von einer logischen Begründung für eine Unterscheidung von Seins- und Sollenssätzen gesprochen. Mit dem Beispiel wird aber gar nichts deutlich gemacht, schon gar nichts logisch begründet. Es ist einfach nur ein Fehlschluss.

Wir können den Schluss reparieren, indem wir noch einführen:

C' = Es ist geboten, dass x nicht lügt.

Dann können wir zunächst schließen: A', $B \Rightarrow C'$, d. h., wenn ein Mensch nicht lügen soll und x ein Mensch ist, so ist es geboten, dass x nicht lügt. Das leuchtet sofort ein und kann auch im Rahmen der Prädikatenlogik als ein korrekter Schluss erkannt werden (Abschn. 2.4). Dafür müssten die Prämissen aber etwas umgeschrieben werden.

Nun führen wir eine Annahme ein: $C' \rightarrow C$ ist eine sinnvolle Implikation, d. h., „Stets wenn es x geboten ist, nicht zu lügen, dann lügt x nicht". x ist dann also ein folgsamer Mensch.

Nun kann man mit dem Modus ponens schließen:

C', $C' \rightarrow C \Rightarrow C$.

Aus Sollenssätzen kann man also doch Tatsachen logisch ableiten. Voraussetzung ist allerdings, dass die Implikation $C' \rightarrow C$ wahr bzw. gültig ist.

Dass man zwischen Sein und Sollen grundsätzlich zu unterscheiden hat, bedeutet ja lediglich, dass man aus einem Sein zwangsläufig keinen Hinweis für ein Sollen bekommt und dass aus einem Sollen nicht zwangsläufig ein Sein folgt.

Unbeschadet davon aber gibt es die Möglichkeit solcher Setzungen wie „Wenn x nicht lügen darf, lügt er auch nicht" oder „Wenn x eine Rechtswidrigkeit begeht, soll er bestraft werden".

Implikationen sind also das Bindeglied zwischen Sein- und Sollenssätzen. Es kann nicht verboten sein, solche Implikationen zu setzen und dies auch so, dass man sie für eine Theorie akzeptieren und nutzen kann.

Die teleologische Begründung

Eine mögliche Motivation, einen Zusammenhang zwischen zwei Normen in Form der Implikationen A → B zu stiften, besteht dann, wenn man ein Ziel A vor Augen hat sowie eine Norm B, die das Verhalten der Menschen so leiten soll, dass das Ziel A erreicht wird. Man nennt das eine teleologische Begründung. Das Ziel A kann dabei als Norm bzw. Prinzip formuliert sein:

Wenn niemand wegen seines Geschlechtes, [...] seiner religiösen oder politischen Anschauungen bevorzugt oder benachteiligt werden darf (A), dann hat jeder das Recht, seine Meinung in Wort und Schrift [...] zu äußeren und zu verbreiten (B). Das Ziel A soll also erreicht werden, deshalb räumt man das Recht B ein.

Das Ziel A kann wiederum aufgrund eines „höheren" Zieles (A') als Folge in einer anderen Implikation auftreten:

Alle Menschen sollen vor dem Gesetz gleich sein (A') → niemand darf wegen seines Geschlechtes, [...] seiner religiösen oder politischen Anschauungen bevorzugt oder benachteiligt werden (A). Hier fördert das Verbot A die Erreichung des Zieles A'.

Ziele stehen also in dem System der Normen einer Rechtstheorie meistens auf einer höheren Ebene.

Mitunter erscheinen sie aber mit der gesetzten Folgerung in den Gesetzestexten gar nicht explizit wie z. B. die Grundlage des gesamten Strafrechts: Der Staat muss darauf hinwirken, dass die Rechte aller Bürger gewahrt bleiben → der Staat muss darauf hinwirken, dass Rechtswidrigkeiten bestraft werden. (Zumindest ist es herrschende Meinung, dass Strafen eine abschreckende Wirkung haben.)

Bei den Gesetzen im StGB ist diese Implikation eine der Voraussetzungen für eine Verhängung einer Strafe. Das Gesetz selbst ist dann nur eine Setzung des Strafmaßes bei der Rechtswidrigkeit, die sich aus dem Delikt ergibt.

Bei der Formulierung der Grundrechte der deutschen Verfassung haben sich die Ziele manchmal aus der Rechtsgeschichte ergeben. Das Habeas-corpus-Recht (Art. 2, Abs. 2, Satz 2) ist entstanden, um den Bürger vor willkürlicher Verhaftung durch den Staat zu schützen. Heute wird dem Bürger allgemeiner das Recht gegenüber dem Staat eingeräumt, dass dieser nicht so handelt, dass „die Freiheit der Person willkürlich verletzt wird". Es heißt aber lapidar im Gesetz: „Die Freiheit der Person ist unverletzlich. In diese Freiheit darf nur auf Grund eines Gesetzes eingegriffen werden."

Überlegungen zu den Begriffen von „Zweck" und „Ziel", auch unter dem Begriff „Teleologie" subsumiert, haben eine lange Geschichte. Aristoteles sprach von einer „causa finalis"; für ihn trugen sogar die Dinge dieser Welt ihr Ziel in sich. Der Zweck ihrer Bewegung lag darin, dieses Ziel zu erreichen. Ein materieller Körper auf der Erde hat so zum Ziel, die gestörte Ordnung wiederherzustellen, die nach

Aristoteles darin bestand, dass der Körper sich im Mittelpunkt der Erde befindet. Zu diesem Zweck fällt er auf die Erde (Abschn. 3.6).

In den Naturwissenschaften ist heute keine Rede mehr von einer Zweckursache; es führt zu keinerlei belastbaren Aussagen, wenn man unbelebter Materie Intentionen zubilligt und unterstellt, dass sie irgendwelche Ziele verfolgt. Anders ist das bei Menschen (und auch schon bei höheren Primaten). Aufgrund unserer Fähigkeit, zukünftige Prozesse zu antizipieren, richten wir unser Handeln in der Regel im Hinblick auf die Erreichung eines bestimmten Zieles aus, und mitunter ist uns sogar ein Recht dazu gegeben.

In der Jurisprudenz wird der Begriff des Zwecks Ende des 19. Jahrhunderts populär (z. B. Wischmeyer 2014). So schreibt der Rechtsphilosoph Rudolf von Jhering (1818–1892) in der Vorrede seines späten Hauptwerks *Der Zweck im Recht*, dass der Zweck „der Schöpfer des gesamten Rechts ist, dass es keinen Rechtssatz gibt, der nicht einem Zweck seinen Ursprung verdankt" (Jhering 1877, S. VI). Der Zweck des Rechtswesens sei insgesamt die Sicherung der Lebensbedingungen der Gesellschaft. Damit wurde er zum Begründer der Interessenjurisprudenz, die insbesondere von Philipp Heck (1858–1943) weiterentwickelt wurde. Die darauf aufsetzende Wertungsjurisprudenz berücksichtigt noch, dass diese Interessen erst nach einer Bewertung durch den Gesetzgeber in Normen einfließen werden. Dass es Interessenvertretungen gibt, weiß jeder, der einen kleinen Einblick in die Lobbyarbeit von Organisationen genossen hat. Selbstverständlich ist auch, dass es dabei Konflikte gibt und dass der Gesetzgeber die Aufgabe hat, die Interessen nach bestimmten transparenten Prinzipien auszugleichen.

Auch auf diese Weise kommen wieder Ziele zum Zug, die letztlich durch Wertvorstellungen motiviert sind.

Auch Ulrich Klug (1913–1993) spricht von einer teleologischen Bindung der Normen: „Jeder Gesetzgebungsakt [...] setzt, sofern er sinnvoll sein soll, voraus, dass er zweckmäßig ist." Die Entwicklung eines teleologischen Axiomensystems ist nach ihm Aufgabe der Rechtsphilosophie; er erwartet sogar, dass diese dadurch zu einer exakten Rechtsphilosophie wird (Klug 1982, S. 197). Ebenso geht John Rawls (1921–2002) davon aus, dass der Mensch seine gesellschaftliche Ordnung zweckorientiert gestalten will: „Von einem vernunftgeleiteten Menschen wird also wie üblich angenommen, daß er ein widerspruchsfreies System von Präferenzen bezüglich der ihm offenstehenden Möglichkeiten hat. Er bringt sie in eine Rangordnung nach ihrer Dienlichkeit für seine Zwecke" (Rawls 1979).

So wird heutzutage schon oft in einem Gesetzentwurf die Zielsetzung in einem ersten Kapitel „Problem und Ziel" oder „Zweck und Ziel des Gesetzes" angegeben, und bei verabschiedeten Gesetzen findet man diese Überlegungen häufig schon im ersten Paragrafen wieder. Mit dem Ziel ist immer auch der „Sinn" eines Gesetzes gemeint.

Da die Angabe eines Zieles so bedeutsam dafür ist, dass die gesetzte Implikation als sinnvoll angesehen werden kann, ist es natürlich erforderlich, dass nach Erlass des Gesetzes geprüft wird, inwieweit dieses Ziel erreicht wird. Eine solche Wirksamkeitsanalyse eines Gesetzes geschieht heutzutage noch nicht in systematischer Weise.

Dabei ist die Wirksamkeit ein Kriterium, das überprüfbar ist, wenn auch nicht in dem strengen Maße, wie dies in den Naturwissenschaften möglich ist. Hier also, nicht bei den Normen selbst, sondern bei den Implikationen, in denen die Normen durch Ziele motiviert werden, findet man eine Möglichkeit der Überprüfung und damit auch ein Maß für die „Güte" einer rechtlichen Theorie. Eine Theorie, in der fast alle Gesetze ihren Zweck erfüllen, ist besser als eine, in der viele ihr Ziel mehr oder weniger verfehlen. Es ist Aufgabe einer Wissenschaft, die Güte einer Theorie zu beurteilen, und wie in der Physik sollte es zu einer Verdrängung einer schlechteren Theorie durch eine bessere kommen können (Abschn. 3.6).

Der Streit um die Rolle der Logik in der Jurisprudenz

Die teleologisch inspirierte Implikation ergibt sich also aus inhaltlichen Überlegungen. Da ist „juristisches Denken" gefragt, von Logik noch keine Rede. Sind somit die Argumente, die viele Juristen im Streit um die Rolle der Logik ins Feld führen, vollauf berechtigt?

Die Situation gleicht jener in den Wirtschaftswissenschaften. Dort ist es die Rolle der Mathematik, über die gestritten wird. In beiden Fällen ist es zunächst wohl der formale Charakter dieser Wissenschaften, der die meisten abstößt, weil er völlig unnötig sei und vom inhaltlichen Denken ablenke. Goethe, in seiner Jugend auch zunächst als Anwalt tätig, lässt im *Faust* den Mephisto in das gleiche Horn stoßen: „Zwar ist es mit der Gedankenfabrik wie mit einem Weber-Meisterstück, [...], Das Erst wär so, das Zweite so, und drum Dritt und Vierte so, Und wenn das Erst und Zweit nicht wär, das Dritt und Viert wär nimmermehr. Das preisen die Schüler allerorten, sind aber keine Weber geworden."

Um „Weber" zu werden, reicht das Erlernen der Logik wirklich nicht. Für die meisten Juristen steht sogar fest, dass die Logik im juristischen Denken nur eine sehr untergeordnete Rolle spielt. Das, was logisch an einer Argumentation sei, lasse sich mit dem Hausverstand erledigen und vollziehe sich in den Gedanken „automatisch". Manche sprechen sogar von einer „natürlichen Logik", einer „Logik der Sprache", was immer das sein soll. Im Vordergrund des juristischen Denkens stehe die Analyse eines Sachverhalts und die Auswahl und Gewichtung der dabei infrage kommenden Gesetzesvorschriften bzw. Wertvorstellungen. Außerdem sei die Logik sowieso nicht anwendbar auf Normen, weil diese ja nicht wahr oder falsch sein können. Allenfalls spiele die Logik in der Rechtsanwendung eine gewisse Rolle. Dort habe es man ja mit wahren bzw. nichtwahren Aussagen zu tun.

Das Argument, dass die Denkgesetze der Logik nur auf Aussagen, die wahr oder falsch sein können, anwendbar sind, haben wir bereits in Abschn. 4.4 zurückgewiesen. Die anderen Argumente sind aber nicht so einfach von der Hand zu weisen und müssen genauer analysiert werden, um die Rolle der Logik in der Jurisprudenz klarer zu sehen.

Nun interessiert uns hier die Rechtsanwendung nicht so sehr wie die Rechtsfindung im Rahmen einer Rechtstheorie. Die Rechtsanwendung verhält sich ja zur Rechtstheorie wie die Technik zur theoretischen Physik. In der Rechtsanwendung und Technik werden jeweils Gesetze angewandt, die in rechtlichen Theorien gedanklich konstruiert bzw. in physikalischen Theorien formuliert worden sind. Man kann somit die Rechtsanwendung als soziale Technik sehen, in der bei gegebenem Sachverhalt nach den relevanten Gesetzen gesucht wird, so, wie man zur Lösung eines technischen Problems die relevanten physikalischen Gesetze finden muss.

In der Rechtsanwendung hat man es in der Tat auch mit wahren bzw. nichtwahren Aussagen zu tun, denn Aussagen über Sachverhalte haben auf jeden Fall einen Wahrheitswert, und auch die Antwort auf die Frage, ob dieser eine Rechtswidrigkeit darstellt, kann wahr oder falsch sein. Der Sachverhalt lässt sich zwar nicht immer eindeutig feststellen, aber prinzipiell gibt es ihn. So spielt bei der Subsumtion, der Suche nach den für einen Sachverhalt relevanten Gesetzen, die sogenannte logische Auslegung ebenfalls eine Rolle. Es sind sich auch alle einig, dass in der Rechtsanwendung logische Fehlschlüsse grundsätzlich nicht tragbar sind und bei Urteilsbegründungen Anlass für eine Revision darstellen. Eine Diskussion von juristisch relevanten Denkfehlern in der Rechtsanwendung findet sich z. B. bei Klug (1982, S. 155–173).

In der Ausbildung der Juristen werden somit durchaus logische Schlussfolgerungen studiert, allerdings in der Regel nur im Rahmen der aristotelischen Syllogismen. Dabei wäre eine Auseinandersetzung auch mit der modernen Logik, der Aussagen- und Prädikatenlogik, eine nützlichere Schulung. In der Tat, zweifellos bewirken Kenntnisse schon in der Aussagenlogik, dass man die Mehrdeutigkeit solcher umgangssprachlichen Partikel wie „oder" und „wenn … dann" erkennt (Abschn. 2.4) und damit umzugehen lernt. Der logisch geschulte Jurist wird auch wissen, wie ein logischer Schluss aussieht, und ein besonderes Gespür für Zirkelschlüsse haben sowie Widersprüche erkennen. Bei gedanklichen Sprüngen in der Argumentation wird er nach nicht erwähnten bzw. nicht bewussten Prämissen suchen und prüfen, ob diese denn akzeptiert werden können. Insbesondere wird er die Gefährlichkeit des „Fehlschlusses der vier Terme" kennen (Abschn. 2.4). Auch wird er zwischen einem konträren und kontradiktorischen Gegensatz zu unterscheiden wissen. Kurzum: Es gehört auch zum „guten Handwerk" eines Juristen, in einem halbwegs übersichtlichen Kontext logisch korrekt zu argumentieren bzw. logische Denkfehler schnell zu erkennen.

Der Analogieschluss und weitere klassische Schlüsse

Um einen Eindruck von einem Zusammenspiel von logischen und inhaltlichen Überlegungen zu bekommen, betrachten wir einige wichtige Argumentationsformen in der Rechtsanwendung, die logisch nicht korrekt, aber unter Umständen vertretbar sind. Dabei man kann sehr schön sehen, wo die Logik und wo das „juristische Denken" eine Rolle spielt. Denn hinter einer solchen Argumentation steht immer ein logisch korrekter Schluss; für die Berechtigung seiner Anwendung muss aber gesondert argumentiert werden, und zwar inhaltlich. Hier stimmt es also: Die wesentliche Arbeit eines Juristen besteht in dieser inhaltlichen Diskussion, logisches Denken erledigt der Hausverstand oder geschieht „automatisch". Aber es ist nützlich zu wissen, wo in dem Gang der Argumentation eine inhaltliche Diskussion notwendig wird und wo logische Regeln zum Tragen kommen.

1. Der Analogieschluss spielt in der Rechtsanwendung häufig eine Rolle. Die Anzahl der Rechtssätze eines Rechtswesens ist endlich, entsprechend die Anzahl der Tatbestände, auf die sich die Rechtssätze beziehen. Die Anzahl der möglichen Sachverhalte, also der „realen Tatbestände" beim Zusammenleben in einer Gesellschaft, ist aber praktisch unbeschränkt. So kommt es in der Rechtsanwendung häufig zu der Situation, dass es für einen vorliegenden Sachverhalt keinen Rechtssatz gibt, der sich für die Beurteilung direkt anbietet. Ist diese Lücke nicht vom Gesetzgeber aus bestimmten Gründen gewollt, muss man nach Tatbeständen Ausschau halten, für die ein Rechtssatz existiert und die dem vorliegenden Sachverhalt in rechtlich wesentlichen Punkten gleichen. Das Urteil über den vorliegenden Tatbestand kann dann in Analogie zu einem so gefundenen Rechtssatz gefällt und begründet werden.

Folge also gemäß eines Gesetzes aus einem Tatbestand T die Rechtsfolge R und möge ein Sachverhalt S unter den Tatbestand T fallen, sodass bei Vorliegen von S die Rechtsfolge R folgt. Nun liege aber der Sachverhalt S' vor, der S in vielen Punkten ähnelt. Will man aus diesem die Rechtsfolge R folgern, beginnt die genuin „juristische" Arbeit. Die Meinungen darüber, wann eine Vernachlässigung des Unterschieds zwischen S und S' und damit ein solcher Analogieschluss vertretbar ist, sind natürlich sehr verschieden, und es gibt ein ausgedehntes Schrifttum dazu (z. B. Klug 1982, S. 109 ff.). Auch der Fehlschluss der vier Terme (Abschn. 2.4) $S \rightarrow M, M' \rightarrow s \Rightarrow S \rightarrow s$ kann vertretbar sein, wenn man glaubt, begründen zu können, dass die Unterschiede von M und M′ in dem zu betrachtenden Fall nicht von rechtlichem Belang sind.

2. Auch der „Erst-recht-Schluss" kann nicht ohne eine juristische Überlegung als vertretbar gelten: Er beruht auf der Kenntnis einer logisch wahren Implikation $A \rightarrow B$, man hat aber als Bedingung eine Aussage A′ vorliegen, die A ähnelt. Man kann nun diskutieren, wie sich A und A′ unterscheiden und ob man gegebenenfalls auch den Schluss $A′, A′ \rightarrow B \Rightarrow B$ vertreten kann. Die Parallele zum Analogieschluss ist offensichtlich. In diesem Fall aber gibt es noch eine Relation zwischen A und A′, die zum Erst-recht-Charakter führen kann.

- Beispiel: A = „Der Zins des Darlehens beträgt 5 %", B = „Das Darlehen ist gesetzeskonform". Sei A′ = „Der Zins des Darlehens beträgt 3 %". Wenn man das Kriterium für eine Gesetzeskonformität kennt und ein Zins von 3 % dieses noch besser erfüllt als ein Zins von 5 %, so ist ein Zins von 3 % „erst recht" gesetzeskonform.

3. Beim Umkehrschluss wird der Unterschied zwischen den beiden Bedingungsformeln „nur wenn …dann" und „stets wenn … dann", also zwischen notwendiger und hinreichender Bedingung, relevant. Aus „Nur wenn A, dann B" folgt nämlich „stets wenn Nicht-A ($\neg A$), dann Nicht-B ($\neg B$)".

Das ist unmittelbar mit dem Hausverstand einsichtig. Nach Abschn. 2.4 ist das auch leicht formal zu zeigen: „Nur wenn A, dann B" bedeutet nämlich formal $A \leftarrow B$ oder auch $B \rightarrow A$. Hier wird nun klar, warum der Schluss

Umkehrschluss heißt: Aus B → A (aber nicht aus A → B) folgt umgekehrt logisch korrekt: ¬A → ¬B.

Wann immer also eine Situation vorliegt, in der man eine notwendige Bedingung formulieren kann, ist dieser Umkehrschluss logisch korrekt. Die juristische Arbeit liegt in der Prüfung, ob man die Situation wirklich in Form einer notwendigen Bedingung formulieren kann.

- Beispiel 1: In § 1601 BGB heißt es z. B.: „Verwandte in gerader Linie sind verpflichtet, einander Unterhalt zu gewähren." Der Rechtsanwender muss durch historische und teleologische Auslegung erschließen, dass Geschwister oder andere Verwandte hier mit Absicht nicht erwähnt sind und ein Analogieschluss somit verboten ist. Also ist gemeint, dass nur (!) Verwandte in gerade Linie zu Unterhalt einander verpflichtet sind.
- Beispiel 2: § 7, Abs. 2 BGB bezieht sich auf eine natürliche Person und gewährt ihr das Recht, einen Wohnsitz an mehreren Orten zu haben. Für Vereine wird in § 24 BGB lediglich gesagt, dass der Sitz eines Vereins der Ort ist, an dem die Verwaltung geführt wird. Erst wenn man § 7, Abs. 2 so interpretiert, dass nur (!) natürliche Personen einen Wohnsitz an mehreren Orten haben dürfen, wird klar, dass der Sitz eines Vereins nicht an mehreren Orten sein darf.

Geht man von einer üblichen Wenn-dann-Formel aus, die wie üblich einer hinreichenden Bedingung A → B entsprechen soll, und argumentiert dann trotzdem noch mit einem Umkehrschluss, so hat man eigentlich die Wenn-dann-Formel als eine Äquivalenz, eine Genau-

dann-wenn-Formel, interpretiert, denn $(A \rightarrow B) \wedge$
$(\neg A \rightarrow \neg B) = A \leftrightarrow B$.

Diese hier diskutierten juristischen Argumentationen haben also in der Regel zwei Komponenten: eine inhaltliche in Form von Implikationen, deren Sinn zu erweisen ist, und eine logische Schlussweise. Beide Komponenten treten klar hervor, wobei die logischen Überlegungen trivial gegenüber den inhaltlichen Problemen sind, die in der Regel zu lösen sind.

Überspitzt formuliert, können solche Argumentationen in der Tat als „eine Mischung von Trivialität und Willkür" angesehen werden (Neumann 1986, S. 25). Dabei wird der Begriff „Willkür" allerdings in keiner Weise der Abwägung gerecht, die bei der „juristischen" Arbeit zu leisten ist. Er soll nur noch einmal betonen, dass in dieser Abwägung inhaltliche Überlegungen eine Rolle spielen, wobei man unterschiedliche Implikationen in den Vordergrund stellen und somit auch zu unterschiedlichen Ergebnissen geführt werden kann.

Logik als Prüfstein für die Konsistenz des Systems der Begriffe und Setzungen

Nach dem Ausflug in die Rechtsanwendung wenden wir uns wieder der Rechtsfindung zu. Diese besteht, wie oben ausgeführt, zum großen Teil im Setzen von Implikationen; mit diesen werden in der Regel Absichten und Ziele verfolgt. Ist damit die Bedeutung der Logik auf Schlussfolgerungen reduziert, die man ohnehin mit dem Hausverstand erledigen kann?

Ein Hinweis, dass die Logik, und zwar die moderne Logik, eine viel größere Rolle in der Jurisprudenz spielen kann, zeigt uns schon der Kanger'sche Begriff vom „Recht haben auf etwas" (Abschn. 4.3). Durch eine logische Analyse aller 256 Möglichkeiten für ein Recht bei zwei gegebenen Rechtspartnern und gegebenem Ziel konnte Kanger systematisch 26 konsistente Vollrechtstypen aus diesen Möglichkeiten aussortieren.

Jenseits der Aussagenlogik

Erleichtert wurde diese Analyse durch die Einführung von Abkürzungen durch Symbole wie Gp für die Formel „Es ist geboten, dass die Handlung p ausgeführt wird". Mit dem Symbol xHT(x,y) bzw. yHT(x,y) für p hatte man wiederum die Handlung p spezifiziert, indem man Platzhalter für die Rechtspartner x und y und für den Tatbestand T(x,y) einführte, auf den der Rechtsinhaber x das Recht hat. Mit dem Symbol ¬ für die Negation ließen sich dann alle Möglichkeiten für einen einfachen Rechtstyp eines „Rechts auf etwas haben" formulieren. So stellt GyHT(x,y) einen Anspruch von x dar, dass y so handelt, dass T(x,y) eintritt.

Die Symbole, die hier als Abkürzungen auftreten, dienen auch als Operatoren in Logiken, die reichhaltiger sind als die Aussagenlogik und in denen man Gesetze des logischen Denkens auch auf Normen und Handlungen ausdehnen kann. Das Symbol G in Gp steht dort für den Operator G einer Normenlogik und p für eine Handlung. Gp = „Es ist geboten, dass p" ist dann eine Aussage in der Normenlogik. Das Symbol p = yHT ist ein Ausdruck einer Handlungslogik für „y handelt so, dass der Tatbestand T eintritt".

Um mit solchen Symbolen wie in der Aussagenlogik „rechnen" zu können und dabei stets Kontrolle über die Korrektheit der Schlussregeln zu haben, muss man für die Symbole Rechenregeln aufstellen und Vereinbarungen treffen, und zwar so, dass man ein axiomatisch-deduktives System mit Angabe eines Vokabulars, Definitionen, Axiomen und Regeln erhält. So können die Schlussfolgerungen formalisiert und ein Kalkül etabliert werden. In Morscher (2004b) sind so einige Kalküle entwickelt, in denen die Begriffe der Kanger'schen Begriffsklärung prominente Protagonisten der Konstruktion sind. Hier hat man es also mit logischen Kalkülen für Normen wie auch für Handlungen zu tun.

Da es noch keine weit entwickelte Handlungslogik gibt, konzentrieren sich die meisten Wissenschaftler, die sich mit der Logik im Recht beschäftigen, auf die Normenlogik, in der nur unspezifische Platzhalter wie p für Handlungen auftreten. Man nennt diese Logik der Normen auch oft deontische Logik (vom altgriechischen *deón* für „angemessen", „nützlich"). Es werden deskriptive und präskriptive Sätze betrachtet, die auch mit den üblichen Junktoren verknüpfbar und mit Quantoren behandelbar sind. Deskriptiven wie präskriptiven Sätzen wird ein Wert 1 und 0 zugeordnet, wobei 1 als „wahr" bzw. „hypothetisch gültig" und 0 als „falsch" bzw. „nicht hypothetisch gültig" interpretiert wird (Abschn. 2.4; Morscher 2012, 2009).

Einige Rechtslogiker weisen immer wieder auf Probleme der deontischen Logik hin und betrachten diese für wenig nützlich oder gar überflüssig für die Jurisprudenz. So stellt Lothar Philipps (2011, S. 331) z. B. folgende Argumentation vor: „Man soll, wenn man A tut, B tun. Man soll A tun.

Also soll man auch B tun", und behauptet, sie ein grundlegendes Gesetz aller Versionen der deontischen Logik. Als Beispiel denkt er an einen Diplomaten, der ein in fremdes Land reisen soll (A), und an die Vorgabe, dass man sich impfen lassen soll (B), wenn man in das Land reist (A). Dann sagt die Schlussfolgerung, dass der Diplomat sich impfen lassen soll (B). Dies ist aber nicht grundsätzlich richtig, denn „wenn er sich weigert, dem Reisebefehl nachzukommen, braucht er sich nicht impfen zu lassen". Damit sei also dieses grundlegende Gesetz falsch, obwohl es ein anerkannter deontologischer Schluss sei.

Philipps glaubt nun, mithilfe eines Venn-Diagramms eine Argumentation liefern zu können, die auch unter Berücksichtigung einer Reiseverweigerung des Diplomaten einen richtigen Schluss darstellt. Er will an diesem Beispiel demonstrieren, dass Venn-Diagramme die bessere Alternative zur deontischen Logik sind.

Hier wird also eine anschauliche, „geometrische" Methode gegen einen Kalkül ins Rennen geschickt. Ein Mathematiker oder Physiker denkt da gleich an die Euklid'sche Geometrie und andererseits an die analytische Geometrie, die einen Kalkül bereitstellt, mit dem man fast alle geometrischen Probleme leichter algebraisch lösen kann. Die Kenntnis dieser Methode, von Descartes begründet und von Euler weiterentwickelt, war eine der Voraussetzungen dafür, dass Newton seine Theorie formulieren konnte. Spätestens seit Newton weiß man also, dass ein Kalkül ein viel mächtigeres und weiter reichendes Denkwerkzeug ist als eine Methode basierend auf der Anschauung.

Grundsätzlich fehlt es hier, wie in vielen Ausführungen über Logik in der juristischen Fachliteratur, an der Einsicht, was ein logischer Schluss ist. Es werden immer nur Beispiele genannt, und ob diese richtige oder falsche Schlüsse repräsentieren, beurteilt man fast immer nur mit dem Hausverstand. Hätte man erst einmal einen Unterschied zwischen Geboten und deskriptiven Aussagen berücksichtigt und dann noch gewusst, wann eine Argumentation wirklich einen logischen Schluss darstellt, hätte man gleich gemerkt, dass das Beispiel auch aus deontologischer Sicht gar keinen logischen Schluss darstellt.

Schauen wir uns dazu die Argumentation genauer an (x sei der Diplomat). Sei:

A = x tritt die Reise an,
A' = x soll die Reise antreten,
B' = x soll sich impfen lassen,

dann lässt sich die Argumentation schreiben als: $A \to B'$, $A' \Rightarrow B'$.

Das ist aber gar kein gültiger logischer Schluss, sondern ein Fehlschluss, denn $(A' \wedge (A \to B')) \to B'$ ist keine Tautologie (Abschn. 2.4). Erst wenn man A' ersetzt durch A', $A' \to A$, also unterstellt, dass dem Gebot zu Reisen auch gefolgt wird, wird ein gültiger logischer Schluss daraus. Das sieht man mit dem Hausverstand ein, weil A', $A' \to A \Rightarrow A$ den Modus ponens darstellt und der verbleibende Schluss $A \to B'$, $A \Rightarrow B'$ dann auch als Modus ponens daherkommt.

Mit etwas Übung in der Handhabung des Kalküls ist das alles übersichtlich, leicht zu verstehen und konform mit dem Hausverstand. Überflüssig und weitschweifig ist hier die Diskussion eines Venn-Diagramms mit drei Kreisen, einer Schraffur und einem Balken sowie einer langen erklärenden Legende.

Rechnen in Logiken

So wie man in der Mathematik die Grundrechenarten beherrschen kann, ohne die Axiome der zugehörigen mathematischen Theorie zu kennen, kann man auch lernen, wie man in der Normenlogik „rechnen" muss. Man muss nur die Regeln verinnerlichen, wie man mit den Symbolen umgehen darf. Mehr geschieht ja auch nicht beim Lernen des Grundrechnens. Am besten übt man so etwas bei Schlussfolgerungen ein, die man mit dem Hausverstand noch überblicken kann. Das schriftliche Dividieren lernt man ja auch zunächst mit Aufgaben, bei denen man das Ergebnis kennt, und auch bei der Entwicklung von Computerchips wurde erst getestet, ob denn das Addieren von einstelligen Zahlen richtig funktioniert.

1. Die einfachste Übung ist, eine vorgegebene Beziehung zwischen zwei einfachen Kanger'schen Rechtstypen zu überprüfen. Als Beispiel sei hier der Beweis vorgeführt, dass aus dem einfachen Rechtstyp Immunität $G\neg yH\neg T$ der Rechtstyp Non-Contra-Anspruch $\neg GyH\neg T$ ableitbar ist, d. h., wenn y nicht $\neg T$ realisieren darf, dann muss er es auch nicht. Das ist trivial: Was verboten ist, ist nicht geboten. So umfasst der formale Beweis auch nur zwei Zeilen:
Wegen $G \to \neg G\neg$ folgt $GyH\neg T \to \neg G\neg yH\neg T$, die Umkehrung liefert die gewünschte Implikation $G\neg yH\neg T \to \neg GyH\neg T$.

Es gibt viele solcher Ableitungen auf der deontischen Ebene, so z. B. auch Contra-Befugnis → Contra-Freiheit, Contra-Anspruch → Contra-Immunität. Nach einiger Überlegung kann man sie mit dem Hausverstand einsehen, formal umfassen die Beweise auch nur etwa eine Handvoll Zeilen. Das gilt auch für Beziehungen zwischen Normen für unterschiedliche Rechtspartner oder für einen Tatbestand T einerseits und ¬T andererseits, z. B. Befugnis → Non-Contra-Anspruch. Auf dieser Ebene sind die Abhängigkeiten einigermaßen übersichtlich und auch vollständig formal beweisbar. Für die 26 Vollrechtstypen heißt das: Sie sind zwar durch acht einfache Rechtstypen definiert, wodurch eindeutig bestimmt ist, wie die Rechtspartner in Bezug auf T und ¬T zu handeln haben, aber nur maximal vier von diesen einfachen Rechtstypen sind jeweils unabhängig, während die anderen daraus logisch folgen.

2. Aber nicht nur die innere logische Struktur des Kanger'schen Begriffs „Recht haben auf etwas" kann so formal untersucht werden, man kann auch Beziehungen zwischen zwei einfachen Kanger'schen Rechtstypen aufspüren, wenn diese zu verschiedenen Tatbeständen gehören. Die Beziehung zwischen den Tatbeständen spiegelt sich dann in der Beziehung der Normen wider.
Die Grundlage dafür ist die Einsicht, dass für Handlungen p und q das Theorem gilt:

$$(p \rightarrow q) \rightarrow (Gp \rightarrow Gq).$$

Wenn also die Handlung p geboten ist, ist auch die Handlung q geboten, unter der Voraussetzung, dass die

Handlung p die Handlung q zur Folge hat. Das ist auch unmittelbar einsichtig, wird in der Normenlogik aber aus noch einsichtigeren Axiomen abgeleitet.

Durch Umkehrungen erhält man z. B. auch

$$(p \to q) \to (G\neg q \to G\neg p) \text{ und}$$
$$(p \to q) \to (\neg G\neg p \to \neg G\neg q).$$

Betrachten wir nun zwei Normen, z. B. $GxHT_1$ und $GxHT_2$, mit $T_1 \to T_2$. Dann gilt auch $xHT_1 \to xHT_2$ und somit auch $\neg xHT_2 \to \neg xHT_1$, und wir erhalten u. a. die folgenden beiden Aussagen:

a. $GxHT_1 \to GxHT_2$,

d. h., wenn x auf den Tatbestand T_1 hinwirken muss, dann muss er damit auch auf T_2 hinwirken, da ja der Tatbestand T_1 den Tatbestand T_2 nach sich zieht.

b. $G\neg xHT_2 \to G\neg xHT_1$,

d. h., wenn x nicht auf den Tatbestand T_2 hinwirken darf, dann darf er auch nicht auf T_1 hinwirken, da sonst der Tatbestand T_1 den Tatbestand T_2 nach sich ziehen würde. Ebenso erhält man

c. $G\neg xH\neg T_1 \to G\neg xH\neg T_2$

und

d. $GxH\neg T_2 \to GxH\neg T_1.$

Die Implikationen in a bis d in Punkt 2 sind also logisch zwingend aus der Voraussetzung $T_1 \to T_2$ ableitbar. Würden wir die bisher aufgespürten logischen Ableitungen nicht berücksichtigen, die Implikationen also anders setzen, könnte es Widersprüche geben. Es gibt zwei mögliche Arten von Widersprüchen:

- Man spricht von einem konträren, speziell deontischen Widerspruch, wenn Gp und G¬p gleichzeitig gelten sollen, z. B.: „Es ist geboten, auf der Straße rechts zu fahren, und es ist verboten, dort rechts zu fahren." Solch eine Aussage darf in einer rechtlichen Theorie nicht vorkommen. Dazu kann es allerdings bei ständiger Erweiterung codifizierten Rechts kommen oder auch, wenn zwei verschiedene Rechtstheorien auf den gleichen Fall angewandt werden sollen. Dann muss man eine Entscheidung darüber treffen, welche Regel vorgehen soll (Abschn. 4.4).
Ein Vollrechtstyp, der den einfachen Rechtstyp Immunität G¬yH¬T(x,y) enthält, enthält also auch immer den einfachen Rechtstyp Non-Contra-Anspruch ¬GyH¬T(x,y). Ein Rechtstyp Contra-Anspruch GyH¬T(x,y) würde im Widerspruch zum Typ Immunität stehen.

- Wenn andererseits Gp und ¬Gp in Kontradiktion stehen, also gleichzeitig gelten sollen, spricht man von einem logischen Widerspruch. Man könnte dann zwar ohne Weiteres dem Gebot Gp folgen, denn ¬Gp bedeutet ja nur, dass es nicht geboten ist, p zu tun. Man muss also unterscheiden zwischen dem Widerspruch auf der Normenebene und der Möglichkeit, den so widersprechenden Normen auf der Handlungsebene zu folgen. Aber nur entweder Gp oder ¬Gp können in einer Rechtstheorie akzeptiert werden, denn nur eine der beiden Normen kann den Geltungswert 1 bzw. „gültig" haben.
Ein Vollrechtstyp kann also nie z. B. die einfachen Rechtstypen Immunität und Nichtimmunität enthalten.

Bei verschiedenen Tatbeständen muss man berücksichtigen: Gilt $T_1 \rightarrow T_2$ und verlangt man $GxHT_1$, aber auch noch $G\neg xHT_2$, so gerät man in einen deontischen Widerspruch, da aus $GxHT_1$ schon $GxHT_2$ folgt. Verlangt man andererseits $\neg GxHT_2$, so gelangt man in einen logischen Widerspruch.

Das sind nur einige einfache Beispiele dafür, wie die Freizügigkeit bei der Setzung von Rechten und Implikationen durch logische Regeln eingeschränkt wird. So wie man bei der Setzung von Implikationen immer nach deren Sinn fragen muss, um zu entscheiden, ob man diese Implikation akzeptieren will, muss man auch bei der Gesamtheit dieser Setzungen danach fragen, ob diese überhaupt ein sinnvolles Ganzes bilden. Das ist eine Frage der Logik.

In diesen einfachen Beispielen haben wir hier das „Rechnen" in einem logischen Kalkül vorgestellt. Man wird festgestellt haben, dass dieses „Rechnen" sehr viel übersichtlicher bleibt als eine Folge von verbal formulierten Argumenten. Eine schriftliche Multiplikation von zwei größeren Zahlen führen wir ja auch mit Symbolen aus, mit jenen, die für die Zahlen stehen. Die Regeln für den Algorithmus einer solchen Multiplikation haben wir ebenfalls gelernt. Heute erinnern wir uns vielleicht gar nicht mehr daran, weil wir inzwischen so etwas dem Taschenrechner oder Computer überlassen.

Das weist aber darauf hin, dass für solch symbolisches Rechnen im Rahmen einer Logik auch eine Digitalisierung möglich wird. In der Aussagen-, Prädikaten- und modalen Logik werden heutzutage schon Computerprogramme für das maschinengestützte Beweisen logischer Aussagen entwickelt. Die wichtigsten Anwendungen beziehen sich auf mathematische Theoreme und auf die Fehlererkennung von integrierten Schaltkreisen und Prozessoren. In Zukunft wird es wohl eine Art „Mathematik der Regeln und Normen" geben, bei der die Jurisprudenz nur eines von vielen Anwendungsgebieten sein wird.

4.6   Ist die Jurisprudenz eine Wissenschaft?

Bei der Konstruktion von Rechtstheorien kann man sich an Normen geltenden Rechts orientieren, im Prinzip aber ist man frei und sollte diese Freiheit auch nutzen. Die Frage, ob eine theoretisch konstruierte Rechtstheorie in Geltung gesetzt werden soll und unter welchen Umständen, muss in einer Demokratie natürlich demokratisch entschieden werden. Dabei sind Prämissen und die daraus folgenden Rechtssätze daraufhin zu prüfen, ob sie dem Rechtsgefühl der überwiegenden Mehrheit entgegenkommt. Denn „Die Gerechtigkeit ist die erste Tugend sozialer Institutionen, so wie die Wahrheit bei Gedankensystemen" wie es der US-amerikanische Philosoph John Rawls (1979) in seiner Theorie der Gerechtigkeit formuliert.

Die vorhergehenden Abschnitte haben wohl deutlich gezeigt, dass eine Rechtstheorie als ein hierarchisch geordnetes System darstellbar ist, und zwar von Prinzipien, die Prämissen und Ziele darstellen, und von Gesetzen, die der Verwirklichung der Prinzipien dienen sollen. Schließlich wird es noch Regeln im Umfeld dieses Systems geben, die auf Prinzipien nicht unmittelbar zurückführbar sind. Die Positivität der Gesetzgebung zeigt sich bei der Entscheidung darüber, welche Implikationen man als gültig akzeptieren will, z. B. welches Verhalten man als dienlich für die Erreichung der Ziele hält, die man durch die Prinzipien festgelegt hat. Die Logik spielt keine Rolle bei der Setzung einer Implikation.

Mit dem Kanger'schen Ansatz ist aber gezeigt, dass bei Begriffsbildungen logische Argumente große Klarheit und Übersicht bringen können. Das Potenzial dieses Zugangs scheint bei Weitem noch nicht ausgeschöpft. Es gibt aber auch noch ungelöste Probleme, z. B. die Behandlung von Einschränkungen von Normen. Prinzipien in der Welt des Sollens sind nie strikt durchzuhalten.

Die Frage ist, wie weitgehend man neben den teleologisch begründeten Setzungen weitere Normen in der Sprache der Logik streng deduzieren kann, so wie man in der Physik z. B. aus den Maxwell-Gleichungen speziellere Gesetze der Elektrodynamik durch mathematisches „Rechnen" ableiten kann. Einige Beispiele wurden in Abschn. 4.5 vorgeführt, aber letztlich wird man wohl auch auf unterer Ebene nicht ohne weitere Setzungen auskommen.

Die Möglichkeit einer strengen Deduktion bedeutet ja, dass die spezielleren Gesetze schon in dem allgemeinen logisch enthalten sind und durch die Deduktion im Rahmen eines Kalküls nur „entwickelt" oder „entfaltet" werden. Das zeigt sich auch an der Genese der Axiome physikalischer Theorien; die allgemeineren „Grundgesetze" werden als Zusammenfassung der spezielleren Gesetze als ihr gemeinsamer Grund auf einer abstrakteren Ebene generiert.

Wo es aber keinen inneren, von der Natur vorgegebenen Zusammenhang gibt, kann man auch keinen solchen herbeireden. Wenn ein System auf allen Ebenen durch die Gestaltungskraft und Interessen von Menschen geprägt wird, kann sich keine strikte Kohärenz ergeben. In die Begründung einer Norm durch die Vorgabe eines Zieles geht immerhin eine rational nachvollziehbare Setzung einer Implikation ein, auch wenn man unterschiedlicher Meinung sein kann, ob die Norm dazu führt, dass das Ziel erreicht werden kann. Deshalb wäre eine systematische Nachprüfung nützlich, ob ein Gesetz wirklich sein Ziel hinlänglich erreicht hat.

Im Prinzip müsste man zunächst jede Setzung einer Implikation als Formulierung eines Axioms betrachten. Das System bestünde dann vorwiegend aus Axiomen, und die Jurisprudenz wäre eine Ansammlung von unabhängigen Aussagen. Das wäre auch der Zustand einer physikalischen Theorie, in der man die entdeckten Naturgesetze unabhängig voneinander betrachten und damit auch postulieren müsste.

Das geistige Band ergibt sich in der Physik durch abstraktere, übergeordnete Prinzipien. Durch diese lässt sich eine „logische Ordnung" herstellen, in der die Aussagen über die Naturgesetze im Rahmen eines Kalküls ableitbar werden. Dieser ist der Kalkül der Mathematik und basiert auf dem Kalkül der Logik. In der Jurisprudenz ist eine logische Ordnung nicht so einfach herzustellen. Das teleologische Prinzip – der Grundsatz, dass eine abgeleitete Norm immer einem Ziel zu dienen hat – ist immerhin ein großer Schritt in diese Richtung. Die Frage ist also, welche und wie viele dieser gesetzten Implikationen man aus der Reihe der Axiome, in der man sie zunächst einreihen müsste, auf die hinteren Plätze verweisen kann, weil man sie als ableitbar erkennt.

Eine Rechtstheorie ist also vorwiegend ein System von Setzungen. Das „juristischen Denken" hat diese Setzungen zu verantworten. Das „logische Denken" hat zu prüfen, wie dieses System von Setzungen in eine logische Ordnung gebracht werden kann, die konsistent ist und in seiner Gesamtheit einen Sinn ergibt. Das wird sicherlich nicht so weit gehen wie in der Physik. Die Logik ist auch die Logik der Natur (Abschn. 2.4), und je näher man dem fundamentalen Verhalten der Natur ist, umso hilfreicher ist die Logik. Menschen sind zwar auch naturhafte Wesen, aber die Komplexität der Wirkungen menschlichen Verhaltens ist so groß, dass wir dort nicht durchgängig das Walten der Natur erkennen können.

Unzweifelhaft kann also den bestehenden Gesetzeswerken schon die Struktur eines aristotelischen Begründungsnetzes angesehen werden, in der die Begründungen teils formal logischer, teils inhaltlich teleologischer Art sind. Eine Rechtstheorie könnte diese Architektur noch wesentlicher deutlicher und übersichtlicher machen.

Man hätte eine ganz andere Architektur des Gedankengebäudes vor Augen, als wie man es aus der Physik kennt, in der aus einigen wenigen Grundaussagen ein Fülle von Aussagen, zum Teil in langen Argumentationsketten, ableitbar ist. Während physikalische Theorien einer hohen Pyramide mit scharfer Spitze von Axiomen und weit ausladendem Unterbau von Basissätzen gleichen, entsprächen rechtliche Theorien zunächst eher einem flachen Gebäude, bei dem das Dach die große Menge von Gesetzen repräsentiert, mit einem Überbau von Prämissen und einem Unterbau von Gesetzen und schließlich einem „Garten" von Regeln, Rechtsverordnungen, Erlassen und ähnlichen, aus pragmatischen Gründen gesetzten Normen.

Die moderne Physik hat ihre Form als axiomatisch-deduktives System fast aus dem Stand erreicht. Das war aber nur möglich, weil sie das Studium der Natur bei den einfachsten Systemen anfing: Galilei ließ eine Kugel eine schiefe Bahn herunterrollen. Außerdem konnte sie an einmal gefundenen Implikationen festhalten und weiter darauf aufbauen. Die Jurisprudenz hatte es immer gleich mit dem prallen Leben zu tun, in dem es keine intersubjektiv notwendig zu akzeptierenden Aussagen gibt; es herrschen Komplexität und fehlende Objektivierbarkeit statt Einfachheit und Nachprüfbarkeit. Die Physik kann ihr Haus ständig weiter ausbauen, die Jurisprudenz muss dagegen vorwiegend umbauen oder tragende Elemente auswechseln. Der Gang der Entwicklung zu einem Wissen, wie eine tragfähige Architektur aussehen sollte, kann nur viel langsamer sein.

Trotz ihres hohen Alters im Vergleich zur modernen Physik erscheint mir die Jurisprudenz als eine Wissenschaft in einem früheren Entwicklungsstadium. Sie kann noch in einem viel höheren Maße zu einem „architektonisch" gelungenen Gedankengebäude werden. Ihre Begriffe können größere Klarheit gewinnen, und ihre Aussagen können noch stärker und stringenter verknüpft werden. Und bei den teleologisch motivierten Setzungen einer Implikation müsste systematischer geprüft werden, inwieweit die Ziele auch wirklich erreicht werden.

Die Jurisprudenz hat sich lange an die Philosophie angelehnt, vielleicht sollte sie auch einmal die moderne Logik mit ins Boot nehmen. Eine Wertschätzung des Rechtssystems kann auf die Dauer nur erhalten bleiben, wenn die „Architekten" des Systems sich auch beim Gebrauch der Logik stets dem zeitgenössischen wissenschaftlichen Standard verpflichtet fühlen.

5

Christliche Theologie als Begründungsnetz

In diesem Kapitel soll untersucht werden, in welcher Form die christliche Theologie ein Begründungsnetzwerk ist und ob sie als eine Wissenschaft angesehen werden kann. Manche werden es heute absurd finden, die christliche Theologie als Wissenschaft bezeichnen zu wollen, andere wiederum finden es tendenziös oder dem Zeitgeist geschuldet, wenn man die Wissenschaftlichkeit der Theologie in Zweifel zieht und dabei auch noch die Frage stellen würde, ob die Theologie heute noch eine Existenzberechtigung an einer wissenschaftlichen Hochschule hat.

Tendenziös oder dem Zeitgeist geschuldet ist diese Frage nach der Wissenschaftlichkeit allerdings keineswegs, denn der Anspruch auf Wissenschaftlichkeit wie der Zweifel daran ist in der Theologie selbst so alt wie die Institution der Universität. Die Gründung der ersten Universitäten geschah in einer Zeit, als die Werke der griechischen Philosophen nach und nach in lateinischer Übersetzung in Westeuropa zugänglich wurden. Mit einer umfassenden Rezeption dieser Werke im 12. und 13. Jahrhundert wurde Aristoteles zur unangefochtenen Autorität an den Universitäten und damit auch sein Wissenschaftsbegriff. Wollte die Theologie an einer Universität akzeptiert werden, musste

© Springer-Verlag Berlin Heidelberg 2017
J. Honerkamp, *Die Idee der Wissenschaft*, DOI 10.1007/978-3-662-50514-4_5

sie sich mit den Ansprüchen dieses Wissenschaftsbegriffs auseinandersetzen.

Wissenschaft ist ja schon bei Aristoteles keine Ansammlung von unzusammenhängenden Einsichten, sondern ein System von Aussagen, die logisch aus obersten Prinzipien abgeleitet werden können. Euklid von Alexandria hatte gezeigt – wenn auch in der Mathematik –, dass eine solche Systematisierung möglich ist. Er hatte das Wissen seiner Zeit über Geometrie und Arithmetik in dieser Form logisch geordnet. Diese Euklid'sche Geometrie sollte so zum Vorbild für alle Wissenschaften werden (Abschn. 1.2) und setzte damit die Maßstäbe auch für die Theologie.

Bis heute hat dieses Thema die Theologie nicht mehr verlassen. Mit dem Aufkommen der Physik und den anderen Naturwissenschaften und einer Präzisierung des Wissenschaftsbegriffs (Kap. 3) verschärfte sich das Problem. Damit blieb die Frage nach der Wissenschaftlichkeit und einer Existenzberechtigung der Theologie an einer Universität ständig auf der Tagesordnung (Hoping 2007).

5.1 Versuche einer Axiomatisierung

Von Boethius bis Thomas von Aquin

Verfolgen wir die Spur des aristotelischen Wissenschaftsbegriffs im Mittelalter, so treffen wir zunächst auf Boethius (480–524 n. Chr.). Er war Politiker, Philosoph und Theologe und versuchte in seinen Schriften *De Hebdomadibus* und den beiden Traktaten *De Trinitate I und II* theologische Probleme in einer Form „ut in mathematica", also nach dem

Muster der Euklid'schen Geometrie, zu lösen. Als römischer Gelehrter, der bei seiner Ausbildung in Logik, Mathematik, Philologie und Naturphilosophie ein umfassendes Wissen der antiken griechischen Kultur erworben hatte, verstand er sehr gut Griechisch und plante, die gesamten Werke Platons und Aristoteles' ins Lateinische zu übersetzen und zu kommentieren, um diese dem Westen Europas zugänglich zu machen. Er konnte diesen Plan nur sehr unvollkommen realisieren. Auf diese Weise wurden aber jedenfalls u. a. die logischen Schriften *Analytica priora* und die *Topik* von Aristoteles wie auch die Euklid'sche Geometrie der frühmittelalterlichen Welt Westeuropas bekannt gemacht; zu karolingischer Zeit gehörten diese zu den wenigen bekannten Werken antiker Autoren. Im 12. Jahrhundert wurde dann aufgrund der großen Übersetzungswelle u. a. auch die *Analytica posteriora* von Aristoteles in lateinischer Sprache verfügbar. Im 13. Jahrhundert avancierten die Schriften des Aristoteles zu Standardlehrbüchern an den Universitäten.

In der Frühscholastik (1000–1200) war die Theologie noch ein Teil der Philosophie, und beides galt zunächst als Weisheit. Nach Aristoteles war diese ein Wissen von den ersten Prinzipien; es war die vollkommenste Wissenschaft, da sie „das Seiende als Seiendes und das demselben an sich Zukommende" (zit. nach Höffe 2009, S. 235) untersuche. Weisheit sei dem Ewigen zugewandt, Wissenschaft dem Zeitlichen. Als solche stand die Weisheit über allen Einzelwissenschaften. Der Weise weiß nicht nur, was aus den ersten Prinzipien abgeleitet werden kann, er hat auch eine intuitive Einsicht in diese.

Die Ausbildung in der Frühscholastik an den Klosterschulen bestand in der Schulung von Logik, Grammatik und Dialektik. Bedeutende Denker waren Berengar von Tours (999–1088) und insbesondere Gilbert von Poretta (1080–1155). Beeinflusst von der Topik des Aristoteles betonte dieser die Notwendigkeit, das theologische Wissen systematisch zu ordnen, und entwickelte eine erste Skizze für eine theologische Prinzipienlehre.

Etwas später erstellte Allain de Lille (1120–1202) in seiner *Theologicae Regulae* einen Aufbau der Theologie nach aristotelischer Art; Ähnliches versuchte auch Nicolaus von Amiens (1147–ca. 1200) in seinem Werk *De arte catholicae fidei*. Aber es gab auch andere Stimmen, die eine wissenschaftliche Begründung nicht für möglich und nicht einmal für erstrebenswert hielten, da sonst der Glaube ja kein „Verdienst" mehr sei.

In der Hochscholastik waren sich aber alle Philosophen des Westens einig, dass Wissenschaft nicht eine Aufzählung von Fakten, sondern Zurückführung auf Prinzipien bedeutet (Flasch 2011a, S. 503). Wollte man also die christliche Lehre als Wissenschaft darstellen, müsste man sich um die Prinzipien Gedanken machen.

Zu bemerken ist, dass man hier nur von den Prinzipen her das axiomatisch-deduktive System aufbauen konnte. Diese zu „erdenken", wie sie in der Physik durch „Einfühlung in die Erfahrung" (Abschn. 3.5) möglich ist, konnte einem noch gar nicht in den Sinn kommen. Zum einen gab es ja die von Gott direkt offenbarte Wahrheit, zum anderen kannte man noch nicht die Möglichkeit der intersubjektiven Prüfbarkeit von Aussagen in der heutigen Strenge.

Die Prinzipien konnten also nur aus den heiligen Schriften herausgelesen werden, also in den Glaubensartikeln liegen, wie Wilhelm von Auxerre (ca. 1180–ca. 1231) betont hatte. Es galt, diese zu ordnen und solche zu finden, aus denen alle anderen abgeleitet werden konnten. So entstanden verschiedene Sammlungen von „Regulae" oder „Sentenzen".

Aber eine Diskrepanz zum aristotelischen Wissenschaftsbegriff bestand: Die Prinzipien sollten nach Aristoteles unmittelbar einsichtig sein. Dies war nun bei den meisten Glaubensartikeln nicht der Fall. Aber es machte ja gerade den Verdienst des Glaubens aus, dass man die Prinzipien „im Lichte des Glaubens" annahm und nicht schon durch das „Licht der Vernunft" einsah. Nach Wilhelm von Auxerre „erfreuen sich die Glaubensartikel besonders bei den geistig geübten Gläubigen durch eine übernatürliche gnadenhafte Erleuchtung einer gewissen, aber der Steigerung fähigen Einsicht" (zit. nach Lang 1964).

Charakter der ersten Prinzipien bei Thomas von Aquin

Diese besondere Behandlung der Prinzipien konnte nicht ganz dem Anspruch auf Wissenschaft einlösen. Aristoteles hatte aber auch noch den Begriff einer abgeleiteten Wissenschaft gebildet, bei der die Prinzipien aus einer übergeordneten Wissenschaft übernommen werden. In der Optik hat man z. B. die Prinzipien einer „höheren" Wissenschaft, der Geometrie, zu berücksichtigen, in der Musiktheorie jene der Arithmetik. Mit einer solchen Vorstellung von einer Hierarchie von Wissenschaften könnte man die Physik als eine höhere gegenüber der Chemie oder Biologie bezeichnen, da in diesen Wissenschaften ja die Prinzipien und Gesetze der Physik berücksichtigt werden müssen.

Thomas von Aquin (1225–1274) nutzte diesen Begriff einer abgeleiteten Wissenschaft, um das Problem der Inevidenz der Glaubensartikel zu lösen: Die Theologie ist danach eine abgeleitete Wissenschaft im aristotelischen Sinne, die Prinzipien der übergeordneten Wissenschaft sind aber nur Gott und den Seligen zugänglich; wir Menschen können mit der Theologie nur die Folgerungen daraus ziehen.

Damit war der Frieden mit der Autorität Aristoteles anscheinend hergestellt; Theologie war eine Wissenschaft im aristotelischen Sinne, und damit konnte auch der Anspruch erhoben werden, dass Glaube und Vernunft sich nicht widersprechen.

William von Ockham (1288–1347), der sich ebenfalls dem aristotelischen Wissenschaftsbegriff verpflichtet fühlte, fand aber die Verhüllung der Prinzipien vor den Menschen „kindisch". Thomas von Aquin habe Aristoteles falsch verstanden und benutze dessen Begriffe nur als Girlanden, um die Theologie als erste aller Wissenschaften aussehen zu lassen. Er konstatiert dagegen: „Theologie ist keine Wissenschaft". Glauben ist für ihn „zustimmen, ohne Evidenz zu haben, aufgrund des Befehls des Willens" (zit. nach Flasch 2011a, S. 502 f.). Glauben beruht nach ihm also auf einem Willen, nicht auf Erkenntnis.

Auch andere Theologen, z. B. Duns Scotus, brachten Gründe gegen die Subalternationstheorie Thomas von Aquins vor. Die Inevidenz der Glaubensartikel blieb ein Problem für diejenigen, die den Anspruch auf Wissenschaftlichkeit der Theologie nicht aufgeben wollten und damit die Vereinbarkeit von Glaube und Vernunft zeigen wollten.

Viel später schreibt so Gotthold Ephraim Lessing (1729–1781) auf die Frage nach der Vereinbarkeit von Glaube und Vernunft: „Das, das ist der garstige breite Graben, über den ich nicht kommen kann, sooft und ernstlich ich auch den Sprung versucht habe. Kann mir jemand hinüberhelfen, der tu' es; ich bitte ihn, ich beschwöre ihn. Er verdienet einen Gotteslohn an mir" (Lessing 1989).

Im Thomismus der späteren Jahre, den der Papst Leo XIII. im Jahr 1879 zur offiziellen Philosophie der katholischen Kirche machte, spielte die Frage nach der Evidenz der Glaubensartikel dann keine größere Rolle mehr. Auch das Interesse an einem axiomatisch-deduktiven System erlosch in der katholischen Theologie. Erst im 20. Jahrhundert wurde diese Idee in der evangelischen Theologie wieder aufgegriffen.

Antworten nach der Theorie Newtons

Mit der Theorie Newtons war eine Wissenschaft entstanden, die in allen Aspekten dem Vorbild der Euklid'schen Geometrie in idealer Weise entsprach und die zudem Phänomene der Natur zum Gegenstand hatte. Es gab klare Grundannahmen, und die mathematische Sprache garantierte eine streng logische Art der Schlussfolgerungen. Die Aussagen waren empirisch überprüfbar, ja, sie bestanden sogar diese Prüfungen. Mit dieser Verbindung von Nachprüfbarkeit und mathematischer Sprache entstand eine ganz neue Qualität von Wissenschaft und verschärfte die Kriterien, an der sich die Theologie messen müsste, wollte sie den Anspruch auf Wissenschaftlichkeit aufrechterhalten.

Während in der Philosophie diese Theorie einen großen Widerhall fand – man denke an all die Versuche, eine Metaphysik als strenge Wissenschaft zu formulieren (Kap. 1) –, blieb das Denken der Theologen von dieser neuen Art von Wissenschaft aber lange Zeit so gut wie unberührt. In der katholischen Theologie ist bis heute keine nennenswerte Wiederaufnahme der aristotelischen Idee einer Wissenschaft zu erkennen. In der evangelischen Theologie hingegen gibt es einige Versuche, die bemerkenswert sind.

Anfang des 20. Jahrhunderts stellte der evangelische Theologe Hans Hinrich Wendt (1906) in seinem Buch „System der christlichen Lehre" die Frage nach Methodik in der Theologie. Er konstatierte, dass der „wissenschaftliche Charakter einer Erkenntnis nicht von ihrem Gegenstand, sondern nur von der methodischen Art des Erkennens" abhängt. Bei dieser methodischen Art gilt dann: „Das Einzelne darf nicht vereinzelt, sondern muss in seinem Zusammenhange, innerhalb seiner natürlichen oder geschichtlichen oder gedanklichen Beziehungen [...] aufgefaßt werden." Wie die Art der Begründung auszusehen hat, bleibt aber im Allgemeinen verhaftet: Er spricht von „konsequenter Begründung des Behaupteten, [...] dadurch unterscheidet es sich von einem wenn auch noch so geistvollen Erraten und von autoritativen Behaupten", von „unbefangener Kritik", von der „menschlichen Irrtumsfähigkeit" und schließlich, dass die Begründung „je nach den Erkenntnisobjekten sehr verschieden geartet sein und in verschiedenem Grade möglich sein" kann.

Trotz solcher vagen Aussagen zur Methodik erntet er scharfe Kritik durch den Theologen Karl Barth, der 1927 in seiner *Christlichen Dogmatik* behauptet, dass die Möglichkeit der Begründung auf jedem Gebiet bestimmt sein muss „durch die Eigenart des Gegenstandes und nicht umgekehrt dem Gegenstande Gewalt angetan werden darf durch einen vorgefassten konkreten Begriff von Methode und Wissenschaftlichkeit" (zit. nach Pannenberg 1973, S. 270). Hier soll also nun doch der Gegenstand vollständig den Charakter der Erkenntnis bestimmen. Wer bestimmt den nun die Eigenart des Gegenstands in dieser Hinsicht, und wie folgt daraus eine sachgemäße Art der Begründung? Eigentlich ist diese Haltung Barths eine Absage an eine rationale Diskussion, eine typische Immunisierungsstrategie nach dem Motto: Wir richten die Kriterien so ein, dass wir ihnen auch genügen.

Natürlich blieb diese Ansicht Barths nicht unwidersprochen. In *Wie ist eine evangelische Theologie als Wissenschaft möglich?* formuliert Heinrich Scholz (1931) einige konkretere Kriterien für die Wissenschaftlichkeit, die Barth noch mehr herausforderten.

Hier sind zunächst einige Bemerkungen zur Vita von Heinrich Scholz angebracht. Als Sohn eines Geistlichen studierte er Philosophie und Theologie und wurde 1917 ordentlicher Professor für Religionsphilosophie und systematische Theologie in Breslau. Im Jahre 1924 begann er im Alter von 40 Jahren, angeregt durch die Lektüre der *Principia Mathematica* von Russel und Whitehead, mit dem Studium der Mathematik und theoretischen Physik und veröffentlichte bald Arbeiten über Logik und Wissenschaftstheorie. Im Jahre 1928 wurde er auf einen Lehrstuhl für Philosophie nach Münster berufen. Dort machte er die mathematische Grundlagenforschung zum Thema seiner Forschungen und schuf einen Schwerpunkt für mathema-

tische Logik und Grundlagenforschung – den ersten seiner
Art. Aus diesem gingen viele bedeutende Logiker hervor
(vgl. auch Münster 2015). Im Jahre 1956 starb er im Alter von 72 Jahren. Scholz war also Theologe und Logiker;
er kannte die evangelische Theologie und die Logik wie
auch die theoretische Physik. Wer konnte besser vorgebildet sein für eine Frage nach der Wissenschaftlichkeit der
Theologie?

Scholz hatte natürlich das axiomatisch-deduktive System
von Aristoteles vor Augen, und durch seine Kenntnis der
theoretischen Physik wusste er auch von der Weiterentwick-
lung dieses Systems hinsichtlich der Formulierung der Prinzipien. Aber die Hoffnung, dass die evangelische Theologie
diese Struktur haben kann, scheint er von vornherein nicht
gehabt zu haben. So spricht er z. B. auch davon, dass die
Sätze in einer Wissenschaft, deren Wahrsein behauptet wird,
sowohl sich als auch den wahren Sätzen einer anderen Disziplin nicht widersprechen dürfen. Er konzentriert sich aber
letztlich auf bestimmte Mindestanforderungen, die an eine Wissenschaft zu stellen sind und die er für unumstritten
hält. Dies sind für ihn zunächst das Postulat, dass in einer
Wissenschaft neben Fragen und Definitionen nur Aussagen
aufzutreten haben, deren Wahrsein behauptet wird. In seinem Kohärenzpostulat verlangt er, dass die Aussagen einer
Wissenschaft einem wohl umrissenen Gegenstandsbereich
angehören müssen. Sein Hauptaugenmerk liegt aber auf seiner dritten Forderung, dem Kontrollierbarkeitspostulat. Für
eine „Wirklichkeitswissenschaft", wie sie die evangelische
Theologie sein wolle, wenn sie überhaupt beansprucht, eine
Wissenschaft zu sein, habe zu gelten, dass es irgendwelche
Kriterien geben müsse, mit deren Hilfe der Wahrheitsan-

spruch der Aussagen nachgeprüft werden kann. Offensichtlich gelte dies auch für andere Theologien.

Scholz zieht am Ende seines Artikels das Fazit: „Wenn eine evangelische Dogmatik überhaupt als Wissenschaft aufgebaut werden kann", dann muss sie jedenfalls bei der Frage nach der Kontrolle des Wahrheitsanspruchs „aus dem Ring der Wissenschaften heraustreten und etwas ganz anderes werden, nämlich ein jeder irdischen Nachprüfung entzogenes persönliches Glaubensbekenntnis im dediziertesten Sinne des Wortes" (Scholz 1971, S. 259).

Und er spricht von zwei möglichen Reaktionen auf dieses Ergebnis: „Entweder die Flucht vor der Theologie und der Protest gegen sie im Namen der Wissenschaft, oder der Respekt vor den Menschen, die sich – mit irgendeiner Substanz, die ihnen niemand absprechen kann – Dinge abzuringen vermögen, die keine Wissenschaft durchlassen kann, ohne sich selber aufzugeben. Welche von beiden Möglichkeiten man wählt, hängt davon ab, was für ein Mensch man ist und auf was für Menschen man in seinem Leben hat stoßen dürfen."

Die Reaktion Karl Barths auf diese Arbeit von Scholz war schroff und eindeutig: Es könne hier ohne Verrat an der Theologie „kein Jota zugegeben werden, denn jede Konzession hieße hier Preisgabe des Themas der Theologie" (Barth 1932, S. 7 f). Die Forderung der Widerspruchsfreiheit sei nur mit Einschränkungen annehmbar. In einer früheren Arbeit (Barth 1930) hatte Barth eine ähnliche Vorstellung von der Theologie dargelegt. Er hatte sie als „Glaubenswissenschaft" bezeichnet und bekannt: „Kein Nachweis steht dem Theologen zu Gebot, mittels dessen er sich selbst oder anderen beweisen kann könnte, daß er nicht Grillen fängt, sondern Gottes Wort vernimmt und bedenkt" (nach Pannenberg 1973, S. 274). Pannenberg, der die Diskussion zwischen Scholz und Barth ausführlich und klar beschreibt (siehe auch Molendijk 1991), resümiert: „Der Ausgangspunkt einer ‚positiven‘, nicht durch rationale Argumentation vermittelten Offenbarungstheologie" kann dann „nur durch den Akt subjektiver Willkür oder eines irrationalen Glaubenswagnisses gewonnen werden" (Pannenberg 1973, S. 275).

Heutzutage tritt bei der Frage nach der Wissenschaftlichkeit der Theologie das aristotelische Vorbild in den Hintergrund. Man versucht lediglich, das Verhältnis von Glaube zur Vernunft zu klären.

5.2 Gegenstand der christlichen Theologie

In Abschn. 4.2 wird der Gegenstand der Jurisprudenz das „Recht" genannt und als eine gedanklich konstruierte Menge von Rechtssätzen, also Normen bzw. Sollenssätzen bezeichnet, die sich auf das menschliche Handeln beziehen. Dort ist also der Gegenstand eine rein gedankliche Konstruktion, nichts Vorgegebenes. In der christlichen Theologie, auf die ich mich hier beschränken will, haben wir eine andere Situation vorliegen. Der Gegenstand ist etwas Vorgegebenes, aber gleichzeitig auch eine gedankliche Konstruktion, eine Menge von Glaubenssätzen.

Die Überlieferung

Vorgegeben ist zunächst und in erster Linie die Offenbarung selbst. Diese ist enthalten „in geschriebenen Büchern und ungeschriebenen Überlieferungen, die von den Aposteln aus dem Munde Christi selbst empfangen oder von den Aposteln auf Diktat des Heiligen Geistes gleichsam von Hand zu Hand weitergegeben, bis auf uns gekommen sind." So heißt es im „Dekret über die Annahme der heiligen Bücher und ihrer Überlieferungen" des Trienter Konzils im Jahre 1546 (z. B. Denzinger 2005, Art. 1501, einem Kompendium der Glaubensbekenntnisse und kirchlichen Lehrentscheidungen, im Folgenden „Denzinger" genannt, in theologischer Literatur meistens Denzinger-Hünermann genannt und als DH zitiert). Diese Offenbarung ist übernatürlich (Denzinger, Art. 3004) und der Kern der Überlieferung.

Die Überlieferung entwickelte sich in der Kirche unter dem Beistand des Heiligen Geistes weiter (Denzinger, Art. 4210). Die Apostel haben ihr Lehramt an die Bischöfe als ihre Nachfolger übergeben, damit diese „das Evangelium in ihrer Verkündigung treu bewahren, erklären und ausbreiten" (Denzinger, Art. 4212). Der Exeget hat alle Mittel in Anspruch zu nehmen, „mit deren Hilfe er die Eigenart des Zeugnisses der Evangelien, das religiöse Leben der ersten Kirchen und Sinn und Bedeutung der apostolischen Tradition tiefer durchschauen kann" (Denzinger, Art. 4402).

Konkret gehören also zum Gegenstand der Theologie die Berichte und Gedanken der frühen Christen, die in den sogenannten heiligen Texten wie der Apostelgeschichte und den Evangelien niedergelegt sind, ebenso wie die Ausführungen der Kirchenväter, Beschlüsse der Konzilien und Ex-cathedra-Verlautbarungen der Päpste, wobei für die evangelische Theologie hier einige Abstriche zu machen sind. Dadurch sind im Laufe der weiteren Jahrhunderte die Lehren der Kirchen ausgearbeitet worden. Alle diese vorgegebenen „heiligen Texte" und die folgenden offiziellen Entscheidungen in Glaubensfragen sind auch gedankliche Konstrukte, die von den ersten Christen, Konzilsvätern oder Päpsten formuliert sind.

Gott als „alles bestimmende Wirklichkeit"

Der evangelische Theologe Wolfhart Pannenberg versucht, den Gegenstand der Theologie weiter zu fassen. Dieser soll nun nicht mehr Gott selbst sein oder seine Offenbarung, sondern „Gott als Problem" oder „der Gedanke Gottes als der, seinem Begriff nach, alles bestimmenden Wirklichkeit". Und dieser Gedanke hat sich „an der erfahrenen Wirklichkeit von Mensch und Welt zu bewähren" (Pannenberg 1973, S. 302). Alles Wirkliche muss sich danach als Spur der göttlichen Wirklichkeit erweisen.

Auch der katholische Theologe Striet schreibt, dass die Theologie auf ein Wissen aus sei, das allumfassend ist. Es wäre z. B. eine Verarmung, solche Fragen wie „Warum gibt es überhaupt etwas und nicht vielmehr gar nichts?" zu verschweigen. Es wäre unwissenschaftlich, diese als unseriöse Fragen auszugrenzen. „Jede nur mögliche Frage muss im Wissenschaftssystem auch eine zu stellende Frage sein. Ausschließlich entscheidend ist, ob diese Frage methodisch kontrolliert angegangen werden kann" (Striet 2010, S. 455).

Nun, verschweigen sollte man in der Tat keine Frage, und „unseriös" ist wohl auch eine falsche Kategorie für eine Bewertung einer Frage im Wissenschaftssystem. Aber jeder Wissenschaftler kennt fruchtbare und weniger interessante Fragen – aber eben auch unsinnige Fragen. Dann hilft auch keine Methode und man sollte mit solchen Fragen keine Zeit verschwenden.

Bei der Frage „Warum gibt es überhaupt etwas und nicht vielmehr gar nichts?" wäre zuallererst zu hinterfragen, ob es denn eine Situation geben kann, in der es nichts gibt. Denn die Frage unterstellt dies ja stillschweigend. Wenn man aber vom Existieren einer solchen Situation reden will, muss man sich außerhalb vom dem „Nichts" gestellt denken. Dann stellt man sich aber schon ein übernatürliches Wesen vor, das ohne unsere Welt existieren und auch eine solche erschaffen kann, um die Situation des Nichts zu beenden. So hat man sich eine Bestätigung erschlichen, dass es wohl einen Gott geben muss – ein Zirkelschluss, wie bei direkteren Gottesbeweisen auch.

Die Frage ist also unsinnig, weil sie etwas Unmögliches unterstellt bzw. in eine Prämisse aufnehmen müsste. Eine ähnlich unsinnige Frage wäre: „Wie fühlt es sich an, tot zu sein?"

Die Geschichte der Wissenschaften zeigt auch, dass jeder Versuch, direkt zu „allumfassenden" Erkenntnissen zu kommen, scheitern muss. „Allumfassend" ist wie das „Nichts" keine Kategorie, die man als Gegebenes analysieren kann; es sind Grenzfälle, man kann höchstens über Annäherungen zu diesen hin etwas Konkretes sagen. So entwickeln sich Wissenschaften auch immer von einfachsten Erkenntnissen zu subtileren. Galilei z. B. begann die Physik mit einem einfachen Fallexperiment und mit der mathematischen Beschreibung seiner experimentellen Ergebnisse; in den folgenden 400 Jahre hat man zunächst die Phänomene unserer Erfahrungswelt und dann die Quantenphysik und die Kosmologie entwickelt. Die Gegenstandsbereiche sind also zunächst sehr eng umgrenzt und konnten erst bei Erfolg ausgeweitet werden.

Außerdem ist dieser Rückzug auf eine „alles bestimmende Wirklichkeit" irreführend. Mit diesem Begriff könnte sich sogar ein Atheist anfreunden. Dass es da etwas gibt, was man das „Ganze" nennen kann, und dass man sogar in typisch menschlicher Form fragt: „Was soll das Ganze?", ist auch verständlich. Da könnte man sogar noch akzeptieren, dass man diese „ganze Wirklichkeit", was auch immer das sein soll, „Gott" nennt. Das hat aber nichts mit Wissenschaft zu tun.

Auch für die Glaubensgemeinschaft selbst, der die Theologie doch dienen soll, ist dieser Begriff blutleer und wenig hilfreich. Würde man behaupten: „Es gibt eine alles bestimmende Wirklichkeit", so würde man schwerlich Widerspruch ernten, im Gegensatz zur Aussage „Es gibt einen Gott". Beide Begriffe sind höchst vage, aber um eine „alles bestimmende Wirklichkeit" hätte es wohl nie Religionskriege gegeben. Dafür wäre niemand gestorben. Kann man denn eine so unklare „Wirklichkeit" auch anrufen, auf sie eine Hoffnung setzen oder zu ihr beten? Wichtige Funktionen einer Religion werden so ausgeblendet.

Früher diente dieser Anspruch, eine Erklärung für das „Ganze" zu liefern, noch dazu, die Theologie als Königin der Wissenschaften zu bezeichnen. Heute, nachdem alle großen philosophischen Systeme gescheitert sind, wirkt dieses Zielen auf das „Ganze" maßlos und veraltet. Das spürte schon Goethe, als er im *Faust* den Mephisto sagen lässt: „Das Ganze ist nur für einen Gott gemacht."

In der Praxis ist doch der Gegenstand z. B. der christlichen Theologie das Bündel von Vorstellungen, die im Laufe der Zeit von der Niederschrift der Apostelgeschichte und der Evangelien bis heute bei der Rezeption dieser sogenannten heiligen Schriften entstanden sind. Diese werden als Wort Gottes angesehen, und man glaubt, dass der Heilige Geist die Kirche in der Auslegung leitet.

5.3 Prämissen der christlichen Theologie

Die Offenbarung sowie die schriftliche und mündliche Überlieferung der Kirchen sind nach deren Verständnis unhinterfragbar wahr, können so als Prämissen dienen.

In der Theologie haben wir also den Fall vor uns, dass ihr Gegenstand gleichzeitig auch die Prämissen darstellt.

Aufgaben der Theologie

Die Theologie hat die Aufgabe, aus diesen Prämissen „Erfahrungen und Reflexionen über Gott, Mensch und Welt mittels verschiedener wissenschaftlicher Methoden für die Gegenwart zu erschließen". Überdies betrachte sie es auch als ihre Aufgabe, „überliefertes Glaubensgut im Licht der Gegenwart zu reflektieren und Deutungs- und Handlungsperspektiven für die Zukunft" zu entwickeln. (Theologische Fakultät 2015).

Die Prämissen sind hier also weder evident wie in der Euklid'schen Geometrie, noch können sie als abstrakte Prinzipien aus Basissätzen „erraten" werden wie in der Physik oder auch mitunter in der Jurisprudenz; sie sind nach dem Verständnis der Theologen übernatürlich und von einem Gott gegeben.

Man kann sie mit den Methoden der Philologie und Geschichtswissenschaften untersuchen und versuchen, sie insgesamt systematisch zu ordnen. Man kann sich aber auch mit den Aussagen dieser Quellen auseinandersetzen und fragen, wie der Glaube vor der Vernunft verantwortbar ist und was man dagegen als Aberglauben ansehen will. Das geschieht in der Fundamentaltheologie und in der Dogmatik. Hierhin gehören die Frage nach einer inhaltlichen Systematik und damit die Frage, ob man dabei von einem Begründungsnetz reden kann und von welcher Art es gegebenenfalls ist. Nur mit diesem Teil der Theologie haben wir es also hier zu tun.

Glaube versus Vernunft

Das Lehramt hat im Laufe der Jahrhunderte zahlreiche Aussagen über das Verhältnis von Glaube und Vernunft gemacht. Im „Denzinger" wird es einem leicht gemacht, solche zu finden. Über den Glauben selbst heißt es dort u. a.: „Der Glaube ist eine übernatürliche Tugend, durch die das Geoffenbarte aufgrund der Autorität des geoffenbarten Gottes geglaubt wird" (Denzinger, Art. 3008). „Glaube ist eine freie Zustimmung, die der Gnade folgt und nicht notwendig durch Beweise veranlaßt wird" (Denzinger, Art. 3010). Wie in Art. 3015 aber ausgedrückt wird,

wird der Glaube als eine Form der Erkenntnis angesehen. Die Zitate stammen aus der Dogmatischen Konstitution *Dei Filius* des 1. Vatikanischen Konzils von 1870.

In der gleichen Konstitution findet man auch verbindliche Aussagen über das Verhältnis von Glaube und Vernunft: „Er [der Glaube] befreit und schützt die Vernunft vor Irrtümern und stattet sie mit vielfacher Kenntnis aus" (Denzinger, Art. 3019). Danach steht also der Glaube über der Vernunft; der Vorrang des Glaubens vor der Vernunft ist beständige Lehre der Kirche, das zeigt sich u. a. in folgenden Zitaten:

- In einem sogenannten Breve verurteilte 1835 Papst Greor XVI. das Prinzip des Bonner Theologen Georg Hermes, „daß die Vernunft erste Hauptnorm und das einzige Mittel sei, mit dessen Hilfe der Mensch zur Erkenntnis der um die übernatürlichen Wahrheiten gelangen könne" (Denzinger, Art. 2738).
- Im Jahre 1862 weist Pius IX. die Lehren des Münchner Theologen Jakob Frohschammers als Irrlehren zurück und schreibt u. a.: „Und da [...] Glaubenssätze freilich über der Natur stehen, können sie mit natürlicher Vernunft und mit natürlichen Prinzipien nicht berührt werden. Niemals kann die Vernunft dazu befähigt werden, mit ihren natürlichen Prinzipien solche Glaubenssätze wissenschaftlich zu behandeln" (Denzinger, Art. 2854).
- Im Antimodernisteneid von 1910 wird die Auffassung verworfen, dass der Theologe „die Schriften der einzelnen Väter unter Ausschluß jedweder heiligen Autorität allein nach Prinzipien der Wissenschaft [...] auslegen" müsse (Denziger, Art. 3547).

Das Ansehen der Vernunft im Sinne einer wissenschaftlichen Betätigung ist im letzten Jahrhundert aufgrund zahlreicher neuer und beeindruckender Erkenntnisse, insbesondere in den Naturwissenschaften, weiter gewachsen. Andererseits spricht man in kirchlichen Kreisen besorgt von einer „Verdunstung des Glaubens". Mit Kardinal Ratzinger wurde im Jahr 2005 ein Theologe zum Papst gewählt, der die Diskussion um das Verhältnis von Glaube und Vernunft aus der Scholastik sehr gut kannte. Er sah die Notwendigkeit, das Thema in dieser Zeit, die so stark durch die Wissenschaften geprägt ist, wieder ins Gespräch zu bringen.

Interessant sind dabei insbesondere die Ideen, die Ratzinger als Papst Benedikt XVI. (2015) in seiner Regensburger Rede geäußert hat. Er erinnerte an das Argument des Kaisers Manuell II. Palaeologos, das dieser im Jahre 1391 in einem Gespräch mit einem gebildeten Perser angeführt hat, als es um die Frage ging, ob man eine Bekehrung mit Gewalt erzwingen sollte. Dieses Argument lautete: „Nicht vernunftgemäß handeln ist dem Wesen Gottes zuwider."

Benedikt führte diese Ansicht des Kaisers auf dessen Bildung in griechischer Philosophie zurück und sieht hier einen „Einklang zwischen dem, was im besten Sinne griechisch ist, und dem auf der Bibel gegründeten Gottesglauben". Er verweist dazu auf den Anfang des Johannes-Evangeliums: „Im Anfang war der Logos."

Dieser Satz ist dem Anfang des 1. Buch Moses aus dem Alten Testament in griechischer Übersetzung nachempfunden. Für Benedikt sind nämlich schon bei der griechischen Übersetzung des Alten Testaments (Septuaginta, 200 v. Chr.–100 n. Chr.) griechisches Denken und biblischer Glaube auf eine Weise begegnet, die „für das Entstehen des Christentums und seine Verbreitung entscheidende Bedeutung gewann". Damit habe das Christentum die Wertschätzung der Vernunft übernommen. Auch wenn der Glaube die Vernunft übersteige, und „mehr wahrzunehmen vermag als das bloße Denken", so stehe doch christlicher Gottesdienst „im Einklang mit unserer Vernunft".

Benedikt sieht in der Neuzeit Tendenzen zu einer „Selbstbeschränkung" der Vernunft, etwa durch die liberale Theologie und die historische-kritische Auslegung des Neuen Testaments, insbesondere aber durch das naturwissenschaftliche Denken. Diese neuzeitliche, moderne Auffassung der Vernunft sei eine Synthese zwischen Empirismus und Platonismus.

Als Platonismus bezeichnet er seine Vorstellung, dass „die mathematische Struktur der Materie vorausgesetzt wird". Diese Struktur mache es möglich, die Materie „in ihrer Wirkform zu verstehen und zu gebrauchen". An anderer Stelle weist er auch auf „die Korrespondenz zwischen unserem Geist und den in der Natur waltenden rationalen Strukturen" hin. Hier zeigt sich sein Denken im Sinne von Thomas von Aquin (1225–1274), der, wie Albertus Magnus auch, die Philosophien von Platon und Aristoteles mit der christlichen Theologie verband und dadurch zu einem der bedeutendsten Theologen des Mittelalters wurde. Bestimmte Lehrsätze der thomistischen Philosophie erhielten sogar Anfang des 20. Jahrhunderts offizielle Anerkennung von der römisch-katholischen Kirche (Denzinger, Art. 3601 ff.).

Die Vorstellung Platons, dass es eine Welt gibt, in der Ideen, also auch mathematische Ideen, existieren, muss natürlich jedem einleuchten, der an einen Gott glaubt, und wenn noch Gott und Logos eins sind – oder wie Meister Eckhart (1260–1328) es ausdrückte, Gott Intellekt oder Denken (Erkennen) ist –, liegt der Gedanke nahe, dass die Materie schon den Geist, eine mathematische Struktur, in sich trägt.

Als Empirismus bezeichnet Benedikt die Einstellung, dass „die Möglichkeit der Verifizierung und Falsifizierung im Experiment erst die entscheidende Gewissheit liefert". Hier ist offensichtlich der Begriff der Wahrheit als „Übereinstimmung mit den Tatsachen" gemeint. Dieses Verständnis von Wahrheit geht auf Aristoteles zurück und wird auch von Thomas von Aquin vertreten.

Benedikt interpretiert die neuzeitliche Vernunft also in Begriffen und Vorstellungen des „Thomismus" und unterstellt ihr weiterhin, dass sie zu folgendem Schluss komme: „Nur die im Zusammenspiel von Mathematik und Empirie sich ergebende Form von Gewissheit gestattet es, von Wissenschaftlichkeit zu sprechen." Wollte man von dieser Sicht aus die Theologie betrachten, bliebe „vom Christentum nur ein armseliges Fragment übrig". Die Gottesfrage werde aber so ausgeschlossen. Das sei eine „Verkürzung des Radius von Wissenschaft und Vernunft".

Und der Mensch selbst werde dabei verkürzt. Die „menschlichen Fragen, nach unserem Woher und Wohin", könnten dann „in dem Raum der von der Wissenschaft umschriebenen Vernunft nicht Platz finden", müssten ins „Subjektive verlegt werden" und verlören somit ihre gemeinschaftsbildende Kraft. Das subjektive Gewissen würde zur letztlich einzigen ethischen Instanz, das Ethos verfalle in Beliebigkeit. Er spricht von allerlei Bedrohungen, derer man „nur Herr werden könne, wenn Vernunft und Glaube wieder zueinander finden" würden.

So plädiert er für eine „Ausweitung des Vernunftbegriffs", bei der offensichtlich der Glaube hinzutreten soll; Theologie als Frage nach der Vernunft des Glaubens gehöre „an die Universität und in ihren weiten Dialog der Wissenschaften hinein".

Aus mehreren Gründen kann jemand, der die „moderne Vernunft" kennt, diese Analyse nicht nachvollziehen.

Zunächst: Die platonische Sicht auf das Verhältnis von Natur und rationalem Denken entspricht gar nicht der „neuzeitlichen Vernunft". Diese kommt mit viel weniger Annahmen aus und orientiert sich an dem heutigen Wissen über die Natur: Die Materie hat zwar Struktur, aber keine mathematische oder rationale. Mathematik betreiben Menschen, sie ist eine Form von logischem Denken, die im Rahmen unserer Evolution ausgelesen wurde – wie unsere anderen geistigen und nichtgeistigen Fähigkeiten auch. Die Art unseres Denkens ist also nicht in der Materie vorgebildet; es verhält sich umgekehrt: Unser Denken musste sich im Laufe der Evolution an die Struktur der Materie anpassen, um überleben zu können. Statt einer Ratio oder eines „Geistes" in der Materie braucht man somit nur eine Struktur der Materie und die Evolution des Menschen, also nur das, was man zweifelsfrei beobachten kann.

Eine tiefer gehende Antwort als hier angedeutet ist somit eher von Paläoanthropologen zu erwarten und nicht von Philosophen oder Theologen, wie Benedikt es vermutet. Eine historische Rekonstruktion der Menschwerdung, insbesondere unserer geistigen Fähigkeiten, im Rahmen der Evolution ist gefragt, nicht irgendeine Spekulation.

Die Frage nach der „Korrespondenz zwischen unserem Geist und den in der Natur waltenden rationalen Strukturen" ist von ihm also auf der Basis von Prämissen gestellt, die nach unserem heutigen Verständnis der Natur nicht nur höchst spekulativ, sondern sogar überflüssig erscheinen.

Zweitens: Benedikt unterstellt, dass die moderne Vernunft sich selbst auf das im Experiment Falsifizierbare beschränkt hat. Auch mit dieser Engführung des Begriffs der modernen Vernunft will er wiederum die Notwendigkeit einer irgendwie gearteten Ausweitung der modernen Vernunft aufzeigen. Dahinter steht ein Anspruch, der allerdings von der modernen Vernunft als höchst unvernünftig angesehen wird: der Anspruch, dass ein Glauben eine Erkenntnis sei und dass diese unter dem Banner der Vernunft Führerschaft und unter bestimmten Umständen sogar Unfehlbarkeit in Glaubens- und in Sittenfragen beanspruchen darf, also in Fragen, die die „ganze Wirklichkeit" und das vernünftige Handeln betreffen.

Die Absicht ist zu erkennen, aber es bleibt ohnehin völlig im Dunkeln, in welcher Form „Vernunft und Glaube wieder zueinander finden" sollen. Dass der Glaube einen Gott annimmt, der die Logik respektiert, ja sogar irgendwie „verkörpert", reicht alleine nicht. Benedikt schwebt offensichtlich eine Gesellschaft vor, die im Rahmen einer irgendwie gearteten „Superwissenschaft" oder „Weisheit" mit einer neuen Autorität von Vernunft und Glaube menschliche Fragen „objektiv" beantwortet, dass also auch im Namen der Vernunft Anspruch auf ein einheitliches Weltbild erhoben werden kann – als ob es in der Welt weniger Terror und Leid gegeben hätte, als es im Mittelalter solch ein Weltbild noch gab.

Heute kollidiert er aber mit der Komplexität der Welt und der Bedeutung der Individualität in der heutigen Welt, zu der die Freiheit zählt, eine subjektive Meinung zu allen Dingen zu haben, und in der solcher Subjektivismus auch akzeptiert wird und ausgehalten werden muss.

Mit einer „Ausweitung des Vernunftbegriffs" glaubt er, Platz für den Glauben schaffen zu müssen. Er scheint dazu die anderen Religionen zu Hilfe zu rufen, denn: Eine Vernunft, die „dem Göttlichen gegenüber taub ist", ist nach ihm „unfähig für den Dialog der Kulturen", weil sie den „innersten Überzeugungen der tief religiösen Kulturen" widerspricht. Letzten Endes scheint ihm der Dialog der religiösen Kulturen wichtiger zu sein als die Errungenschaft der Neuzeit in Form der individuellen Glaubensfreiheit einschließlich der Freiheit, die Frage nach einem Göttlichen für sinnlos zu halten.

5.4 Begriffe

Viele Begriffe der christlichen Theologie stammen aus der antiken Kultur. Die ersten Christen waren ja Kinder ihrer Zeit und drückten ihre Visionen und Hoffnungen mithilfe des zeitgenössischen Gedankengutes aus. Die meisten dieser Vorstellungen sind dabei im Kontext von Herrschaftsverhältnissen entstanden. Während solche Vorstellungen heute im Rahmen antiker Religionen als Mythen betrachtet werden, wird ihnen im Gewand des Christentums noch von vielen Gläubigen Realität zugeschrieben. Im Folgenden werden Beispiele mit einigen zugehörigen Stichwörtern aufgeführt.

Begriffe aus dem Vorrat altorientalischer Mythen

Gottessohn

Eine Apotheose, also eine Erhebung eines Menschen zu einem Gott, Halbgott oder Sohn Gottes, war im Altertum die höchste Form einer Verherrlichung. Mit einer solchen Divinisierung gingen auch der Glaube an eine Himmelfahrt des Verstorbenen sowie die Aufnahme in den Götterhimmel einher. So war ein Pharao in Altägypten immer ein Sohn des Gottes Amun. Alexander der Große wurde als ein Sohn des Zeus verehrt, und auch Gaius Julius Cäsar wurde schon zu Lebzeiten durch Senatsbeschluss divinisiert. Nach seiner Ermordung im Jahre 44 v. Chr. wurde dies durch die formelle Erhöhung zur Gottheit Divus Julius bekräftigt; diese galt im Rom seit 42 v. Chr. in der julianischen Religion als einer der höchsten Staatsgötter. Der erste römische Kaiser Augustus (63 v. Chr.–14 n. Chr.), der Großneffe Cäsars, trug dann den Titel Divi filius (Sohn des Vergöttlichen (Julius Cäsar)). Nach seinem Tod wurde er als Divus Augustus verehrt.

Jungfernzeugung, Jungfrauengeburt

In altorientalischen und hellenistischen Erzählungen wurde die Bedeutung der Herrscher oft dadurch betont, dass man ihnen eine göttliche Abstammung zuschrieb. Wesen, die durch die Vereinigung von Göttern mit Menschen entstehen, werden in der Antike noch Halbgötter oder Heroen genannt. Herakles war z. B. der Sohn des Zeus und der Alkmene. Im frühen Christentum wird Jesus dann empfangen durch den Heiligen Geist, indem dieser die „Materie des

Fleisches befruchtet", und Jesus wird „geboren aus der Jungfrau Maria".

Von diesen Vorstellungen einer Jungfernzeugung oder Jungfrauengeburt, in der ein Partner durch einen Gott ersetzt wird, ist das biologische Phänomen der Parthenogenese zu unterscheiden. Der Schweizer Naturwissenschaftler Charles Bonnet (1720–1793) entdeckte diese, als er mit 20 Jahren beobachtete, dass Blattläuse sich ohne Befruchtung, also eingeschlechtlich, fortpflanzen können. Inzwischen kennt man diese Parthenogenese auch bei anderen niederen Tieren sowie bei Pflanzen.

Erlöser, Erlösung

Die babylonische Gefangenschaft (597–539 v. Chr.) hatte im Volk Israels ein tiefes Trauma hinterlassen. Der Wunsch nach einer Wiederherstellung eines Reiches, schon früher durch Propheten angekündigt, blieb dadurch stets lebendig. Man erwartete einen Messias, einen Abkömmling König Davids, der das Volk Israels von Fremdherrschaft und allem Übel dieser Welt erlösen würde. Hunger und Krieg würden dann enden, ein universeller Frieden herrschen und alle Menschen würden den wahren Gott, den Gott Israels, anerkennen. Von orthodoxen Juden wird heute noch dreimal am Tag für das Kommen eines Erlösers gebetet. Die ersten Christen waren mit diese Heilserwartung aufgewachsen und sahen in Jesus den Messias.

Leben nach dem Tod

Die Frage, ob es ein Leben nach dem Tod gibt, hat die Menschen seit frühester Zeit bewegt. In allen Religionen gab es Vorstellungen von einer Fortdauer in einer anderen Welt, sei es im „Reich des Osiris" wie im alten Ägypten, sei es in der „Schattenwelt" des Judentums oder im „Hades", dem Totenreich der Griechen und der Römer.

Schöpfung

Die Vorstellung von einer Schöpfung der Welt durch eine übernatürliche Macht kennt man in allen Religionen. Die Bibel (Altes Testament) greift insbesondere auf die Mythen der Sumerer zurück.

Jüngstes Gericht, Auferstehung

Die Vorstellung von einem Gottesgericht geht vermutlich auf den Zoroastrismus und das babylonische Gottkönigtum zurück. Im Judentum glaubt man an die Erweckung aller Verstorbenen zu einem Endgericht, durch das Gerechte mit dem ewigen Leben belohnt werden. Für die Urchristen hat der Gott Israels das Endgericht an Jesus schon vorweggenommen, um ihn als Messias und Sohn Gottes zu offenbaren. Sie erwarten dessen Wiederkunft am Ende der Tage als Richter über die Lebenden und Toten.

Mysterien

Bewegen sich die bisher aufgeführten Begriffe noch in der Gedankenwelt der Antike, so entstanden im Laufe der Jahrhunderte Begriffe für Glaubensinhalte, die später Thomas von Aquin nur als Mysterien („mysteria stricte dicta") bezeichnen konnte, als Aussagen, die der menschlichen Vernunft nicht zugänglich sind. Einige Beispiele sind im Folgenden aufgeführt.

Die Zwei-Naturen-Lehre

Im Markus-Evangelium wird Jesus zunächst als der Messias und Sohn des alttestamentlichen Gottes angesehen, im Matthäus-Evangelium dann als in Maria durch das Wirken des Heiligen Geistes Gezeugter. Nach vielen Streitigkeiten in den ersten Jahrhunderten wird auf dem Konzil von Chalcedon (451) die Zwei-Naturen-Lehre („wahrer Gott und wahrer Mensch", „unvermischt, unverändert, ungeteilt und ungetrennt") festgelegt.

Menschwerdung Gottes

Mit der Überschattung des Heiligen Geistes ist in Maria kein neues Wesen entstanden, das wie bei einer biologischen Zeugung seine Eigenschaften zur Hälfte vom Vater und zur Hälfte von der Mutter erhält. Gott ist auf besondere Weise Mensch geworden, und Jesus von Nazareth trägt so die zwei Naturen Gott und Mensch unvermischt in sich.

Die Trinität

Die Lehre von der Trinität oder Dreifaltigkeit, d. h. der Wesenseinheit Gottes in drei Personen, wurde zwischen 325 und 675 entwickelt. Die drei Personen sind Gott Vater, Sohn Jesus Christus und Heiliger Geist, der durch Hauchung aus Gottvater und Sohn Gottes „ausgeht".

Der stellvertretende Tod Jesu

Der gewaltsame Tod Jesu am Kreuz ist nach christlicher Lehre nach einem Plan Gottes geschehen, um die Verfehlungen der Menschen zu sühnen. „Um alle Menschen, die aufgrund der Sünde dem Tod verfallen waren, mit sich zu versöhnen, hat Gott die liebevolle Initiative ergriffen, seinen

Sohn zu senden, damit dieser sich für die Sünder dem Tod überliefere. Im Alten Testament angekündigt, insbesondere als Opfer des leidenden Gottesknechts, geschah der Tod Jesu gemäß der Schrift'" (Katechismus der Katholischen Kirche – Kompendium 2005, Art. 599–605). Durch dieses Sühnopfer sind die Menschen vom Tod erlöst.

Die Transsubstantiation

Auch die Lehre von der Transsubstantiation, erst im Jahre 1059 auf dem Laterankonzil beschlossen und noch heute in der römisch-katholischen Kirche und in den mit Rom unierten Ostkirchen verbindliches Glaubensgut, kann vernunftmäßig nicht eingesehen werden und nur zu den Mysterien gezählt werden. Nach Aristoteles unterscheidet man bei einem materiellen Körper Substanz und Akzidenzien. Die Substanz ist danach das Wesentliche und Bestimmende des Körpers; akzidentiell sind die der Substanz anhaftenden Eigenschaften, die in verschiedener Weise „hinzukommen" können. Das ließ auch die Vorstellung aufkommen, dass die Substanz „unter den Akzidenzien" ausgewechselt werden kann. Sie spielte in dem Streit um die rechte Interpretation des Satzes „Dies ist mein Leib", der in jeder Messe bei der Eucharistiefeier gesprochen wird, eine große Rolle.

Nach der Transsubstantionslehre wird mit diesen Worten die Substanz von Brot und Wein kraft priesterlicher Gewalt in das Fleisch und Blut Christi verwandelt. Die Akzidenzien bleiben dabei erhalten, sodass wir mit unseren Augen weiterhin Brot und Wein sehen. Der wahre Leib Christi ist dann also in jeder Hostie gegenwärtig; er wird bei der Kommunion „mit den Händen der Priester berührt und gebrochen und mit den Zähnen der Gläubigen zerrieben", wie der Dialektiker Berengar von Tours im Jahre 1059 auf der Synode in Rom zu bekennen gezwungen wurde (Denzinger, Art. 690). Damit musste er seiner Irrlehre abschwören, dass Brot und Wein nur ein Zeichen für die Realpräsenz Christi im Sinne einer geistig-moralischen Gegenwart bei dem Abendmahl sei (vgl. auch Flasch 2011b, S. 89).

5.5 Glaubenssätze – das Problem der Wahrheit

Die Theologie macht im Gegensatz zur Rechtswissenschaft auch Aussagen über die Welt des „Seins". Solche Aussagen sind nachprüfbar, man kann also nicht wie in der Rechtswissenschaft auf die Frage nach der Wahrheit im Sinne der Übereinstimmung mit den Tatsachen verzichten.

Für einen Außenstehenden ist bei dieser Frage das Defizit der Theologie hinsichtlich der Wissenschaftlichkeit am deutlichsten. Mit dem Aufkommen der Realwissenschaften haben die Menschen erfahren, dass es auch über den Alltag hinaus verlässliches Wissen geben kann, das objektiv nachprüfbar ist und sogar Grundlage für alle möglichen technischen Gerätschaften bietet, mit denen man kontrolliert und reproduzierbar in die Natur eingreifen kann. Dieser Grad der Gewissheit war ganz neu. Es gab offensichtlich nun auch Wissen über die Natur, das von allen anerkannt werden musste, wollte man sich nicht der Vernunft verschließen. Wahrheit als Übereinstimmung mit den Tatsachen, auch über das unmittelbar Beobachtbare hinaus – eine Übereinstimmung, die man jederzeit bestätigen konnte, wenn man sich nur das nötige geistige und materielle Rüstzeug geholt hatte –, wurde so zu einer ganz neuen Erfahrung.

Die Theologie war, wenn sie Aussagen über die Welt machte, dieser neuen Wissenschaft hoffnungslos unterlegen. So verdrängten die Realwissenschaften bald vollständig die Theologie, wenn es um ein Wirken in der realen Welt ging. Technik, Medizin, Soziologie usw. rechnen nicht mit der Wirkung einer übernatürlichen Instanz, und vor Gericht kann man sich auch nicht darauf berufen.

Erkennen einer persönlichen Wahrheit

Zunächst scheint es eine gute Strategie zu sein, sich auf Gebiete zurückzuziehen, in denen die Wahrheitsfähigkeit im objektiven Sinne nicht verlangt werden kann. Das menschliche Zusammenleben und die Reflexion über das eigene Leben werfen ja Fragen auf, die sich nicht objektiv, sondern nur auf der Basis persönlicher Überzeugungen und Intentionen beantworten lassen.

Vom Anspruch auf Wahrheit kann man aber nicht lassen, will man den Glauben nicht bedeutungslos werden lassen. Man musste also zu einem anderen Begriff von Wahrheit Zuflucht nehmen.

Eine oft von Theologen geäußerte Überzeugung besteht nun darin, dass alle Menschen im Grunde auf der Suche nach der „Wahrheit" seien und ihre „Vernunft auf das Unbedingte drängt". Der Begriff der Wahrheit im theologischen Kontext ist von seiner Geschichte her wohl am besten als „Verlässlichkeit" zu deuten, hinsichtlich des Erkannten, aber insbesondere auch im Vollzug des Lebens. Mit dieser Bedeutung von Wahrheit wird die Aussage im Johannes-

Evangelium, dass Christus „der Weg, die Wahrheit und das Leben ist" (Joh 14,6) verständlich. Es wird da behauptet, dass der Glaube einen verlässlichen Weg für das gute Leben darstellt. Profaner formuliert, eine Religion ist eine Strategie für die Bewältigung der Wechselfälle des Lebens, also eine Strategie der „Kontingenzbewältigung".

Wahrheit wird so zu einer persönlichen Wahrheit, zu einer Überzeugung, die eine Antwort auf die Frage gibt, womit man leben kann. Es wird also die Wahrheit lediglich in Bezug auf das Leben der Menschen bezogen, auf eine verlässliche Begleitung im Vollzug des Lebens wie auf die Deutung des Lebens. Das könnte man dahingehend interpretieren, dass die Theologie inzwischen gelernt hat, keine Aussagen über „diese Welt" zu machen.

Erkennen einer Wahrheit in einer „anderen Welt"

Aber ganz ohne solche Aussagen geht es doch nicht. Da gibt es den Glauben an ein Leben nach dem Tode oder, in der römisch-katholischen Kirche, den Glauben an die leibhaftige Anwesenheit Christi in der Eucharistie, um nur zwei Beispiele zu nennen. Solche Aussagen sind mit dem heutigen Wissen über die Natur nicht vereinbar. Wer diese Aussagen verteidigt, muss dann behaupten, dass sich das Leben nach dem Tod bzw. die Realität der Anwesenheit Christi in einer „anderen Wirklichkeit" ereignet. Die Annahme der Existenz einer solchen Wirklichkeit oder Transzendenz gehört ja gerade zu den Prämissen der Theologie. Diese Annahme erlaubt aber nun, alles Ungereimte und Unverständliche in diese „andere Wirklichkeit" zu schieben und dort als wahr zu deklarieren, von einem Geheimnis des Glaubens zu reden oder davon, dass „bei Gott alles möglich" ist. Immer also, wenn etwas der Vernunft widerspricht, weicht man aus in den Bereich des Glaubens, der ja über der Vernunft stehen soll (Abschn. 5.3).

Besonders radikal reagierte Kardinal Newmann (1801–1890) in seiner Zwei-Welten-Theorie auf die Neuzeit: „Ist nun die Theologie die Philosophie der übernatürlichen Welt und die Wissenschaft die Philosophie der natürlichen, so sind Theologie und Wissenschaft – hinsichtlich ihrer je eigenen Ideen und ihrer tatsächlichen Bereiche – im großen Ganzen ohne Möglichkeit der Kommunikation, unfähig zur Kollision, und sie brauchen höchstens verbunden, nie aber versöhnt zu werden" (Newmann 1957).

Bestätigung der Wahrheit am „Ende der Tage"?

Der evangelische Theologe Wolfhart Pannenberg (1928–2014) geht die Frage nach der Überprüfbarkeit theologischer Aussagen in zwei Schritten an.

Zunächst weist er mit Recht darauf hin, dass es genügt, die Grundaussagen an ihren Folgerungen zu prüfen, so wie es auch in den Naturwissenschaften geschieht. Darin sieht er einen Schlüssel für die Frage nach der Überprüfbarkeit: „Behauptungen über göttliche Wirklichkeit und göttliches Handeln lassen sich überprüfen an ihren Implikationen für das Verständnis der endlichen Wirklichkeit, sofern nämlich Gott als die alles bestimmende Wirklichkeit Gegenstand der Behauptung ist" (Pannenberg 1973, S. 335).

Solche Implikationen können nach Pannenberg nur in den religiösen Erfahrungen mit der damit einhergehenden

Interpretation gesehen werden. Er sieht offensichtlich aber wohl auch die vielen Möglichkeiten, die unser Gehirn hat, uns Eindrücke zu vermitteln, die gar keinen realen Hintergrund haben. Psychologen, Hirnforscher und Historiker können ein Lied davon singen. Aber schließlich kann man immer noch behaupten, dass Gott gerade durch diese Einbildungen und Visionen wirkt, dass diese gerade die Einfallstore für die „andere Wirklichkeit" sind.

Andererseits beziehen sich theologische Urteile auf „die Wirklichkeit im Ganzen", und zwar „auch auf das Ganze ihres zeitlichen Prozesses". So ist „für den, der nicht am Ende, sondern inmitten dieses noch offenen Prozesses seinen Standort hat, kein abschließendes Urteil möglich". Folgerichtig kann erst in der eschatologischen Zukunft, am „Ende der Zeiten", bei der „Wiederkunft des Herrn", über die Wahrheit der Aussagen entschieden werden. Das ist eine Idee, die schon I. M. Crombie (1963) in der Falsifikationsdebatte der 1950er Jahre äußerte.

Vorerst könne man sich nur daran orientieren, wie „Annahmen über die Wirklichkeit im Ganzen sich in theologischen Aussagen bewähren". Er gibt natürlich zu, dass die Frage nach der Bewährung auch umstritten sein und letztlich subjektiv beantwortet wird, formuliert aber Kriterien, anhand derer man erkennen soll, ob theologische Hypothesen nicht bewährungsfähig sind. Aber auch bei der Prüfung anhand dieser Ausschlusskriterien würde man schwerlich zu einhelliger Meinung über eine Bewährung kommen können.

Wollte man diese Idee, dass sich die Wahrheit der theologischen Aussagen erst am „Ende der Tage" erweisen kann, ernsthaft in Erwägung ziehen, so müsste man sie in die Reihe der Axiome aufnehmen. Denn dann setzt man schon am Anfang voraus, dass es „in dieser Welt" keine äußere Instanz gibt, die zur Überprüfung der Aussagen der Theologie über „diese Welt" herangezogen werden kann. Man entzieht sich also von vornherein jeglicher Kritik – eine besonders rigorose Art der Immunisierung. Man wird an den Satz von Karl Barth erinnert: „Kein Nachweis steht dem Theologen zu Gebot, mittels dessen er sich selbst oder anderen beweisen kann könnte, daß er nicht Grillen fängt, sondern Gottes Wort vernimmt und bedenkt" (nach Pannenberg 1973, S. 274, Abschn. 5.1).

5.6 Begründungsformen

In Abschn. 4.5 war ausgeführt worden, dass in einer Theorie hinter der Begründung einer Aussage immer eine Implikation steht, die man als sinnvoll im Kontext des Wissensgebiets erachten will. Eine Implikation ist eine Verknüpfung zweier Aussagen im Rahmen der Aussagenlogik, die in etwa der umgangssprachlichen Wendung „wenn A, dann B" entspricht, wobei A bzw. B jeweils für eine Aussage stehen. Präziser bedeutet die Implikation ein „stets wenn A, dann B", und sie wird durch $A \rightarrow B$ symbolisiert. (Nicht zu verwechseln ist die Implikation mit der Replikation $A \leftarrow B$, d. h. „nur wenn A, dann B", woraus natürlich folgt, dass $B \rightarrow A$ gilt; Abschn. 2.4).

Eine Implikation ist noch kein logischer Schluss. Ein solcher ergibt sich z. B. erst im Modus ponens $A, A \rightarrow B \Rightarrow B$, in dem man als Prämissen die Wahrheit von A und die Wahrheit der Implikation voraussetzt.

Verknüpfen im Sinne einer Implikation kann man im Prinzip alle möglichen Aussagen; die Frage ist nur, ob man dieser Verknüpfung einen Sinn geben kann und ob man beim Akzeptieren verschiedenster Verknüpfungen zu einem System kommt, das als Ganzes einen Sinn ergibt. Bei der Sinngebung einer einzelnen Verknüpfung scheint man nämlich noch eine gewisse Freiheit zu genießen, wenn man sie aber im Kontext der anderen Verknüpfungen sieht, können „sich die Sachen stoßen". Es dürfen z. B. keine Widersprüche auftreten, und dort, wo Aussagen als wahr gelten sollen, müssen diese auch den Tatsachen entsprechen. Schließlich muss man sich fragen, was es bedeutet, wenn eigene Aussagen mit denen anderer Begründungsnetze kollidieren. Die Kollision zweier Theorien im Rahmen der Physik hat zwar immer zu Fortschritten geführt, das muss aber nicht in jedem Wissensgebiet gelten. Die Sinnstiftung für ein ganzes System von Aussagen ist also stets viel heikler, wenn man sich denn auch um eine Konsistenz überhaupt kümmert.

Sich dies hier vor Augen zu führen – auch auf die Gefahr hin, dass es als Wiederholung aufstößt –, scheint mir wichtig zu sein. Wenn man Begründungsformen in der Theologie studieren will, scheint es doch genau deren Aufgabe zu sein, in die Menge der überlieferten Aussagen ein Netz von Begründungen einzuziehen und daraus ein System zu machen. Die Frage ist, ob das Vorgegebene dazu geeignet ist.

Implikationen in der Theologie

Die am häufigsten vorkommende Implikation in der Theologie ist die Auslegung der Schrift. Wenn in der Überlieferung die Aussage A zu lesen ist, dann folgt die Aussage B. Das ist die Begründung durch Verweis auf die Heilige Schrift. Das Antezedens dieser Implikation ist also eine Prämisse des gesamten Systems. Die Konklusion kann man als „Glaubensfolge" bezeichnen, analog zur „Rechtsfolge" der Jurisprudenz. Diese Glaubensfolge kann sich u. a. auf die Bedeutung eines Begriffs beziehen oder auf eine Aussage über Gott.

Begründung durch Berufung auf eine Autorität

Wie soll man in einer Religion sinnvolle von nicht sinnvollen Implikationen unterscheiden? Welche Auslegung ist bibeltreu, welche verfälscht den überlieferten Glauben? Welche Rolle spielt die Tatsache, dass der Glaube Vorrang vor der Vernunft haben soll?

Wer sich die Prämissen mit den damit einhergehenden Begriffen der christlichen Theologie vor Augen führt, wird nicht erwarten, dass man irgendeine rationale Grundlage findet, auf der man diese Fragen entscheiden kann. Dagegen erscheint die Situation in der Jurisprudenz relativ einfach zu sein. Wenn man sich in einer Gesellschaft zu gewissen Zielen, wie sie etwa die Grundrechte darstellen, durchgerungen hat, sind diese als Begründung für Rechtsfolgen unmittelbar einsichtig, auch wenn man über den richtigen Weg zur Erreichung der Ziele streiten kann. Wenn aber Aussagen über „Gott und die Welt" vorgelegt werden, vermischt mit Mysterien, unvorstellbaren Begriffen und nicht eindeutig fassbaren Aussagen, ist bei den Implikationen zunächst alles möglich; man darf dabei nur nicht das ganze System infrage stellen und sich damit außerhalb der Gemeinschaft der Gläubigen stellen. In der Physik gibt es zwar auch „Unvorstellbares", wie in Abschn. 3.2 ausgeführt. Hier gibt es aber eine rationale Möglichkeit, nämlich mithilfe der Mathematik, damit umzugehen. In der Theologie ist nichts dergleichen vorhanden.

Diese große Unbestimmtheit in der Bewertung jeder möglichen Verknüpfung zweier Aussagen führt zwangsläufig dazu, dass sich eine Priester- bzw. Gelehrtenkaste entwickelt, die darüber entscheidet, welche Implikation als sinnvoll angesehen werden soll, welche Begründung als richtig zu gelten hat. Diese muss dann auch über die rechte Art der Vermittlung wachen.

Dabei entstehen Autoritäten und Hierarchien. Im Judentum sind es die Rabbis, in der evangelischen Kirche sind es bestimmte Organe der Kirchenleitung. Am deutlichsten zeigt sich die hierarchische Struktur des Lehramts in der katholischen Kirche. Hier gibt es den Unfehlbarkeitsanspruch des Papstes in Glaubensfragen und die Verbindlichkeit der Konzilsaussagen. „Roma locuta, causa finita", diese Redensart von Augustinus beschreibt treffend, dass die Berufung auf eine Autorität eine bedeutende Rolle spielt. In der Tat gilt das auch heute noch. In der *Instruktion über die kirchliche Berufung des Theologen*, einer Verlautbarung des Apostolischen Stuhls von 1990 (Bischofskonferenz 1990), wird den Entscheidungen des Lehramts der absolute Vorrang gegeben. Man liest Sätze wie „Da er nie vergessen wird, daß auch er ein Glied des Volkes Gottes ist, muß der Theologe dieses achten und sich bemühen, ihm eine Lehre vorzutragen, die in keiner Weise der Glaubenslehre Schaden zufügt. Die der theologischen Forschung eigene Freiheit gilt innerhalb des Glaubens der Kirche."

Zu diesem Glauben gehören insbesondere auch die unfehlbaren Beschlüsse, z. B. „Allem, was in feierlicher Entscheidung oder kraft des gewöhnlichen Lehramtes als von Gott geoffenbart zu glauben vorgelegt wird, gebührt göttlicher und katholischer Glaube" (Denzinger, Art. 3011), und die Lehrdokumente, z. B. Enzykliken und Verurteilungen von Irrtümern, auch wenn diese Dokumente nicht als unfehlbar vorgelegt werden (Denzinger, Art. 3885). Erst durch eine nachfolgende andere Entscheidung kann eine solche Forderung widerrufen wird. Es gab aber in der Kirchengeschichte nur wenige Beispiele widerstreitender Lehrentscheidungen (Denzinger 2005, S. 1698). Die römisch-katholische Kirche versucht sich den Gehorsam gegenüber ihren Lehrentscheidungen zu sichern, indem sie sich bei Berufungen an einer Universität ein Mitspracherecht hat einräumen lassen. Eine Unbedenklichkeitserklärung des Papstes („Nihil obstat") ist erforderlich.

In der Jurisprudenz gibt es auch solche Hierarchien, z. B. die Verfassungsgerichte der Länder und des Bundes, denn auch auf diesem Gebiet muss es eine Instanz geben, die eine bestimmte Kohärenz der Implikationen herstellt und sichert, so gut wie es eben geht. Der Unterschied liegt hauptsächlich in der Stellung zu den Axiomen und in dem Umgang mit ihnen. In der Theologie sind sie offenbart im Rahmen einer Geschichte und unaufgebbar, in der Jurisprudenz von den Menschen erarbeitet durch leidvolle Erfahrungen im Verlauf der Geschichte und hinterfragbar.

Glaube als Voraussetzung für die Einsicht in Begründungen

Festigen kann man eine solche Autorität dadurch, dass man den Anspruch auf Autorität auch aus dem System selbst begründet. Das geschieht durch eine eigene Glaubensfolge, die verbürgen soll, dass die Entscheidungen der Autorität für die Implikationen richtig sind. Diese besteht im Glauben an das Wirken des Heiligen Geistes. Er belehrt die katholische Kirche und ist Beistand der Päpste und Konzilien in ihren Entscheidungen, aber auch der „Hirten" und Theologen, deren Aufgabe es ist, „die verschiedenen Sprachen [wohl „Diskurse" gemeint] unserer Zeit zu hören, zu unterscheiden und zu deuten und sie im Lichte des göttlichen Wortes zu beurteilen" (Denzinger, Art. 4344). So werden aber die Begründungen bzw. Auslegungen zuvörderst dem „Lichte des Glaubens" unterworfen und dem „Lichte der Ratio" entzogen.

Das steht natürlich im krassen Gegensatz zur Praxis einer jeden Wissenschaft. Dort besteht Einigkeit darüber, dass in der Wissenschaft ein methodischer Atheismus zu gelten hat, denn mit einer Berufung auf eine allwissende übernatürliche Instanz im Rücken kann man begründen, was man will. Natürlich kann man, wie oben ausgeführt, alle möglichen Aussagen miteinander als Implikation verknüpfen und diese als sinnvoll bezeichnen. Aber alle Wissenschaften versuchen für solche Behauptungen so viele inhaltliche Argumente wie möglich ins Feld zu führen, am besten natürlich durch äußere Kontrollinstanzen bestätigte oder zumindest teleologische Argumente wie in der Jurisprudenz, die auch Außenstehenden einsichtig sind.

In der Theologie ist einzig die Binnenanerkennung entscheidend. Ansonsten scheint man dort die Freiheit in der Begründung gnadenlos auszunutzen; dafür sieht man sich immer wieder genötigt, die Richtigkeit der Behauptungen zu beteuern. Das Gefühl von Plausibilität wird dabei aber schon als Wissenschaftlichkeit angesehen (Leonhardt 2009, S. 137), und vage Kriterien wie „methodisch korrekt" oder „wissenschaftlich verantwortet" trifft man an. Aber nirgendwo wird auch nur etwas weiter ausgeführt, was man damit meint. Mitunter wird eine Aussage schon dann als wahr angesehen, wenn sie überhaupt, wie auch immer, begründet wird (Sauter 1973, S. 267; s. auch Kap. 6), und manchmal reicht schon eine „existenzielle Betroffenheit" oder ein persönliches religiöses Erlebnis. Selbst in zeitgenössischen Diskussionen über die Frage, ob denn die Theologie aufgrund ihrer Bekenntnisgebundenheit überhaupt als Wissenschaft angesehen werden kann, sollen Argumente stechen, die nur für Gläubige einsichtig sind (Hünermann 2007, S. 65 ff., 69 ff.). Manche Theologen haben, so scheint es oft, ihre Glaubensperspektive so verinnerlicht, dass sie eine nüchterne säkulare Sicht gar nicht mehr einnehmen können. So bescheinigt man sich dann selbst die Wissenschaftlichkeit.

Probleme bei der Aufrechterhaltung eines Konsenses
Natürlich kann ein System, das sich nur auf einen Konsens stützt, nicht immer alle überzeugen. Jede Autorität provoziert früher oder später Widerspruch. So gab es schon in der frühesten Zeit der Christen heftige Diskussionen um die Interpretation von bestimmten Textstellen. Irgendwann bekam dann eine bestimmte Interpretation die Oberhand

und wurde auf einem Konzil als gültige Lehre verkündet. Die Anhänger anderer Vorstellungen galten als Häretiker und wurden bekämpft, und zwar nicht nur mit gegensätzlichen Thesen, sondern meistens auch physisch. Aussagen der Theologie können ja wegen einer stets möglichen Immunitätsstrategie durch Aufnahme kritischer Punkte in die Reihe der Prämissen nicht falsifiziert werden, sie sind höchstens bekämpfbar. Aus der Sicht der Interpreten, die letztlich die Überhand behalten haben, spricht man so von frühen Irrlehren wie Markionismus, Montanismus, Adoptianismus, Nestorianismus oder Arianismus.

Der Kampf gegen „Irrlehren" zieht sich durch die ganze Kirchengeschichte und dauert auch heute noch an. Nicht immer war der Kampf so erfolgreich, dass die Irrlehre mit der Zeit keine Anhänger mehr fand. Oft bildeten sich separate Traditionen, sodass wir heute eine große Anzahl von christlichen Konfessionen in aller Welt kennen (z. B. Wikipedia 2015b). Nur der Umgang mit Häretikern ist heute ziviler geworden. So wurde der Theologin Uta Ranke-Heinemann „lediglich" die Lehrerlaubnis entzogen, als sie sich dazu bekannt hatte, dass sie an das Dogma der Jungfrauengeburt nicht glauben könne.

Konsistenz des Systems der Implikationen

Die Logik als Wissenschaft hat in der Gedankenwelt der Theologen und in ihrer Ausbildung keinen hohen Stellenwert, man kennt höchstens die Syllogismen von Aristoteles. Eine „theologische Logik" ähnlich einer „juristischen Logik", d. h. eine Diskussion über logische Stringenz, über Fallstricke und Fehlschlüsse, gibt es höchstens im Zusammenhang mit vermeintlichen Gottesbeweisen, kaum aber bei der Ableitung von Aussagen. Selbst wenn einmal ein Logiker sich mit der Religion oder Theologie beschäftigt, geht es ihm vornehmlich um die Anwendung der Logik auf das religiöse Gespräch unter Gläubigen (Bochenski 1968).

Dabei gäbe es genügend zu tun für einen für die Logik sensiblen Geist. Die Attribute, die man Gott gewöhnlich zuschreibt, führen schnell zu Widersprüchen. Gott selbst über die Logik zu stellen, würde aber bedeuten, man könnte alles Nachdenken über ihn auch sein lassen. Es ist hier aber müßig, sich an einer Liste von mehr oder weniger offensichtlichen Widersprüchen abzuarbeiten, wie es die Religionskritik seit Jahrhunderten tut (vgl. aber neuerdings Flasch 2013). Als Antwort darauf wird sich immer eine Erklärung oder Interpretation finden.

Das Problem liegt eher auf der anderen Seite. Die Überlieferung eines geschichtlichen Ereignisses und ihre Interpretation führen zu einem Gesamtbild, das gar nicht genügend eindeutig fassbar ist, um Widersprüche dingfest zu machen. Das System ist nicht falsifizierbar, es werden sich immer Argumente der Rechtfertigung finden; nicht umsonst ist die Apologetik ein großes Gebiet der Theologie.

Nun sind auch physikalische Theorien nicht falsifizierbar. Die Apologetik physikalischer Theorien hat aber einen ganz anderen Charakter, wie wir in Abschn. 3.5 gesehen haben. Wichtig ist hier der Aspekt, dass alle wissenschaftlichen Theorien von neueren Theorien verdrängt werden können, deren Aussagen besser mit der Wirklichkeit übereinstimmen und eine größere Kohärenz aufweisen. Theorien können also in diesem Sinne veralten. Wenn es also darum geht, dass man sich einen Reim über „diese" Wirklichkeit macht und dabei die Naturwissenschaften, Geschichtswissenschaften und Psychologie in Konkurrenz zur Theologie auftreten lässt, müsste man die Theologie als eine veraltete Theorie ansehen.

Geht es aber um ein „gutes Leben", um Stütze und Hoffnung auch in schweren Lebenssituationen oder um die Frage nach einem Sinn im Leben, so gibt es heutzutage allerdings auch viele andere Möglichkeiten, keine objektiven Maßstäbe. Da hängt es von der Person ab, von seiner Erziehung und allgemeinerer Sozialisation, von seinen Erfahrungen, welche „Praxis" besser ist. So ist es auch folgerichtig, dass die Freiheit des religiösen und weltanschaulichen Bekenntnisses als ein Grundrecht gilt.

5.7   Sinnstiftung als Wissenschaft – Glaubenswissenschaft?

Theologen wie Ebeling (1912–2001) oder Schillebeeckx (1914–2009) versuchen denn auch die Sinnstiftung des Glaubens als Wissenschaft auszugeben. Die Theologie gehöre nicht einem empirisch-analytischen, sondern einem historisch-hermeneutischen Typus von Wissenschaft an. Die Hermeneutik soll nach Wilhelm Dilthey (1833–1911) die grundlegende Methode der Geisteswissenschaften für die Auslegung bzw. Exegese von Texten sein. Sie bedeutet den Versuch, die Intentionen des Autors sowie den Sinn, den dieser in das Werk hineingelegt hat, aus seinem Werk herauszulesen. Friedrich Schleiermacher (1768–1834) hat dies wohl als Erster explizit ausgesprochen, und Dilthey hat in diesem Zusammenhang einen weiteren wichtigen Aspekt betont: Der Autor ist immer Kind seiner Zeit und seines zeitgenössischen kulturellen Hintergrunds. Man muss das Werk also jeweils auch „aus seiner Zeit heraus" sehen. Hans-Georg Gadamer (1900–2002) schließlich bringt auch noch das Vorverständnis des Interpreten ins Spiel. Goethes *Faust* kann in jeder Generation neu, im Lichte der Zeit etwas anders gelesen werden. Bei der Rezeption eines Textes z. B. sind somit zwei Vorverständnisse und kulturelle Hintergründe im Spiel. Die Sache selbst, um die es im Text geht, kann dadurch jeweils sehr verschieden gesehen werden. Außerdem führt der Versuch, die Bedeutung der einzelnen Teile für das Ganze eines Textes zu erkennen, zu dem, was man die „hermeneutische Spirale" nennt: Durch wiederholtes Bedenken der Teile im Lichte des Ganzen eines Textes und der Präzisierung des Ganzen im Lichte der Teile des Textes wächst das Verständnis. Das ist eine Erfahrung, die man allerdings nicht nur bei der Arbeit an einem geisteswissenschaftlichen Text macht.

Dilthey glaubte übrigens, darüber hinaus noch einen Unterschied zwischen „verstehen" und „erklären" konstruieren zu müssen: „Die Natur erklären wir, das Seelenleben verstehen wir" (Dilthey 1924, S. 143 ff.). Diese Bindung des Begriffs „verstehen" an die Befindlichkeit des Autors eines Textes führte zu der Ansicht, dass es zwei verschiedene Möglichkeiten der Erkenntnis gibt, das „Verstehen" in den Geisteswissenschaften und das „Erklären" in den Naturwissenschaften. Ich halte diese Zuordnung für aufgesetzt und überflüssig. Ich muss z. B. auch erst die Relativitätstheorie verstehen, ehe ich ein Phänomen damit erklären kann. Man versteht etwas als Ganzes, man erklärt einen Einzelaspekt.

Die Anwendung der hermeneutisch-historischen Methode auf die Quellen des Christentums ist also die Arbeit eines Philologen; als historisch-kritische Methode hat sie Eingang in die Theologie gefunden. Auf diese Weise wissen wir mehr über die Geschichte der „biblischen Geschichte" und darüber, welchen Sinn die frühen Christen den Ereignissen ihrer Geschichte gegeben haben.

Dieses Wissen wird aber erst zur Basis für eine Theologie, wenn man die Sinngebung der ersten Christen übernimmt, sie als wahr bezeichnet und für die heutige Zeit interpretiert. Das ist der entscheidende Schritt, der aus Philologie Theologie macht. Es ist wohl nicht nur ein Schritt, sondern ein Sprung. Lessing nannte dies einen Sprung über einen „garstigen breiten Graben". Heutige Theologen reden oft von dem Wagnis des Glaubens.

Mit dem Hinweis auf die hermeneutische Methode hat man also den Kern der Theologie noch nicht erfasst. Es gibt viele andere Mythen und Sagen, die man in hermeneutischer Arbeit untersuchen kann, aber nirgendwo sonst wird dieser Schritt von der Kenntnis der Geschichte zu einem Glauben gemacht.

In einer hermeneutisch-historischen Wissenschaft kommt es nicht so sehr auf Begründungen an, sondern auf Deutung und Sinngebung. Aufgabe der Theologie ist es danach, die urchristlichen Quellen zu deuten und auf dieser Grundlage einen Sinn und ein Ziel des menschlichen Lebens zu entwerfen. Die dabei entstehenden Aussagen können dabei nicht inhaltlich ernsthaft begründet werden, sie können auch nicht in einem intersubjektiven Sinne als wahr bezeichnet werden, sie müssen einfach geglaubt werden. So weit, so gut.

Um aber dennoch den Anspruch aufrechtzuerhalten, zum Kreis der Wissenschaften zu gehören, spricht man von einer Glaubenswissenschaft. Statt einer Gotteswissenschaft nun eine Glaubenswissenschaft – also eine Wissenschaft nicht von Gott, sondern vom Glauben? Solch ein Rückzug ruft nicht unbedingt Respekt hervor. Außerdem ist das Wort ein Widerspruch in sich. Diejenigen, die so sehr bemüht sind, den Unterschied zwischen religiösem Glauben und Wissen herauszustellen, wollen nun behaupten, dass solch ein Glauben „Wissen schafft", also eine Wissenschaft ist. Damit wollen sie eine persönliche Überzeugung als Wissen einer Wissenschaft darstellen. Damit tragen sie aber nur zur Begriffsverwirrung bei und leisten unnötigen Diskussionen Vorschub. Sie sollten das, was sie meinen, besser „Glaubenschaft" nennen.

Sinnstiftung bei den ersten Christen

Der Glaube, der sich allmählich unter den ersten Christen formierte, war auch nichts anderes als Sinnstiftung. Irgendeine Idee von Wissenschaft lag ihnen wohl fern; sie werden in ihrer Situation wohl kaum die Euklid'sche Geometrie gekannt haben. Es ging ihnen um ganz etwas anderes. Die Apostel und Jünger Jesu, die sich nach der Kreuzigung wieder versammelten, mussten mit einer ungeheuren Enttäuschung fertig werden. Diese Enttäuschung verdeutlicht der evangelische Theologe Gerd Theißen (geb. 1943) in dem Kapitel „Wie kam es zur Vergöttlichung Jesu? Die Transformation der jüdischen Religion durch den nachösterlichen Christusglauben" seines Buches *Die Religion der ersten Christen* (Theißen 2008).

Theißen macht die „Dissonanz", die die Jünger und An-hänger Jesu zwischen dem Charisma des Wanderpredigers Jesus und seiner Kreuzigung empfunden haben, verantwort-lich dafür, was diese aus den Ostererscheinungen gemacht haben. Die Erwartung, mit Jesus würde das Volk Israels be-freit, das Reich ihres Gottes beginnen und Jesus dabei „eine entscheidende Rolle im endzeitlichen Geschehen zwischen Gott und den Menschen spielen", wurde nicht erfüllt. Statt-dessen gab es Demütigungen und Spott für den „König der Juden". Zur Überwindung dieser Dissonanz musste „der Gekreuzigte einen noch höheren Rang und Wert erhalten, als ihm ursprünglich zugeschrieben worden war". Jesus wur-de zum „Sohn Gottes". Das war ein Hoheitstitel, der in Alt-ägypten und im Hellenismus schon häufiger an Herrscher verliehen und auch in biblischer Zeit dem Volke Israel oder deren Herrscher zuerkannt worden war (Theißen 2008).

Die ersten Christen gaben ihrem Schicksal damit einen Sinn. Eine Sinnstiftung stand also am Anfang, und zwar im Rahmen einer speziellen geschichtlichen Situation einer Gemeinschaft und vor dem Hintergrund eines altorientali-schen Weltbildes. Erst später ging es um eine Systematisie-rung und dann darum, diese Sinngebung zu einer Art von Wissenschaft zu machen, dabei schließlich um Macht, wie es immer ist, wenn Menschen ihre Interessen vertreten und Bedürfnisse zu befriedigen suchen.

Sinnstiftung und Pantheismus

Mit der Vorstellung, dass die Aufgabe der Religion im Wesentlichen Sinnstiftung ist, hat man sich von der Vor-stellung, dass die Theologie eine Wissenschaft ist, schon weit entfernt. In moderner Zeit haben sich aber sogar Religionsformen herausgebildet, die völlig ohne eine Theologie auskommen. Ich meine hiermit nicht irgendwelche religiös gefärbten Spekulationen oder gar Wahnvorstellungen, sondern die Gedanken, die sich Philosophen oder Wissenschaftler bei der Frage „nach dem Ganzen" gemacht haben.

Bestimmend dabei ist das Gefühl, das Schleiermacher (1979) in seinem Werk *Über die Religion. Reden an die Gebildeten unter ihren Verächtern* so ausdrückt: „Religion ist Sinn und Geschmack fürs Unendliche", und „Anschauen des Universums [...] ist die allgemeinste und höchste Formel der Religion". Sie ist nach ihm „nicht dem Denken verhaftet" und auch nicht die „Furcht vor einem ewigen Wesen und das Rechnen auf eine andere Welt". Sie ist „völlig unabhängig von Moral und Metaphysik", und ein „Spekulieren darüber, ob es einen Gott gibt, ist im Gebiet der Religion leere Mythologie".

Dies ist aber nur eine besondere Anschauungsart des Universums. Die Vorstellung von einem personalen Gott ist dabei nicht nötig. So wie Goethe, Lessing oder Fichte glaubte auch Schleiermacher, dass der Wunsch nach Unsterblichkeit nur einem Egoismus entspringt und nichts mit Religion zu tun hat. Das erinnert alles an den Pantheismus Spinozas und Einsteins.

5.8 Ist die christliche Theologie eine Wissenschaft?

Dem Urteil, das Heinrich Scholz über die Wissenschaftlichkeit der Theologie gefällt hat, wird jeder Naturwissenschaftler zustimmen, der mit dem aristotelischen bzw. Einstein'schen Wissenschaftsverständnis intellektuell sozialisiert worden ist. Fragen wir aber in diesem Abschnitt noch einmal genauer danach, wo die Defizite der christlichen Theologie, wie sie an den Hochschulen betrieben wird, hinsichtlich der Wissenschaftlichkeit liegen. Bei allen vier Kategorien eines Begründungsnetzwerks muss man große Diskrepanzen mit dem Standard moderner Wissenschaften konstatieren:

1. Die Prämissen sind von der Vernunft nicht einsichtig. Der Glaube steht über der Vernunft.
2. Es wird keine äußere Kontrollinstanz für nachprüfbare Aussagen anerkannt, stattdessen wird auf eigene Glaubenssätze wie die Existenz einer „anderen Wirklichkeit" oder auf „das Ende der Zeiten" verwiesen. Auf diese Weise kann jede kritische Aussage in die Prämissen aufgenommen und damit jeglicher Nachprüfung entzogen werden. Dies führt zu einer Großzügigkeit, Implikationen als sinnvoll zu akzeptieren, die in keiner Weise mehr dem heutigen Standard einer Wissenschaft entspricht. Auch wird das Verhältnis von Anzahl der Prämissen zur Anzahl der Folgerungen so groß, dass man gar nicht mehr von einem aristotelischen Begründungsnetz sprechen kann.

3. Eine Eigenschaft, die das gesamte Gedankengebäude der Theologie betrifft, ist die Unveränderlichkeit ihres Kerns. Ihre Dogmen werden als unveränderlich wahr angesehen. Es ist „immerdar derjenige Sinn der heiligen Glaubenssätze beizubehalten, den die heilige Mutter Kirche einmal erklärt hat, und niemals von diesem Sinn unter dem Anschein und Namen einer höheren Einsicht abzuweichen" (Denzinger, Art. 3020), und das „Wesen des theologischen Fortschritts liegt in der Vertiefung, nicht in der Änderung" (Denzinger 2005, S. 1589). Dogmen „sind und waren zu jeder Zeit notwendigerweise die unveränderliche Norm, wie für den Glauben, so auch für die theologische Wissenschaft" (Denzinger, Art. 4536). Es ist keine Wissenschaft denkbar, die solch ein Verhältnis zur Vernunft hat und einen solchen absoluten und im Kern unveränderlichen Wahrheitsanspruch aufstellt.

4. Im Ring der Wissenschaften ist die Theologie ein Fremdkörper, denn eine Erkenntnis, die nur „im Lichte des Glaubens" gewonnen werden kann, kann keine Basis für einen Dialog sein. Theologie ist somit für keine Wissenschaft anschlussfähig. Sie kann wohl Methoden säkularer Fächer nutzen, aber diesen Gebieten im Gegenzug keine Erkenntnisse oder spezifisch theologische Methoden anbieten, weil diese im Widerspruch zum methodischen Atheismus stehen.

Natürlich gibt es keine scharfe Grenze zwischen Wissenschaft und Nicht-Wissenschaft. Aber bei solch gravierenden Defiziten zu allen Standards kann man nicht mehr von einer Wissenschaft sprechen. Die Theologie ist ein großes Gedankengebäude, beeindruckend deshalb, weil zahlreiche

Denker über Jahrtausende daran gearbeitet haben. Beeindruckend mag für manche auch die grundsätzliche Unveränderlichkeit sein, aber die ist gerade einer Wissenschaft fremd.

Die Theologie ist in diesem Sinne eine Rezeption einer Geschichte mit einem historischen Hintergrund. Daraus ein Gebilde zu machen, das einem konsistenten und kohärenten Begründungsnetz auch nur nahekommt, ist einfach nicht möglich. Sie ist eher eine Form von Sinnstiftung. Manche, die für die Religionen einen Platz in unserer globalisierten Welt suchen, sprechen so von der Religion als einem „Sinnanbieter". In der Tat hat heute jeder Mensch einen einfachen Zugang zu mehreren Sinnanbietern, und viele suchen sich aus jedem das ihnen Zusagende heraus. Eine Theologie hat aber einem bestimmten Sinnanbieter zu dienen und dessen Sinnangebot zu profilieren. Dabei muss Theologen notwendigerweise diesen Sinn verinnerlichen, am besten durch eine persönliche religiöse Erfahrung, und deswegen wird die Theologie „immer mehr oder weniger ‚Offenbarungstheologie' sein" (Theißen 2008, S. 410), nie aber eine Wissenschaft.

Das erinnert an den Heinrich Scholz, der sowohl in der evangelischen Theologie als auch in der Mathematik bzw. mathematischen Logik, einer Wissenschaft idealer Form, intellektuell zu Hause war. Sein Urteil über die evangelische Theologie, das sicher auch für die katholische Theologie gilt, lautete, dass Theologie etwas ganz anderes als Wissenschaft ist, „nämlich ein jeder irdischen Nachprüfung entzogenes persönliches Glaubensbekenntnis im dediziertesten Sinne des Wortes" (Abschn. 5.1).

Und er spricht von zwei möglichen Reaktionen auf dieses Ergebnis. Ich wiederhole das entsprechende Zitat hier noch einmal: „Entweder die Flucht vor der Theologie und der Protest gegen sie im Namen der Wissenschaft, oder der Respekt vor den Menschen, die sich – mit irgendeiner Substanz, die ihnen niemand absprechen kann – Dinge abzuringen vermögen, die keine Wissenschaft durchlassen kann, ohne sich selber aufzugeben. Welche von beiden Möglichkeiten man wählt, hängt davon ab, was für ein Mensch man ist und auf was für Menschen man in seinem Leben hat stoßen dürfen." (Abschn. 5.1; Scholz 1971, S. 259)

6

Epilog

Bei den drei hier untersuchten Gebieten Physik, Rechtswissenschaft und Theologie haben sich trotz einer grundsätzlichen Gemeinsamkeit im Aufbau der Gedankengebäude große Unterschiede gezeigt. In der Physik kann man sehen, was der Mensch bis heute in einer Wissenschaft erreichen kann, wenn der Gegenstand genügend elementar ist und auch empirisch zugänglich. Bei den beiden anderen Gebieten werden wir mit der Komplexität der Welt konfrontiert, entweder in der Form der Handlungsfreiheit der Menschen oder bei dem Anspruch, die Welt als Ganzes unter einer einzigen Perspektive zu sehen.

Es ist denkbar, dass ein System von Normen für das Handeln der Menschen konstruierbar ist, und zwar so konsistent und stringent wie in einer nichtformalen Sprache überhaupt möglich. Der Impetus dafür erscheint erlahmt zu sein, zu groß erscheint die Aufgabe angesichts der Fülle von Lebensumständen, die zu berücksichtigen sind. Das Potenzial für eine stringentere Systematik scheint aber noch gar nicht ausgeschöpft zu sein.

Andererseits muss die Hoffnung, „aus dem Stand" Systeme für die „ganze Wirklichkeit" nach Maßstäben eines wissenschaftlichen Standards entwickeln zu können, wie es in der Theologie versucht wird, als Illusion erscheinen. Ein

© Springer-Verlag Berlin Heidelberg 2017
J. Honerkamp, *Die Idee der Wissenschaft*, DOI 10.1007/978-3-662-50514-4_6

Weltbild, gegründet auf wissenschaftlichen Aussagen, wird immer unabgeschlossen sein, kann niemals „fertig mit der Welt" sein. Die „Sehnsucht nach der Wahrheit", die von mancher Seite kultiviert und den Menschen eingeredet werden will, erscheint heutzutage als eine atavistische Haltung aus der Kindheit der Menschheit, in der man die Größe und Komplexität der Welt noch gar nicht begriffen hatte. Das Wissen um unsere evolutionäre Herkunft und um die Beschränktheit unseres Vorstellungsvermögens lassen uns viel bescheidener werden und auch skeptischer gegenüber Verheißungen.

Es hat sich hoffentlich gezeigt, dass es durchaus erhellend ist, die Folie eines aristotelischen Begründungsnetzes auf ein Wissensgebiet zu legen. So wird man sich der Annahmen und Voraussetzungen bewusst, wird sich eher Rechenschaft geben über die Klarheit der Begriffe, die Art der Schlussfolgerungen und den Charakter der Aussagen. Insbesondere kann solch eine Sichtweise den interdisziplinären Dialog fördern. Dabei muss man sich den Fragen Außenstehender stellen und sein Vorverständnis bekennen. Verstiegenheit in abseitige Fragestellungen und Vorstellungen werden so seltener eintreten.

Man mag einwenden, dass diese Folie schon eine unzulässige Einengung des Begriffs der Wissenschaft bedeutet. Aber ist es nicht selbstverständlich, dass ein Wissensgebiet eine bestimmte Ordnung haben sollte und ihre Aussagen durch Begründungen verknüpft sind? Kann man nicht verlangen, dass eine Wissenschaft sich über die Voraussetzungen ihrer Theorien im Klaren sein sollte und die Herkunft ihrer Implikationen hinterfragt?

Reicht es, wenn man sich mit dem Anspruch auf eine gewisse Rationalität begnügt? Ich will mich hier nicht auf die verschiedenen Ausarbeitungen des Begriffs der Rationalität einlassen. Ich meine eine Rationalität im Sinne eines Konsenses einer Gruppe über das, was man als einen brauchbaren Begriff und was als eine sinnvolle Implikation ansieht. So gibt es verschiedene Rationalitäten – je nach kulturellem Hintergrund der Gruppe, je nach dem Gegenstand der Diskussionen und je nach der Zeit, in der man lebt.

Eine Rationalität ist so etwas wie das intellektuelle Milieu einer Wissensgemeinschaft. Innerhalb dieser Gemeinschaft spürt man dieses Milieu nicht. Erst wenn man mit einem anderen Milieu in Kontakt kommt, lernt man das eigene besser kennen. Sind Milieus zu sehr abgeschottet, können sie sich in eine Richtung entwickeln, die als unkritisch, verstiegen oder als verflacht erscheinen, wenn sie irgendwann von außen gesehen werden. Dass auch viel Schlimmeres passieren kann, wissen wir z. B. aus der Geschichte der Jurisprudenz in der Zeit des Nationalismus in Deutschland.

Rationalität ist ein „Wechselbalg", konstatiert der Philosoph Kurt Flasch, der ein Leben lang Erfahrung mit Rationalitäten in historisch-philologischer Forschung, Philosophie und Theologie gewonnen hat. Er weiß: „Bei einiger advokatenhafter Wendigkeit lassen sich für das Schlechteste gute Gründe erfinden." Auch in der Astrologie könne man begründend reden (Flasch 2002).

Rationalität als einziges Kriterium für die Wissenschaftlichkeit zu fordern, reicht also nicht. Es geht eben nicht nur darum, ob es überhaupt eine Begründung gibt, sondern darum, von welcher Art die Begründungen sind. Da sind natürlich keine scharfen Kriterien formulierbar. Wie wir gesehen haben, ist es nicht allein die logische Stringenz, die zu fordern ist. Maßgebend sind letztlich die Implikationen, die man als rational akzeptiert.

Ab wann soll man also von einer Wissenschaft reden? Die Existenz einer äußeren Kontrollinstanz, wie es die Natur für die Naturwissenschaften ist, sollte man nicht fordern. Dann könnte man selbst die Mathematik nicht als Wissenschaft betrachten. Dabei ist sie doch ein Vorbild für alle Wissenschaftlichkeit.

Mathematik und Jurisprudenz haben es mit gedanklichen Konstruktionen zu tun. Warum glauben wir denn, dass die Mathematik unzweifelhaft eine Wissenschaft ist? Der Normalbürger denkt in erster Linie an die Schärfe ihrer Begriffe und die Stringenz ihrer Schlussfolgerungen. Der Gebrauch der Mathematik ist auch konstitutiv für die Physik als strenge Wissenschaft. Aber auch wenn eine mathematische Struktur noch keinerlei Anwendung in irgendeiner anderen Wissenschaft hat, erscheint sie dem, der diese Struktur versteht, beeindruckend, tief liegend und schön, d. h., einfache Annahmen gebären in strenger Logik kaskadenförmig eine Fülle von interessanten, nicht unmittelbar einsichtigen und mitunter überraschenden Aussagen.

Es sind also die Systematisierung in Form eines axiomatisch-deduktiven Systems, die Strenge in der Gedankenführung und die Fruchtbarkeit der Axiome, die uns bei gedanklichen Konstruktionen das Gefühl von Wissenschaft geben, auch wenn es für sie keine äußere Kontrollinstanz gibt. Dann ist eben auch Wissen geschaffen worden, Wissen, das bei gegebenen Prämissen, so verlässlich wie es eben möglich ist, gilt und eine reale Wirkung im Leben der Menschen ausübt.

Man kommt also nicht darum herum, dass man die Charakterzüge aller vier Elemente eines Begründungsnetzes analysiert, wenn man die Nähe eines aristotelischen Begründungsnetzes zu einem axiomatisch-deduktiven System abschätzen will. Wenn es an Tatsachen fehlt und man damit nicht von Aussagen ausgehen kann, die als wahr erkannt werden können, tritt eben die Art der Begriffe und Begründungen in den Vordergrund. Das ganze Denkgebäude, das ganze Begründungsnetz also, dessen Kohärenz, Stellung zur Wirklichkeit und Fruchtbarkeit für das Denken und Leben der Menschen sind zu prüfen.

Die Tatsache, dass es in der Jurisprudenz keine Prämissen gibt, die für alle Zeiten und von allen Menschen als richtig angesehen werden können, sollte nicht mit Enttäuschung wahrgenommen werden. Mehr ist nicht zu erwarten, wenn die Implikationen von Menschen gesetzt werden. Selbst in der Physik, in der die Natur über den Sinn der Implikationen entscheidet, sind die Prämissen der jeweils zeitgenössischen Theorien nicht die absolute Wahrheit; bei einer Erweiterung der Theorie erweisen sie sich als wahr nur in einem bestimmten Phänomenbereich. Hinter ihnen bzw. über ihnen stehen dann noch allgemeinere Prinzipien, die die bisher akzeptierten Prämissen als Spezialfall erscheinen lassen.

Der Glaube, dass wir Menschen eine absolute Wahrheit erkennen können, kann immer nur ein Glaube bleiben, für den allerdings keine rationalen Gründe vorhanden sind.

Literatur

Albert, H. 1982. *Die Wissenschaft und die Fehlbarkeit der Vernunft*. Tübingen: Mohr.

Albert, H. 1991. *Traktat über kritische Vernunft*, 5. Aufl. Tübingen: Mohr.

Alexy, R. 1986. *Theorie der Grundrechte*. Frankfurt am Main: Suhrkamp.

Aristoteles, o. J. Organon, analytica posteriora. 3. Kapitel.

Barth, K. 1930. Die Theologie und der heutige Mensch. *Zwischen den Zeiten* 8:374–396.

Barth, K. 1932. Kirchliche Dogmatik. Band I/1.

Benedikt XVI. 2015. Ansprache von Benedikt XVI. http://w2.vatican.va/content/benedict-xvi/de/speeches/2006/september/documents/hf_ben-xvi_spe_20060912_university-regensburg.html.

Bischofskonferenz. 1990. Instruktion über die kirchliche Berufung des Theologen. http://www.katholische-theologie.info/Portals/0/docs/Glaubenskongr_Instr.Theol%205-1990.pdf. Zugegriffen: 24. August 2015.

BMJV (Bundesministerium der Justiz und für Verbraucherschutz. 2015. Verständliche Gesetze. http://www.bmjv.de/DE/Ministerium/Abteilungen/OeffentlichesRecht/RechtspruefungSprachberatungAllgemeinesVerwaltungsrecht/

© Springer-Verlag Berlin Heidelberg 2017
J. Honerkamp, *Die Idee der Wissenschaft*, DOI 10.1007/978-3-662-50514-4

RedaktionsstabRechtssprache/VerstaendlicheGesetze/_node. html. Zugegriffen: 4. November 2015.

Bochenski, J.M. 1968. *Logik der Religion*. Köln: Bachem. Hrsg. von A. Menne.

Chalmers, A.F. 2007. *Wege der Wissenschaft: Einführung in die Wissenschaftstheorie*, 6. Aufl. Berlin/Heidelberg: Springer. Hrsg. von N. Bergemann und C. Altstötter-Gleich.

Cohen, F. 2010. *Die zweite Erschaffung der Welt – Wie die moderne Naturwissenschaft entstand*. Frankfurt am Main: Campus.

Crombie, I. 1963. *Theology and Falsifikation. New Essays in Philosophical Theology*, 109–130.

Denzinger. 2005. *Kompendium der Glaubensbekenntnisse und kirchlichen Lehrentscheidungen*, 40. Aufl. Freiburg im Breisgau: Herder. Hrsg. von Peter Hünermann.

Dilthey, Wilhelm. 1924. *Gesammelte Schriften. V. Band: Die geistige Welt. Einleitung in die Philosophie des Lebens*. Leipzig und Berlin: Erste Hälfte.

Dijksterhuis, E.J. 1956. *Die Mechanisierung des Weltbildes*. Berlin, Göttingen, Heidelberg: Springer.

Dobelli, R. 2011. *Die Kunst des klaren Denkens – 52 Denkfehler, die Sie besser anderen überlassen*. München: Hanser.

Duhem, P. 1998. *Ziel und Struktur physikalischer Theorien*. Philosophische Bibliothek, Bd. 477. Hamburg: Meiner. Übers. v. *La théorie physique, son objet, sa structure* (1906).

Einstein, A. 1905. Über einen die Erzeugung und Verwandlung des Lichtes betreffenden heuristischen Gesichtspunkt. *Annalen der Physik* 17:132–148.

Einstein, A. 1959. *Mein Weltbild*. Berlin: Ullstein.

Flasch, K. 2002. Welche Rationalität fordert der Philosoph von der Theologie? In *Glaubenswissenschaft? – Theologie im Span-*

nungsfeld von Glaube, Rationalität und Öffentlichkeit, Hrsg. P. Neuner, 15–32. Freiburg im Breisgau: Herder.

Flasch, K. 2011a. *Das philosophische Denken im Mittelalter*, 2. Aufl. Stuttgart: Reclam.

Flasch, K. 2011b. *Kampfplätze der Philosophie*. Frankfurt: Klostermann.

Flasch, K. 2013. *Warum ich kein Christ bin*. München: Beck.

Fölsing, A. 1989. *Galileo Galilei – Prozess ohne Ende*. München/Zürich: Piper.

Fölsing, A. 1993. *Albert Einstein*. Frankfurt am Main: Suhrkamp.

Frege, G. 1879. *Begriffsschrift – eine der arithmetischen nachgebildete Formelsprache des reinen Denkens*. Halle a. S.: Louis von Nebert.

Frege, G. 1884. *Grundgesetze der Arithmetik – eine logisch mathematische Untersuchung über den Begriff der Zahl*. Breslau: Koebner.

Haferkamp, H.-P. 2004. *Georg Puchta und die „Begriffsjurisprudenz"*. Frankfurt am Main: Klostermann.

Hempel, C.G. 1974. *Philosophie der Naturwissenschaften. Wissenschaftliche Reihe*. München: dtv.

Henke, P.J.W. 1868. Jakob Friedrich Fries. Ein deutsches Lebensbild aus dem Anfange unseres Jahrhunderts. In *Monatsblätter für innere Zeitgeschichte – Studien der dt. Gegenwart*, Bd. 31, Hrsg. H. Gelzer, 383–424. Gotha: Perthes.

Höffe, O. 2009. *Aristoteles: Die Hauptwerke – Ein Lesebuch*. Tübingen: Narr Franke Attempto.

Honerkamp, J. 2010. *Die Entdeckung des Unvorstellbaren – Einblicke in die Physik und ihre Methode*. Heidelberg: Spektrum Akademischer Verlag.

Honerkamp, J. 2013. *Was können wir wissen – Mit Physik bis zur Grenze verlässlicher Erkenntnis*. Berlin/Heidelberg: Springer Spektrum.

Honerkamp, J. 2015. *Wissenschaft und Weltbilder*. Berlin/Heidelberg: Springer Spektrum.

Hoping, H. 2007. Einführung. In *Universität ohne Gott? Theologie im Haus der Wissenschaften*, Hrsg. H. Hoping. Freiburg im Breisgau: Herder.

Horgan, J. 2000. *An den Grenzen des Wissens*. Frankfurt: Fischer.

Hruschka, J. 1988. *Strafrecht nach logisch analytischer Methode. Studienbuch*. Berlin: de Gruyter.

HUG-Industrietechnik. 2015. Technik Tabellen – Wellenlängen der sichtbaren Farben. http://www.hug-technik.com/inhalt/ta/farben.html. Zugegriffen: 9. Juli 2015.

Hünermann, P. 2007. Die Theologie und die Universitas litterarum heute und morgen. In *Universität ohne Gott?*, Hrsg. H. Hoping, 59–91. Freiburg im Breisgau: Herder.

Husserl, E. 1911. Philosophie als strenge Wissenschaft. *Logos – Zeitschrift für Philosophie und Kultur*, Bd. I Heft 3, 289-341.

Jammer, M. 1964. *Der Begriff der Masse in der Physik*. Darmstadt: Wissenschaftliche Buchgesellschaft.

von Jhering, R. 1877. *Der Zweck im Recht*. Bd. 1. Leipzig: Breitkopf & Härtel.

von Jhering, R. 1980. *Scherz und Ernst in der Jurisprudenz*. Darmstadt: Wissenschaftliche Buchgesellschaft. Unveränd. Nachdr. der 13. Aufl. Leipzig 1924.

Joerden, J.C. 2010. *Logik im Recht*, 2. Aufl. Heidelberg: Springer.

Kanger, S., und H. Kanger. 1972. Rights and Parliamentarism. In *Contemporary Philosophy in Scandinavia*, Hrsg. R.E. Olson,

A.M. Paul, 213–216. Baltimore/London: The John Hopkins Press.

Kant, I. 1786. Metaphysische Anfangsgründe der Naturwissenschaft. http://www.zeno.org/Philosophie/M/Kant,+Immanuel/Metaphysische+Anfangsgr%C3%BCnde+der+Naturwissenschaft/Vorrede. Zugegriffen: 3.November 2015.

Kant, I. 1797. Die Metaphysik der Sitten, Metaphysische Anfangsgründe der Rechtslehre, Einleitung in die Rechtslehre, § B Was ist Recht? http://www.zeno.org/Philosophie/M/Kant,+Immanuel/Die+Metaphysik+der+Sitten/Erster+Teil.+Metaphysische+Anfangsgr%C3%BCnde+der+Rechtslehre/Einleitung+in+die+Rechtslehre.Zugegriffen. Zugegriffen: 14. Jan. 2016.

Kant, I. 1924. *Kritik der reinen Vernunft*. Wiesbaden: VMA. Ehemalige Kehrbachsche Ausgabe, überarb. von R.Schmidt, unveränderter Nachdruck.

Katechismus der Katholischen Kirche – Kompendium 2005. München: Pattloch-Verlag. http://www.vatican.va/archive/compendium_ccc/documents/archive_2005_compendium-ccc_ge.html. Zugegriffen: 12. Februar 2015.

Kaufmann, A. 2011. Problemgeschichte der Rechtsphilosophie. In *Einführung in Rechtsphilosophie und Rechtstheorie der Gegenwart*, Hrsg. A. Kaufmann, W. Hassemer, U. Neumann, 26–147. Heidelberg: Müller.

Kelsen, H. 2008. *Reine Rechtslehre*. Tübingen: Mohr Siebeck.

von Kirchmann, J. 1848. *Die Wertlosigkeit der Jurisprudenz als Wisenschaft. Sonderausgabe 1966*. Darmstadt: Wissenschaftliche Buchgesellschaft.

Klug, U. 1982. *Juristische Logik*, 4. Aufl. Heidelberg/New York: Springer.

Kowarschick, W. 2015. Russelsche Antinomie. http://glossar. hs-augsburg.de/Russellsche_Antinomie. Zugegriffen: 14. Juli 2015.

Kuhn, T. 1967. *Die Struktur wissenschaftlicher Revolutionen*. Frankfurt am Main: Suhrkamp.

Kuhn, T. 2012. *The Structure of Scientific Revolution. 50th Anniversary*, 3. Aufl. Chicago: The University of Chicago Press.

Lang, A. 1964. *Die theologische Prinzipienlehre der mittelalterlichen Scholastik*. Freiburg i. Br.: Herder.

Leonhardt. 2009. *Grundinformation Dogmatik*. Göttingen/Stuttgart: Vandenhoeck und Ruprecht. UTB 2214.

Lessing, G.E. 1989. Über den Beweis des Geistes und der Kraft. In *Werke und Briefe*, Hrsg. W. Barner. Frankfurt: Deutscher Klassiker Verlag.

Mohr, H. 1981. *Biologische Erkenntnis*. Stuttgart: Teubner.

Morscher, E. 2004a. „Recht auf etwas" – Stig Kangers Begriffsrahmen. In *Was heißt es, ein Recht auf etwas zu haben?*, Hrsg. E. Morscher, 19–56. Sankt Augustin: Academia.

Morscher, E. (Hrsg.). 2004b. *Was heißt es, ein Recht auf etwas zu haben?* Sankt Augustin: Academia.

Morscher, E. 2009. *Kann denn Logik Sünde sein*. Berlin: LIT.

Morscher, E. 2012. *Normenlogik*. Paderborn: mentis.

MPI Hannover. 2016. Gravitationswellen-Detektion. http:// www.aei.mpg.de/gwdetektion.

Molendijk, A.L. 1991. *Aus dem Dunklen ins Helle – Wissenschaft und Theologie im Denken von Heinrich Scholz*. Amsterdam: Atlanta GA.

Münster, U. 2015. Die Geschichte des Instituts für mathematische Logik und Grundlagenforschung. http://wwwmath.unimuenster.de/logik/Geschichte/GeschichteInstitut/index.html. Zugegriffen: 19. Juli 2015.

Nelson, L. 2011. *Typische Denkfehler in der Philosophie, Vorlesungen vom 20. April und 4. Mai.* Philosophische Bibliothek, Bd. 623. Hamburg: Meiner.

Neumann, U. 1986. *Juristische Argumentationslehre.* Darmstadt: Wissenschaftliche Buchgesellschaft.

Neumann, U. 2011a. Wissenschaftstheorie der Rechtswissenschaft. In *Einführung in die Rechtsphilosophie und Rechtstheorie der Gegenwart*, Hrsg. A. Kaufmann, W. Hassemer, U. Neumann, 385–400. Heidelberg: Müller.

Neumann, U. 2011b. Juristische Logik. In *Einführung in die Rechtsphilosophie und Rechtstheorie der Gegenwart*, Hrsg. A. Kaufmann, W. Hassemer, U. Neumann, 298–319. Heidelberg: Müller.

Newmann, J.H. 1957. *Christentum und Wissenschaft.* Darmstadt: Wissenschaftliche Buchgesellschaft. Hrsg. von H. Fries.

Newton, I. 1687. Philosophiae Naturalis Principia Mathematica, deutsche Übersetzung von J. Ph. Wolfers, 1872. Berlin: Robert Oppenheim. https://de.wikisource.org/wiki/Mathematische_Principien_der_Naturlehre. Zugegriffen: 26. April 2016, S. 25.

Pannenberg, W. 1973. *Wissenschaftstheorie und Theologie.* Frankfurt am Main: Suhrkamp.

Pawlik, M. 2012. *Das Unrecht des Bürgers.* Tübingen: Mohr Siebeck.

Peckhaus, V. 2011. Logik und Mathematik in der Philosophie Leonard Nelsons. In *Leonard Nelson – ein früher Denker der Analytischen Philosophie?*, Hrsg. A. Berger, G. Rauspach-Strey, J. Schroth, 193–212. Berlin: LIT-Verlag.

Philipps, L. 2011. Normentheorie. In *Einführung in die Rechtsphilosophie und Rechtstheorie der Gegenwart*, Hrsg. A. Kaufmann, W. Hassemer, U. Neumann, 320–332. München: Müller.

Planck, M. 1900. Zur Theorie des Gesetzes der Energieverteilung im Normalspektrum. In: Verhandlungen der deutschen physikalischen Gesellschaft, 1900, S. 237–245.

Poincaré, H. 1904. *Wissenschaft und Hypothese*. Leipzig: Teubner. Autorisierte deutsche Ausgabe von F. und L. Lindemann.

Popper, K.R. 1989. *Logik der Forschung*. Tübingen: Mohr.

Popper, K.R. 1994a. *Ausgangspunkte – Meine intellektuelle Entwicklung*. Hamburg: Hoffmann und Campe.

Popper, K.R. 1994b. *Die beiden Grundprobleme der Erkenntnistheorie. Aufgrund von Manuskripten aus den Jahren 1930–1933*. Tübingen: Mohr.

Popper, K.R. 2014. *Die Welt des Parmenides – Der Ursprung des europäischen Denkens*, 4. Aufl. München/Zürich: Piper. Hrsg. von Arne F. Petersen.

Popper, K.R., und D.W. Miller. 1983. A proof of the impossibility of inductive probability. *Nature* 302:687–688.

Quine, W.V.O. 1979. Zwei Dogmen des Empirismus. In *Von einem Logischen Standpunkt. Neun logisch-philosophische Essays*, Hrsg. Quine, W.V.O. Quine, 27–50. Frankfurt a.M., Berlin, Wien: Ullstein.

Rawls, J. 1979. *Eine Theorie der Gerechtigkeit*. Frankfurt am Main: Suhrkamp. Originaltitel: Theory of Justice 1971, 1975.

Roßmann, R. 2014. Sprache in Gesetzestexten. Wie meinen? Süddeutsche Zeitung. http://www.sueddeutsche.de/politik/sprache-in-gesetzestexten-wie-meinen-1.2162800 (Erstellt: 8. Okt. 2014).

Russel, B. 1967. *The Autobiography of Bertrand Russel*. London: Routledge.

Russo, L. 2005. *Die vergessene Revolution oder die Wiederentdeckung des antiken Wissens*. Berlin/Heidelberg: Springer.

Rüthers, B., C. Fischer, und A. Birk. 2015. *Rechtstheorie: mit Juristischer Methodenlehre (Grundrisse des Rechts)*, 8. Aufl. München: Beck.

Sauter, G. 1973. Grundzüge einer Wissenschaftstheorie. In *Die Theologie und die neue wissenschaftstheoretische Diskussion – Materialien, Analysen, Entwürfe*, Hrsg. G. Sauter, 211–332. München: Kaiser.

von Savigny, E. 1967. *Die Überprüfbarkeit der Strafrechtssätze: eine Untersuchung wissenschaftlichen Argumentierens*. Freiburg/München: Alber.

Scattola, M. 1999. *Das Naturrecht vor dem Naturrecht – Zur Geschichte des „ius naturae" im 16. Jahrhundert*. Tübingen: Niemeyer.

Schleiden, M.J. 2012. Über den Materialismus der neueren deutschen Naturwissenschaft, sein Wesen und Geschichte. In *Der Materialismus-Streit*, Hrsg. K. Bayertz, M. Gerhard, W. Jaeschke, 283–338. Hamburg: Meiner.

Schleiermacher, F.D. 1799. Über die Religion. Reden an die Gebildeten unter ihren Verächtern. http://www.zeno.org/Philosophie/M/Schleiermacher,+Friedrich/%C3%9Cber+die+Religion/2.+%C3%9Cber+das+Wesen+der+Religion. Zugegriffen: 12.Mai 2015.

Schnädelbach, H. 2012. *Was Philosophen wissen – und was man von ihnen lernen kann*. München: Beck.

Scholz, H. 1947. *Logik, Grammatik, Metaphysik*. Archiv für Philosophie, Bd. 1, 39–80.

Scholz, H. 1961. Der Anselmsche Gottesbeweis. In *Mathesis universalis – Abhandlungen zur Philosophie als strenge Wissenschaft*, Hrsg. H. Hermes, F. Kambartel, J. Ritter, 62–74. Basel/Stutttgart: Benno Schwabe.

Scholz, H. 1965. *Metaphysik als strenge Wissenschaft*. Darmstadt: Wissenschaftliche Buchgesellschaft.

Scholz, H. 1971. Wie ist eine evangelische Theologie als Wissenschaft möglich? In *Theologie als Wissenschaft*, Hrsg. G. Sauter, 221–264. München: Kaiser.

Schröder, J. 1979. *Wissenschaftstheorie und Lehre der „praktischen Jurisprudenz" auf deutschen Universitäten an der Wende zum 19. Jahrhundert*. Frankfurt: Vittorio Klostermann.

Schuhr, J.C. 2006. *Rechtsdogmatik als Wissenschaft – rechtliche Theorien und Modelle*. Berlin: Dunker & Humblot.

Sigmund, K. 2015. *Sie nannten sich Der Wiener Kreis – Exaktes Denken am Rand des Untergangs*. Wiesbaden: Springer Spektrum.

Stadler, F. 2001. Logischer Empirismus und Reine Rechtslehre – Familienähnlichkeiten. In *Logischer Empirismus und Reine Rechtslehre*, Hrsg. C. Jabloner, F. Stadler, ix. Wien: Springer.

von Stintzing, R. 1880. *Allgemeine Deutsche Biographie (ADB)*. Leipzig: Duncker & Humblot.

Striet, M. 2010. Keine Universität ohne Theologie. *Herder Korrespondenz* 9:451–456. September.

Theißen, G. 2008. *Die Religion der ersten Christen – Eine Theorie des Urchristentums*, 4. Aufl. Gütersloh: Gütersloher Verlagshaus.

Theologische Fakultät, F. 2015. Leitbild der Theologischen Fakultät – Albert-Ludwigs-Universität Freiburg. http://www.theol.uni-freiburg.de/fakultaet/weiteres.

Tucholsky, K. o.J. Zur soziologischen Psychologie der Löcher. http://gutenberg.spiegel.de/buch/16-satiren-7810/6. Zugegriffen: 12. Mai 2015.

Weinberg, S. 1998. The Revolution that Didn't Happen. *The New York Review of Books* (1998)8. http://hps.elte.hu/~gk/Sokal/ Sokal/Weinberg_Steven/rev1.html. Zugegriffen: 23. August 2016.

Wendt, H.H. 1906. *System der christlichen Lehre.* System der christlichen Lehre, Bd. 2, 1–429.

Wesel, U. 2010. *Geschichte des Rechts in Europa – Von den Griechen bis zum Vertrag von Lissabon.* München: Beck.

Westfall, R. 1996. *Isaac Newton.* Heidelberg: Spektrum Akademischer Verlag.

Wikipedia. 2013. Higgs-Boson. https://de.wikipedia.org/wiki/ Higgs-Boson. Zugegriffen: 23. Februar 2016.

Wikipedia. 2014a. Hilberts Axiomensystem. http://de.wikipedia. org/wiki/Hilberts_Axiomensystem_der_euklidischen_ Geometrie. Zugegriffen: 14. August.

Wikipedia. 2014b. Galileo Galilei. Zugegriffen: 15. August.

Wikipedia. 2015a. Prädikatenlogik. https://de.wikipedia.org/ wiki/Pr%C3%A4dikatenlogik_erster_Stufe. Zugegriffen: 22. Dezember 2015.

Wikipedia. 2015b. Syllogismus. https://de.wikipedia.org/wiki/ Syllogismus. Zugegriffen: 22.Dezember 2015.

Wikipedia. 2015c. Liste christlicher Konfessionen. https:// de.wikipedia.org/wiki/Liste_christlicher_Konfessionen. Zugegriffen: 27.Dezember 2015.

Wikipedia. 2016. Maschinengestütztes Beweisen. https://de. wikipedia.org/wiki/Maschinengest%C3%BCtztes_Beweisen. Zugegriffen: 2.Mai 2016.

Wischmeyer, T. 2014. *Zwecke im Recht des Verfassungsstaates*. Tübingen: Mohr Siebeck.

Wittgenstein, L. 2006. *Logisch-philosophische Abhandlung- Tractatus logico-philosophicus*. taschenbuch wissenschaft, Bd. 501. Frankfurt am Main: Suhrkamp.

Worrall, J. 1989. *Structural Realism: The Best of Both Worlds*. Dialectica, Bd. 43, 99.

Zippelius, R. 2007. *Rechtsphilosophie*, 5. Aufl. München: Beck.

Zoglauer, T. 2008. *Einführung in die formale Logik für Philosophen*, 4. Aufl. Göttingen: Vandenhoek & Ruprecht.

Sachverzeichnis

A

absoluter Raum 127
Abwehrrechte 185
Albert, Hans 37
Albertus Magnus 261
Alexandria 11
Allain de Lille 244
Allaussage 63
Analogieschluss 44, 223
Anaximander 35
angeführt 22
Anspruch 176
Antimodernisteneid 259
Apollonius von Perga 11
Apostelgeschichte 253, 257
Äquivalenz, logische 53
Äquivalenzprinzip 95
Aristoteles 2, 45, 68, 102,
    113, 135, 188, 216, 241,
    245, 261, 270
Astrologie 5, 34
Atheismus,
    methodischer 281, 292
Äther 92, 127

Atome 118
Atommechanik 119
Aufbau der Materie 86
Auferstehung 268
Augustinus 189
Auslegung der Schrift 277
Ausnahmeklauseln 196
Aussagen, nachprüfbare 291
Aussagenlogik 47, 172,
    201, 221
Ausweitung des
    Vernunftbegriffs 263
Autonomieprinzip 193
axiomatisch-deduktives
    System 6, 60, 85, 103,
    143, 158, 160, 212, 228,
    250
Axiome 6
Axiomensystem 60

B

Babbage, Charles 62
Bacon, Francis 67, 114
Barth, Karl 248, 251
Bedingung

hinreichende   53, 206, 207, 224

notwendige   53, 68, 206, 207, 224

Befugnis   177

Begriffsjurisprudenz   168

Begründung
durch
Analogieschluss   207
durch Berufung auf eine
Autorität   207
logische   207
teleologische   207, 215

Begründungsnetz   5, 8, 258, 293

Benedikt XVI.   260

Berengar von Tours   244

Berufung auf eine
Autorität   43, 278

Bestrafung   197

Beweisen,
maschinengestütztes   17, 235

Boethius   12, 242

Bohr, Nils   119

Boltzmann, Ludwig   126

Boole'sche Algebra   61

Boyle, Robert   115

Brahe, Tycho   77, 100

Broglie, Louis de   108

Bundesverfassungsgericht   190, 192, 195

Bürgerliches
Gesetzbuch   193, 203

BVerfGE   *siehe*
Bundesverfassungsgericht

C

Caloricum   115

Cicero, Marcus Tullius   189

D

Definition
deiktische   26
durch Setzung   24
implizite   10, 25
kontextuelle   27

Demokrit   115

Denken
juristisches   222
logisches   73

Denkfehler   65

deontische Logik   228, 229

deontisches Sechseck   173

Descartes, René   13, 16, 40

Differenzialrechnung   17

Dilthey, Wilhelm   285

Disjunktion   50

Dissonanz   289

Divinisierung   266

Dogmen   292

Drittwirkung   192

Duhem, Pierre   112

Duhem-Quine-These   113

Duns Scotus   246

E

Ebeling, Gerhard 285
Eichfelder 132
Eichsymmetrie 133
Einstein, Albert 2, 13, 103, 108, 122, 128, 290
Elektrodynamik 80, 82, 96, 120, 121, 124
elektromagnetische Wellen 118, 122, 124
elektromagnetisches Feld 117
Empirismus 80, 104, 262
Ende der Zeiten 275, 291
Energie 27, 116
Energieinhalt einer Masse 94
Energiequant 41
Entropie 125, 134
Erlösung 267
Erst-recht-Schluss 224
Euklid von Alexandria 8, 242
Euklid'sche Geometrie 14, 25, 76, 102, 144, 149, 242, 243, 258, 288
Euler, Leonard 106
Evangelien 254, 257
Evolution des Menschen 74
Existenz 71
Existenzaussage 63
Exklusion 51
Explikation 23

F

Falsifizierung 111, 118
Faraday, Michael 81, 106
Feld,
elektromagnetisches 96, 117
Fernwirkungskraft 40, 117, 132
Feuerbach, Anselm von 151
Formen der Anschauungen 93
Fortschritt, theologischer 292
Frege, Gottlob 72
Freiheit 177
Fries, Jakob Friedrich 18
Frohschammer, Jakob 259
Frühscholastik 243

G

Gadamer, Hans-Georg 286
Galilei, Galileo 12, 14, 15, 98, 106, 113, 136, 240, 255
Gauß, Carl Friedrich 18
Gebote 171
gedankliche Konstruktion 21, 252, 254
Gegensatz
kontradiktorischer 64, 222
konträrer 64, 222

Geisteswissenschaften 145
Geltungswert 201
Gerstenmaier, Eugen 204
Gibbs, Josiah Williard 134
Gilbert von Poretta 244
Glaubenschaft 288
Glaubenswissenschaft 251, 288
Glaube-Vernunft-Verhältnis 258
Gleichzeitigkeit 93
Gödel, Kurt 73
Goethe, Johann Wolfgang von 35, 204, 219, 257, 286
Gottesbeweis 284
Gottesfrage 262
Gottessohn 266
Gravitationskraft 29, 40, 78
Gravitationswellen 85
Grotius, Hugo 148, 189
Grundgesetz 190, 203
Grundnorm 155
Grundrechtstyp 176
Gültigkeitsbereich 33, 83, 102, 120, 140, 141, 195

H

Habeas-corpus-Recht 216
Handbuch für Rechtsförmlichkeit 204
Handlungslogik 227
Häretiker 283

Haufenproblem (Sorites-Paradox) 22
Hausverstand 186, 208, 212, 220, 230
Heck, Philipp 217
Hegel, Georg Wilhelm Friedrich 37
Heidegger, Martin 38, 70
Heiliger Geist 253, 257, 281
Heineccius, Johann Gottlieb 148
Heisenberg'sche Unbestimmtheitsrelation 110
Helmholtz, Hermann von 27, 116, 118
Heraklit 35
Hermeneutik 285
hermeneutische Spirale 286
Hermes, Georg 259
Hertz, Heinrich 96, 107, 118
Higgs-Teilchen 89, 130
Hilbert, David 9
Hippokrates von Chios 11
Hobbes, Thomas 148, 189
Hochscholastik 244
Hohlraumstrahlung 124
Homöopathie 5, 34
Hruschka, Joachim 158
Humanities 145
Hume, David 39, 66

Husserl, Edmund   19
Huygens, Christiaan   103

I

Idealisierung   29
Immunisierungsstrategie   249
Immunität   176
Implikation   51, 207, 276
   sinnvolle   210
   teleologische   219
   wahre   52
Induktion   3, 39, 66, 112,
   143
Inertialsystem   127
Interessenjurisprudenz   217
Intuition   37, 39, 105, 141,
   199
Irrlehre   283

J

Jhering, Rudolf von   153,
   217
Johannes-Evangelium   260,
   273
Jungfrauengeburt   266, 283
Jüngstes Gericht   268
Junktor   48
Juristische Person   169
Juristisches Denken   222

K

Kalkül   17, 60, 187, 228,
   229
Kanger, Stig   175, 237

Kanger'scher Rechtstyp   231
Kant, Immanuel   3, 18, 106,
   150, 189, 194
Kathodenstrahlen   121
Kaufmann, Arthur   169
Kausalität   208
Kelsen, Hans   153
Kepler, Johannes   77, 100
Kepler'sche Gesetze   41
Kirchmann, Julius von   162
Klug, Ulrich   218
Kollision zweier
   Theorien   277
Konjunktion   49
Konklusion   45
Konsistenz   277
Konstruktion,
   gedankliche   21
Kontingenzbewältigung   273
Kontravalenz   51
Kraft   78
Kuhn, Thomas   134

L

Längenkontraktion   84
Lavoisier, Antoine Laurent
   de   115
Leben nach dem Tod   267
Legalitätsprinzip   195
Lehramt   258, 279
Leibniz, Gottfried
   Wilhelm   16
Leistungsrechte   185

Lessing, Gotthold
  Ephraim 247
Lichtablenkung an der
  Sonne 84
Locke, John 18
Logik 10, 264
  deontische 64
  mathematische 47
  moderne 204, 206
logische Denkfehler 222
logische Korrektheit 57
logische Ordnung 104, 141
logische Regeln 10, 45
logischer Fehlschluss 65,
  68, 221
logischer Schluss 56, 198,
  202, 212, 230, 276
logisches Denken 73
Logizismus 72
Lorentz, Hendrik
  Antoon 128

M

Masse 28, 94, 138
  Energieinhalt 94
  schwere 94, 132
  träge 94, 132
Materie 95
  Aufbau 86
Mathematik 106, 137
mathematische
  Sprache 107, 109
Mathesis universalis 15, 186

Maxwell, James Clerk 80,
  106
Maxwell-Gleichungen 80,
  82, 117
Mechanik
  klassische 30, 165
  Newton'sche 18, 76
Meister Eckhart 12, 262
Menschenrechte 191
Menschwerdung
  Gottes 269
Methode
  axiomatisch-
    deduktive 137
  hermeneutische 287
  historisch-kritische 287
  naturwissenschaftliche 141
  wissenschaftliche 142
Millikan, Robert
  Andrews 122
Modallogik 64
Modell 166
  einer Sprache 48
  eines Begriffs 29
Modus ponens 57, 59, 208,
  209, 211, 230, 276
more geometrico 82

N

Näherung 31
Naturrecht 189, 211
Negation 47

Nelson, Leonard 19, 37, 65, 70

Netzwerk 3

neue Wissenschaft 14, 76, 107, 113

Neumann, Franz Ernst 117

Newman, John Henry 274

Newton, Isaac 13, 40, 76, 92, 113

Newtonianismus 18

Nichts 70

Nicolaus von Amiens 244

Niedergang einer Theorie 111

Nihil obstat 280

Nobelpreis 42

Nominaldefinition 25

Normenlogik 231

O

Oersted, Hans Christian 81

Offenbarung 253

Offenbarungstheologie 252, 293

Opportunitätsprinzip 195

P

Pannenberg, Wolfhart 274

Pantheismus 289

Paradigma 135

Parmenides 35, 70

Pawlik, Michael 159

Periheldrehung 84, 100

Phänomenologie 19

Philipps, Lothar 228

Philosophie, stoische 188

Photoeffekt 41

Photon 42

Planck, Max 42, 107, 125

Platon 261

Platonismus 261

Poincaré, Henri 3, 139

Popper, Karl 28, 36, 66, 111, 135

Prädikat 46, 62

Prädikatenlogik 62, 221

Prämissen 6, 45, 102

Präsens, imperativer 206

Prinzip 190

Puchta, Georg Friedrich 153, 168

Pufendorf, Samuel von 148, 189

Punktmechanik 29

Punktteilchen 29, 166

Pythagoras 11, 35

Q

Quant 96, 109, 122

Quantenelektrodynamik 85, 96, 123, 133

Quantenfeld 87, 96

Quantengravitation 131

Quantenmechanik 85, 109, 120, 134

Quantor 63, 71

Quaternio terminorum 170

Quine, William Van
  Orman   112

R

Ranke-Heinemann,
  Uta   283
Rationalismus   79, 105
  kritischer   36, 39, 142
Raum   92
Rawls, John   218, 236
Realismus   142
Recht haben auf etwas   175,
  232
Recht, positives   210
rechtliche Theorie   163, 193
Rechtsanwendung   44, 220,
  221
Rechtsgefühl   191, 199, 236
Rechtspositivismus   190
Rechtssicherheit   191
Rechtsstaatlichkeits-
  prinzip   194
Rechtssubjekt   30, 166
Rechtstheorie   202, 236
Rechtstyp
  einfacher   177
  Grundrechtstyp   176
  Kanger'scher   231
  Vollrechtstyp   178
Rechtswidrigkeit   216
Regeln   196
Rekonstruktion,
  historische   5

Relationenlogik   65
Relativitätsprinzip   83, 128
Relativitätstheorie   83
  allgemeine   31, 41, 83,
    95, 101, 129, 132
  spezielle   83, 92
Replikation   53
Russel, Bertrand   9, 12, 72,
  249

S

Satz
  vom ausgeschlossenen
    Dritten   55
  vom Widerspruch   55
Savigny, Eike von   199
Savigny, Friedrich Carl   152
Schaltalgebra   61
Schillebeeckx, Edward   285
Schleiermacher,
  Friedrich   285, 290
Schlick, Moritz   67
Scholastik   44
Scholz, Heinrich   19, 249,
  291, 293
Schöpfung   268
Schott, August
  Friedrich   150
Schranken   194
Schrödinger, Erwin   107
Schrödinger-Gleichung   87,
  108
Schuhr, Jan C.   158

schwarze Löcher 84
Sciences 145
Sein und Sollen 214
Setzung
    des Rechts 209, 215
    einer Implikation 209,
        237, 238
Shefffer'scher Strich 55
Sinn im Leben 285
Sinnanbieter 293
Sinnstiftung 277, 285, 288,
    293
Sozialstaatsprinzip 194
Spannungsverhältnis 195
Spinoza, Baruch 12, 290
Spirale, hermeneutische 286
Sprache,
    mathematische 107
Standardmodell 88, 89, 130
Status
    activus 184
    negativus 183
    passivus 184
    positivus 183
stellvertretender Tod
    Jesu 269
Stintzing, Roderich von 148
stoische Philosophie 188
Strafgesetzbuch 193, 216
Subalternationstheorie 246
Subsumtion 221
Syllogismen 45, 209, 221,
    283

Symmetrien 90

T
Tatbestand 167, 174, 181
Tautologie 55, 56, 59, 211,
    212, 230
Technik 101
    soziale 155, 221
Teleologie 216
Thales von Milet 35
Theißen, Gerd 288
Theologie 246
    christliche 256, 257
    evangelische 247, 248,
        250, 254
    katholische 247, 248
Theorie
    der Bewegung 78
    Newtonsche 129
    relativistische 129
    der Gravitation 78
    für alles 131
    Newton'sche 127, 151
    physikalische 5, 80, 83,
        112, 143, 239, 284
    rechtliche 163, 193
    vereinheitlichte 89
Thermodynamik 124
Thomas von Aquin 44, 189,
    246, 261
Thomismus 247
Trägheit 94
Transsubstantiation 270

Transzendenz 273
Trienter Konzil 253
Trinität 269
Tucholsky, Kurt 36

U

Überlieferung 253
Umkehrschluss 225
Unendlichkeitsaxiom 73
Unfehlbarkeitsanspruch 279
Unvorstellbares 109

V

Vagheit der Begriffe 22
Venn-Diagramm 229
Verbote 171
vereinheitlichte Theorie 89
Vereinheitlichung von
Theorien 131
Verhältnismäßigkeits-
prinzip 194
Vernunft des Glaubens 263
Vernunftbegriff,
Ausweitung 263
Vollrechtstypen 178
Vorsokratiker 35

W

Wagnis des Glaubens 287
Wahrheit
Kohärenztheorie 33
Konsenstheorie 33
Korrespondenztheorie 33

Wahrheitsanspruch 251,
292
Wahrheitsbegriff 158
Wahrheitstafel 49
Wahrheitswert 48, 198
Weber, Wilhelm
Eduard 117
Wechselwirkung
fundamentale 85, 89,
130
schwache 89
starke 89
Wellen,
elektromagnetische 118
Weltbild
altorientalisches 289
kopernikanisches 15
mechanistisches 79, 117
Wendt, Hans Hinrich 248
Werteevidenz 199
Wertungsjurisprudenz 217
Wertvorstellungen 220
Widerspruch
deontischer 234
kontradiktorischer 234
konträrer 234
logischer 234
Widerspruchsfreiheit 73
Widerständigkeit der
Natur 210
Wiener Kreis 154
Wilhelm von Auxerre 244,
245

William von Ockham 246

Wirklichkeit

alles bestimmende 254, 256, 274

andere 273, 275, 291

Wirksamkeitsanalyse 218

Wirkungsquantum 125

Wissen, verlässliches 102, 141, 271

Wissenschaft

abgeleitete 245

empirisch-analytische 285

historisch-hermeneutische 285

strenge 16, 19

Wolff, Christian 17, 148

Würde des Menschen 191

Z

Zeit 92

Zeitdilatation 84

Zermelo-Fraenkel-Mengenlehre 72

Zirkelschluss 59, 255

Zweck 217

Zwei-Naturen-Lehre 269

Zwei-Welten-Theorie 274